はじめての精密工学
Introduction to Precision Engineering
第3巻

公益社団法人 精密工学会 編

まえがき

　公益社団法人 精密工学会は，「精密加工」「精密計測」「設計・生産システム」「メカトロニクス・精密機器」「人・環境工学」「材料・表面プロセス」「バイオエンジニアリング」「マイクロ・ナノテクノロジー」から「新領域」に至るまで，幅広い研究分野とその研究者・技術者たちが参画する学会です．現在は世界共通の用語となっている「ナノテクノロジー：Nanotechnology」も，本会会員の研究者が新しい専門用語として最初に提唱しました．

　このような精密工学会や精密工学分野に参画する研究者・技術者たちが，日本のものづくりの発展と若手研究者・技術者への貢献を目的に執筆したのが，連載「はじめての精密工学」です．連載「はじめての精密工学」の歴史は長く，2003年9月からほぼ毎月のペースで精密工学会誌に掲載されています．

　会誌編集委員会では，「精密工学分野の第一人者，専門家によって専門外の方や学生向けに執筆された貴重な内容を書籍としてまとめて読みたい」という要望を受け，本会理事会へ出版を提案し，承認が得られたことにより本書「はじめての精密工学 書籍版」を出版することになりました．第3巻である本書は，2003年9月号から2006年12月号に掲載された「はじめての精密工学」を収めており，加工，計測，設計・解析，材料，制御・ロボット，画像処理，機械要素，機構・メカニズム，製造・ものづくり，IT技術からデータサイエンスまでに至る内容で構成されております．精密工学分野の研究者，技術者によって初学者向けに執筆されており，精密工学会，および，精密工学分野の叡智が集まっております．本書のみならず，下記のウェブサイトにも有益な情報がありますので，併せて閲覧いただけますと幸いです．

　最後に，執筆・編集にご尽力いただいた執筆者ならびに会誌編集委員の皆様，本書の出版に至るまでにご支援いただいた学会の皆様，出版の構想段階から親身に対応いただいた三美印刷株式会社と株式会社近代科学社の方々に心から感謝申し上げます．

公益社団法人 精密工学会ホームページ

　https://www.jspe.or.jp/

The Japan Society for Precision Engineering（精密工学会 英文ページ）

　https://www.jspe.or.jp/wp_e/

公益社団法人 精密工学会「学会概要・事務局」ページ

　https://www.jspe.or.jp/about/outline/

公益社団法人 精密工学会「はじめての精密工学」ページ

　https://www.jspe.or.jp/publication/intro_pe/

2023年10月

公益社団法人精密工学会 会誌編集委員会

委員長　吉田一朗

目 次

まえがき ………………………………………………………………… 3

1 光による形状計測 …………………………………………………… 9

2 切削四話 ……………………………………………………………… 15

3 小型化生産システム ………………………………………………… 19

4 知能化機械要素 ……………………………………………………… 23

5 無機系新素材（セラミックス）と精密工学分野での適用 ……… 26

6 幾何計測と不確かさ・事例としての座標計測 …………………… 31

7 ガラスレンズの製造技術 …………………………………………… 36

8 ELID研削加工技術 ………………………………………………… 41

9 XMLとは …………………………………………………………… 45

10 静電力のメカトロニクスへの応用 ― 力の強い静電モータ ― …… 51

11 新しい精密工学用材料としてのバルク金属ガラス ……………… 55

12 メートルの話 ………………………………………………………… 60

13 曲線曲面の入門 ……………………………………………………… 64

14 放電加工の基礎と将来展望 ― I　基礎 ― ……………………… 69

15 放電加工の基礎と将来展望 ― II　将来展望 ― ………………… 74

16 もう一度復習したい寸法公差・はめあい ………………………… 80

17 もう一度復習したい幾何公差 ……………………………………… 84

18 特異な量"角度"とその標準 ……………………………………… 88

19 ハイテク技術を支える研磨加工 …………………………………… 94

20 半導体デバイスプロセスにおけるCMP ………………………… 100

21 幾何処理としてのCAM …………………………………………… 104

22 分析について ………………………………………………………… 109

23 3次元スキャニングデータからのメッシュ生成法 ……………… 113

24 パラレルメカニズム ………………………………………………… 117

25 パラレルメカニズムの3次元座標測定機への応用 ……………… 123

26 真空技術のカンどころ ……………………………………………… 129

27 精度設計とバリテクノロジー ……………………………………… 133

28 圧電アクチュエータ ― 精密位置決めへの応用 ― ……………… 138

29 画像処理の基礎 ・・・・・・・・・・・・・・・・・・・・・・・・・・・・・・・・・・・142

30 表面張力の物理 — MEMS応用デバイスについて — ・・・・・・・・・・・・・146

31 マイクロ流体デバイスによるバイオ分析 ・・・・・・・・・・・・・・・・・・・150

32 易しい? 難しい? 干渉計測 ・・・・・・・・・・・・・・・・・・・・・・・・・・・・154

33 形状デジタルデータの品質とデータ交換の方法 ・・・・・・・・・・・・・・158

34 精密位置決め制御の基礎 ・・・・・・・・・・・・・・・・・・・・・・・・・・・・・162

35 ラピッドプロトタイピング ・・・・・・・・・・・・・・・・・・・・・・・・・・・166

初出一覧 ・・・171

光による形状計測

富山県立大学 野村 俊

1. は じ め に

今回から，専門外の方や学生会員の皆様に精密工学の面白さと広さを理解してもらうことを目的として，「はじめての精密工学」というシリーズが始まります．第1回目は，最新の技術を含めた「光による形状計測」について解説します．

工業製品を加工する場合，その製品の精度を一定の範囲に収めるために形状計測を行っています．通常，計測法の多くはマイクロメータやノギスなど，接触によるものが多く使用されています．しかし，軟らかい物質でできた製品やより高精度な計測を必要とする製品に対しては，非接触で計測を行うことができる光を使った方法が有効です．ここでは計測対象を精密工学に関連したものを中心に，幾何光学，波動光学，量子光学まで含めてわかりやすく紹介します．

2. 幾何光学的形状計測

2.1 光テコ

現在ナノテクノロジーの分野で原子の大きさ程度まで形状計測を行うことができる新しい装置として，走査型プローブ顕微鏡（SPM）と呼ばれるものが使用されています[1]．走査型プローブ顕微鏡の一種である原子間力顕微鏡（AFM）は，導電性のない被検面を計測するために考案されました．当初，図1（a）に示すように小さなテコの先端に非常に小さな探針を付け，この探針と試料との間に働く原子間力を測定するために，テコのたわみ量を，テコの上にある変位検出用の探針とテコに流れるトンネル電流を検出して測定していました．現在は，図1（b）に示すようにテコのたわみを光の反射角の変化として検出する方法が多く採用されています．このような光の反射角の変化を検出する方法を光テコ方式と呼びます．光テコの先端に付いた突起によって被検面上を走査し，光テコの上面のミラーに斜め方向からレーザ光を照射します．その反射スポットを4分割フォトダイオードに入射させ，光テコのたわみ量を反射角の変化として検出し，形状を得ています．

AFMには，その他光の干渉や静電気力や圧電効果を利用した検出法もありますが，光テコ方式は，光の検出器と光テコとの距離が数cmと広くできるため使いやすい特徴があり，光源のレーザが安価で小型になったことから，広く使われるようになりました．光テコを用いた計測法は古くからあり，オプチメータ[2]と呼ばれる変位計に使用されてきました．加工技術が発達して，半導体製造技術を応用することで長さ $100\,\mu m$ 程度の非常に小さな光テコの製作が可能となったことから，微小な変位でも大きな角度変化として検出できるようになり，この古い原理が最先端の計測に利用されるようになりました．

2.2 三角測量法

光の直進性と幾何的な条件を利用した三角測量法が，古くから土木分野で距離計測法として用いられています．既知の長さの直線を定めて，その両端から計測対象の点を見込む2角を計測すれば，計測点の位置が求められるという原理に基づいています．これを工業部品の計測に応用するためには，図2に示すような構造にして，半導体レーザなどを用いて小型化すればよいわけです．PSD（Position Sensitive Detector）は光の強度の重心位置を高速高精度に

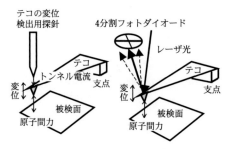

（a）トンネル電流を利用したAFM （b）光テコを利用したAFM

図1 AFMの原理

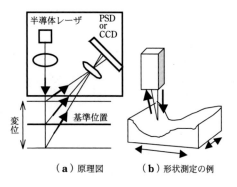

（a）原理図　　　　（b）形状測定の例

図2 PSDを用いた三角測量法の原理と応用例

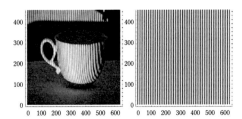

（a）物体にスリット状の光を　　（b）平面にスリット状の光を
　　　投影（変調パターン）　　　　　　投影（基準パターン）

図3　スリット状の光を投影して得た画像

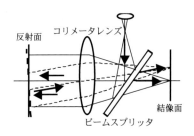

図4　オートコリメータの光学系

計測するための素子であり，ノイズの影響などを改善するため，CCD（Charge-coupled Device）カメラを使うこともあります．これらの受光素子と光源を組み合わせた小型の表面形状センサは，1 μm以下のサブμmと呼ばれる領域から数μm程度の計測精度をもっており，生産現場で用いられています．

　三角測量法はポイント測定ですが，人の体型のように計測物体の周り全部のデータを必要とする場合でも，多数のセンサをリング状に配置し，このリングの中に人を入れてリングを上下方向に走査することによって形状計測を瞬時に行うことができます．あるアパレルメーカではオーダメイドの女性用下着のデータを得るため，この原理を応用した装置を開発し，実際に使用しています．販売店が縫製工場から離れたところにあっても，この計測装置によって瞬時に計測データを得ることができ，そのデータによって，より魅力的な体型に見えるように，あるいはこれ以上体型が崩れないようにするための縫製デザインが行われ，顧客の体型と要望に合わせた製品を提供しています[3]．

　一方，物体の周り全部のデータを必要としない計測では，もっと簡単な装置で形状計測を行うことが可能です．ひとつの方法として，離れた位置に2台のカメラを置き，物体を撮影し，それらの画像の相違，すなわち視差から物体形状を求めるステレオ写真法と呼ばれるものがあります．二つの画像の対応する位置をいかに正確に速く検出できるかが重要です．面白い例としては，遺跡の発掘調査で古代のレリーフなどの形状計測に用いられています[4]．

　また別の方法として，計測物体に特定の基準パターンを投影し，パターンの変化から形状を計測する方法があります．光切断法[5]と呼ばれる方法では，細いスリット光を投影して，直線からの曲がり具合から形状を求めます．これを多数の平行スリット光にすれば，被検面全体を一度に計測することができます．多数のスリット状の光を粗面物体の左側から照射すると，図3（a）に示すように物体の形状に応じてそのパターンが変形して現れます．これを変調パターンと呼びます．また，図3（b）のように物体が平面のとき得られるパターンを基準パターンと呼びます．変調パターンをCCDカメラなどで撮影し，基準パターンとの相違から，物体の形状を計測します．簡単な等高線作成法として，基準パターンと変調パターンを重ね合わせるモ

アレトポグラフィという方法[6]があります*．

　通常，フィルムに記録した直線格子を投影してスリット状の光を得ますが，最近ではLCD（Liquid Crystal Display）プロジェクタやDMD（Digital Micromirror Device）プロジェクタなどで格子を投影する方法が採用されています．コンピュータによって適正な計測条件となるようにアクティブに計測条件を変更する機能をもたせることが可能です．また，格子の強度分布，位置，色などを指令することで，より高速高精度，しかも段差のある物体に対しても形状計測を行うことができます．高精度に解析するためには，干渉じま解析法を応用することで，μmオーダで解析することができます．物体の周りの全部のデータが欲しい時には，先ほどと同様に被検物体の周りに複数の計測装置を置く必要があります．

2.3　オートコリメータ法

　定盤などの表面を計測する方法として，古くから用いられている方法にオートコリメータ[7]を用いた方法があります．この原理は，図4に示すようにレンズの焦点から出た光が平行光になり，その光が反射面に当たって戻ってきたとき，反射面が光軸に垂直であれば反射光は元の焦点の位置に収束し，角度があればその角度に比例した量だけ反射光の位置が元の焦点の位置からずれることを利用しています．すなわち，反射面の角度の変化が，結像面において位置の変化に変換されることを利用した方法です．光学系の中のビームスプリッタは，光を透過と反射を同時に行うことができる光学素子です．

　定盤などの形状を計測する場合，小さな台につけられた平面ミラーを定盤上に置き，このミラーを一定間隔ごとに順に移動させます．各計測位置における被検面の傾きをオートコリメータによって読み取り，傾きを積分して形状を求めます．同様の方法で，鏡面状態の被検面にパターンを投影してその反射パターンが，理論上の位置からどれだけずれたかを調べて，面の傾きを計測し，そのデータから

---

*図3をOHPのような透明のシートに複写してください．複写した図3（b）を図3（a）に重ねると細い線が重なり太い線が現れます．これをモアレじまと呼び，等高線として形状を表します．シートを左右に動かすことによって，モアレじまをわき出させたり吸い込ませたりすることができます．すなわち，基準パターンの動かす方向によるモアレじまの変化から凹凸を判別することができます．

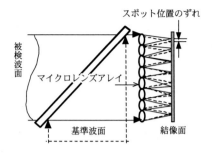

図5 シャックハルトマンテストによる被検波面形状の計測

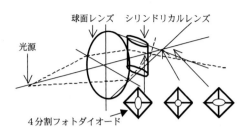

図7 シリンドリカルレンズを入れたときのスポット形状の変化

形状を求めるハルトマンテストと呼ばれる方法[8]があります．天体望遠鏡の主鏡など大型の凹面鏡に多数の穴の開いた板を置き，この穴を通った反射光の方向を調べて形状を求めます．最近では超精密旋盤による加工面の形状計測を加工機上で行うため，ファイバグレーティングと呼ばれる回折効率のよい格子を用いて，多数のスポット光を照射する方法[9]や，液晶ディスプレイに表示したパターンに光を照射して，その通過した光を使う方法[10]などが提案されています．干渉計と比べて外乱に強いため，超精密加工された部品を加工機上で計測できる特長があります．

また，パターンを投影しないで，平行光で物体面を照射する方法があります．**図5**に示すように小さなレンズを碁盤の目のように多数並べたマイクロレンズアレイと呼ばれる光学素子を反射光の中に入れることによって，反射光の波面を小さな開口部分に分割することができます．各マイクロレンズの焦点スポット位置が基準となる位置からずれていると，そのずれが測定波面の小開口部の平均的な傾きに相当することになり，傾きを積分することによって波面形状の計測を行うことができます．この方法を，シャックハルトマンテスト[11]と呼びます．この方法は，ハワイ島のマウナケア山頂にある，すばる望遠鏡の主鏡の計測に使用されています．主鏡は直径8m以上もありますが，厚さはわずか200mm程度しかありません．主鏡の下には261本のアクチュエータがあり，重力による主鏡のひずみを有限要素法によって求め，ひずみのない形状に主鏡を修

正しています．さらに，**図6**に示すように光路の途中に置いたバイモルフミラーと呼ばれる連続可変鏡によって，空気の揺らぎによる波面のひずみを取り除いています[12][13]．シャックハルトマンテストや波動光学的な手法による波面検出器で波面のひずみを求めた後に，波面のひずみが最小になるようにバイモルフミラーを微小変形させて，高速で波面ひずみの補正を行うアダプティブオプティクス（Adaptive Optics）という新しい光学分野が発展しています．

2.4 焦点法

焦点法は合焦法あるいはフォーカス法とも呼ばれ，光の焦点を合わせることで物体の形状を計測する手法で，レンズの開口数（NA）が大きいほど感度が上がり，サブμmレベルの計測を行うことができます．実際の針の代わりに光を針とする光触針法と呼ばれる測定法に使用されています．焦点の位置，すなわち光のスポットが一番小さくなった場所を検出すればよいわけです．ところが通常のレンズでは光が円形に集束するため，前で集束したか後ろで集束したかわかりません．そこで，**図7**に示すようにかまぼこ型のシリンドリカルレンズを組み合わせたり，特殊な形状をしたレンズを用いますと，一番スポットが小さくなる位置では円形になりますが，その前後では楕円に集束させることができます．光源の位置が光軸方向にずれるとスポットの形状が変化します．最小スポットの前後で楕円の長軸と短軸が入れ替わるので，4分割フォトダイオードを用いるとスポットサイズが最小になる位置からの距離と方向が検出でき，物体の形状計測が可能となります．この方法を非点収差法と呼びます[14]．

ポイント測定では面全体を計測するために光あるいは被検面を走査しなければならず，計測時間が膨大になってしまいます．そこで，共焦点光学系と呼ばれる焦点法の一種には，高速化のためにマイクロレンズアレイを用いる方法で面内方向の走査を減らす方法[15]や，厚さの異なる多数の平行平面板を同心円状に並べたものを対物レンズと被検面との間に挿入し，高速回転させることによって焦点の位置を移動させ，光軸方向への走査を高速に行う方法[16]などが提案されています．

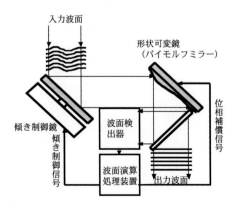

図6 補償光学系（Adaptive Optics）

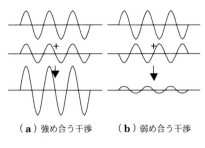

（ a ）強め合う干渉　　（ b ）弱め合う干渉

図8　干渉の原理

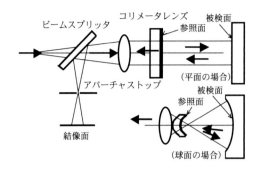

図9　フィゾー干渉計の光学系

3.　波動光学的形状計測

3.1　干渉計測

　光は波動性と呼ばれる波の性質をもっています．**図8** に示すように波の重ね合わせの性質によって，波の山と山が重なったときにはより高い山になってその強度が強くなり，山と谷が重なると打ち消されて弱くなる干渉と呼ばれる現象が現れます．この干渉を利用した形状計測装置に干渉計があり，主に鏡面状態の被検面を計測対象にしています．太陽の光や日常的に用いられる光源は，いろいろな波長の光を含んでいます．たとえば，平面ガラスと凸レンズの凸面とを接触させてできる同心円状の干渉じま（Newton ring）を光源と同じ方向から観測すると，白色光の場合は，2つの面の接触点では暗くなり次に色づいた干渉じまが見え，そのうちだんだんと干渉じまが見えなくなります．このように白色光で干渉じまを得ようとしますと，波長が異なることが一つの原因となり，被検面と基準になる参照面が接近していないと干渉じまが現れません．しかし，色フィルタを入れ，ある程度波長のそろった光にすると数本の干渉じまが現れます．さらに，光をレンズなどで集束させ，ピンホールのような狭い穴を通して，あたかも一点から光が出るようにしますと，さらに多くの干渉じまが現れます．すなわち光の出る位置を整え，位相のそろった光にするわけです．このような光を用いれば，参照面と被検面が多少離れていても干渉じまを見ることができます．しかし，その距離が離れるにしたがって急速に干渉じまの鮮明度（Visibility）が低下します．昔は，波長と位相のそろった光を作り出すために多くの苦労をしました．しかし，レーザの出現により干渉性のよい光が得られ，これらの問題は解決されました．この波の干渉性をコヒーレンス（Coherence）と呼びます．

　干渉計は，非接触，高感度，電磁ノイズに強いなど多くの特徴をもち，IC用ウエハの平面度や超精密加工面，レンズなどの光学部品の検査に幅広く利用されています．特に**図9**に示すフィゾー干渉計は，その構造がシンプルで操作性もよいため，平面や球面に対する実用的な形状計測装置として用いられています．参照面はビームスプリッタになっており，参照面で反射した光と被検面で反射した光を干渉させています．通常，光源には波長633 nmの赤色のHeNeガスレーザが用いられています．結像面の前にあるアパーチャストップは，小さな穴のあいた板で，レンズなどに付着したごみによって発生した不要な回折光を除去するための空間フィルタの役目をします．

3.2　干渉じま解析法

　干渉じまを高精度に読み取る技術として，多光束干渉法[17]と呼ばれる方法が古くからあります．参照面と被検面の反射率を高くすることで参照面と被検面で繰り返し反射が起こります．その結果，光源側で観測した場合，干渉じまの明るい部分が非常に細くなるため，干渉じま強度のピーク位置が読み取りやすくなり，1／100波長程度の精度で計測することが可能となります．しかし，反射率が低い場合は，干渉じまの強度は正弦波的になり，干渉じま強度のピーク位置が不明確になるため，目視による高精度な計測は困難です．しかし，光センサとコンピュータの発達により，干渉じまを高精度に解析する各種の方法が提案されました．

　その一つはフーリエ変換法[18]です．参照面に対して被検面をわずかに傾けると，ほぼ平行で等間隔の干渉じまが得られます．この干渉じまに対して干渉じまの強度分布を2次元フーリエ変換して，傾きによって生じた搬送波成分を除去して，形状情報の載ったスペクトルをスペクトルの中心部に移動させて，フーリエ逆変換することにより，形状計測を行います．この原理は，たとえば，FM放送において，音声信号を周波数変調した後，再び復調して元の信号を再生することに似ています．

　他の方法としてヘテロダイン法[19]があります．参照面からくる光と被検面からくる光の波長をわずかに変えると，一種のうなりの現象が起きて，干渉じまが動きます．干渉じまのある1点を基準点として，光の強度の変化を観測します．この基準点の強度変化と求めようとする位置の強度変化を位相解析することによって，基準点からの位相差を計測することができます．被検面全体でこの処理を行えば，形状を求めることができます．

　さらに，フリンジスキャン法あるいは位相シフト法と呼ばれる方法があります[20]．参照面あるいは被検面を光軸方向に移動させることによって干渉じまの強度が変化します．強度の異なる何枚かの画像を撮り，各画素ごとに強度

図 10 レーザ描画装置で製作した CGH

変化を計算処理することによって，高速高精度に被検面全体の干渉じまの位相を求めて形状を得ることができます．現在市販されている干渉計の解析装置の多くは，この解析法を採用しています．

3.3 干渉計測の問題点とその対策

　ここでは干渉計測の問題点とその対策について述べます．通常の干渉計は基準となる参照面を用いますから，この参照面の大きさで被検体の大きさが制限されます．より大きな参照面を高精度に計測する技術の向上のために，基準となる大型の参照面を作り，産業総合研究所などの研究機関と他の国の研究機関が持ち回りで計測を行っています[21]．参照面は 3 枚あり，その中からそれぞれ 2 枚を交互に計測することによって，参照面一枚一枚の平面度を求めています．しかし，このような参照面を普通の企業がもつことは困難です．そこで，被検面より小さな面積の参照面で，被検面のある領域を計測し，計測領域を順に移動させて，これらのデータをつなぎ合わせて被検面全体の形状を計測する方法[22]が提案されています．計測領域を移動させるとき，前の計測領域と重なる部分を設け，つなぎ合わせるときに傾きなどによって生じた位置ずれの誤差が最小となるように工夫がなされています．

　通常の干渉計では球面や平面については計測可能ですが，工業製品には楕円面，双曲面などの非球面形状があり，このような面の計測は困難です．干渉じまを得るためにはなんらかの方法で，被検面に対応した波面を作る必要があります．CGH（Computer Generated Hologaram）と呼ばれるコンピュータで計算して作った回折格子を用いると，このような波面を発生させることができます．**図 10** の写真はレーザ描画装置によって製作した CGH であり，凹レンズと凸レンズの両方の機能をもったものです．球面波や非球面波を正確にしかも安価に作ることができることから，CGH による干渉計測法[23]が今後用いられるようになるでしょう．

　干渉性のよい光源を用いると，段差などのある被検体では干渉じまが不連続となり，計測ができないことがあります．この対策に多くの提案がなされていますが，その中で，先ほど述べたコヒーレンスの低い光源の欠点を逆に利用した，白色干渉法や低コヒーレンス干渉法と呼ばれるものがあります[24]．スーパールミネッセンスダイオード（Super Luminescence Diode）などの低コヒーレント光源を用いると，ビームスプリッタなどで光を分割した位置から参照面までの光学距離と，分割した位置から被検面までの光学距離との差が零に近くなったときに干渉じまの Visibility が最大になり，その前後では急激に低くなります．すなわち，干渉性の度合いを調べるわけです．被検面あるいは参照面を光軸方向に走査し，CCD カメラの各画素における Visibility の最大のところを探し出すことにより，形状計測を行います．また，生体の外部から光を入射して，その散乱光と参照光との干渉性の度合いから生体内部の形状計測を行う光 CT（Computerized Tomography）と呼ばれる方法[25]が提案され，医療分野で応用されています．

　マイケルソン干渉計など，参照面と被検面が異なる位置にある非共通光路干渉計では，空気の揺らぎや振動に対して干渉じまが非常に敏感に反応するため，加工現場などでは使用できないことがあります．このような悪い環境下に対しては，ゾーンプレート干渉計[26]やシアリング干渉計[27]などの共通光路干渉計が適しています．また，半導体レーザの特徴を生かしたフィードバック干渉計[28]などが提案されています．これらロバスト性のある干渉計の今後の発展が期待されています．

4. 量子光学的形状計測

　これまで述べた方法の精度は，いずれも被検面に対して垂直方向の分解能に関するものであり，その分解能はサブ nm にまで達しています．しかし，被検面の面内方向の分解能（空間分解能）については，回折限界の壁があり，波長以下の空間分解能で計測することは困難でした．ところがその限界を破る計測法が実用化に向けて研究されています．波長より十分小さな開口を設けるとそこからは光は出ていかなくなりますが，その開口を物体に接近させていくと，ある距離のところで光が漏れる現象が現れます．たとえば，水道の蛇口に水滴が付いていて，指先を近づけるとこの水滴が指先を伝わっていくような現象に似ています．ナノメートルオーダの非常に小さな開口をもつファイバセンサを被検面に近づけて，漏れる光の量が一定になるようにセンサを上下させながら被検面上を走査して形状計測を行います．このような原理に基づいた走査型近接場光顕微鏡（Scanning Near-field Optical Microscope）[29]と呼ばれる装置が開発されており，ナノテクノロジー分野への活躍が大いに期待されています．

5. 各種測定法の比較

　光による形状計測法の空間分解能と距離分解能のおおまかな関係を**図 11** に示します．それぞれの目的に応じて，適用範囲の中で最適な計測法を選択します．それぞれにはトレーサビリティ（Traceability）が必要です．ここで，トレーサビリティとは，不確かさがすべて表記された，切

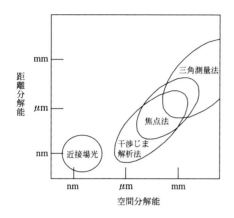

図11 各種計測法の計測範囲と計測分解能

れ目のない比較の連鎖を通じて，国家標準または国際標準である決められた標準に関係づけることのできる測定結果または標準の性質です．

6. ま と め

　高精度加工を行うためには，加工精度以上の計測精度が必要になりますし，さらに新しい加工法や製品が出てくると，それに対応した計測法が必要となってきます．その計測法に対してもまた新たな問題が生じ，その改良を行う必要があります．また，ひとつの方法ですべてが網羅できるわけではなく，それぞれの計測法が特定の領域を分担し，それぞれの目的に応じて計測法を使い分ける必要があります．さらに，高精度，高速，トレーサビリティ，ロバスト性，容易な操作性，経済性などの要件を勘案して選択する必要があります．今後も光を使った形状計測は，いろいろな方法が提案され，実用化されていくものと思います．今回の解説では，光による形状計測のほんの一部を紹介しました．この分野に興味をもたれ，さらに詳しく知りたい方のために入門書を中心に参考文献をまとめました．精密工学会では，光学と機械を融合した新しい分野として，メカノフォトニクス（Mechano-photonics）という新しい名称で専門委員会が今年度発足しました．光を使った形状計測もその一分野です．興味をもたれた方はぜひ本委員会にご参加ください．

参 考 文 献

1) 森田清三：はじめてのナノプローブ技術，工業調査会，（2001）．
2) 谷口　修，堀込泰雄：計測工学，森北出版（2002）86.
3) 澤田　弘，金谷　誠：C192型機による身体計測システム「クーゼット」，繊維機械学会誌，**51**（1998）32.
4) 高地信夫：デジタル画像による3D計測とその応用例，2003年度精密工学会春季学術講演会論文集（2003）415.
5) 大谷幸利：光三次元計測，新技術コミュニケーションズ（1993）28.
6) 吉澤　徹：光三次元計測，新技術コミュニケーションズ（1993）53.
7) 青木保雄：改訂精密測定（1），コロナ社（1973）244.
8) D. Malacara : Optical Shop Testing (Second Edition), John Wiley & Sons, Inc.,(1992) 367.
9) 河野慎一，河野嗣男，矢澤孝哲，宇田　豊，鈴木　尚：ファイバーグレーティングハルトマンテストによる鏡面形状計測，砥粒加工学会誌，**41**, 15（1997）190.
10) T. Nomura, K. Kamiya, et al. : Shape Error Measurement Using Ray-tracing and Fringe Scanning Method －Projection of Grating Displayed on a Liquid Crystal Panel－, Prec. Eng., **26**, 1, (2002) 30.
11) 大坪政司：シャック・ハルトマン法によるすばる望遠鏡ミラーの計測，O plus E, 4（1999）386.
12) 高遠徳尚：すばる望遠鏡の補償光学，光学，**30**, 8（2001）516.
13) 辻内順平ほか：最新光学技術ハンドブック，朝倉書店（2002）592.
14) 谷田貝豊彦：応用光学・光計測入門，丸善（1988）．
15) H. J. Tiziani and H. M. Uhde : Three-Dimensional Analysis by a Microlens-Array Cofocal Arrangement. Appl. Opt., **33**, 4 (1994) 567.
16) 石原満宏，佐々木博美：非走査マルチビーム共焦点撮像系による高速三次元計測，精密工学会誌，**64**, 7（1998）1022.
17) P. Hariharan : Basics of Interferometry, Academic Press, (1992) 37.
18) M. Takeda H. Ina and S. Kobayashi : Fourier-transform method of fringe pattern analysis for computer-based topography and interferometry, J. Opt. Soc. Am., **72**, 1 (1982) 156.
19) 大谷幸利，吉澤　徹：光ヘテロダイン技術，新技術コミュニケーションズ（1994）55.
20) たとえば，特集・光学部品の高精度計測法，O plus E, **21**, 4（1999）．
21) 高辻利之：大口径平面度干渉計の2国間比較，2001年度精密工学会秋季学術講演会論文集（2001）443.
22) 加藤純一：実時間干渉じま解析とその応用，精密工学会誌，**64**, 9（1998）1289.
23) 計量管理協会，光応用計測技術調査研究委員会編：光計測のニーズとシーズ（1987）213.
24) 陳　建培，丹野直弘：低コヒーレンス干渉法を用いた眼球の断層画像観察，O plus E, **20**,（2000）461.
25) たとえば，特集・光断層画像計測の現状，O plus E, **19**, 8（1997）．
26) T. Nomura, H. Miyashiro, et al. : Shape Measurement of Workpiece Surface with Zone-plate Interferometer during Machine Running, Precision Engineering, **15**, 2,（1993）86.
27) T. Nomura, K. Kamiya, et al. : Shape Measurements of Mirror Surfaces with a Lateral Shearing Interferometer During Machine Running, Precision Engineering, **22**, 4,（1998）185.
28) たとえば，特集フィードバック干渉計，光技術コンタクト，**39**, 8（2001）．
29) 大津元一，河田　聡：近接場ナノフォトニクス入門，オプトロニクス社（2000）．

切 削 四 話

Four Topics on Machining Technologies / Toshiyuki OBIKAWA

東京工業大学　帯川利之

1．専門家以外の読者のために

連載「はじめての精密工学」は専門家でない会員，あるいは，専門家を志す若手会員のためのページである．本稿ではこの趣旨を尊重し，想定する読者から切削の専門家を除外して，切削技術を直接には必要としない読者，あるいは，切削を勉強中の読者に興味深く読んでいただくこととした．機械加工の先陣を切ることになるので，「削る」とはどのようなことか，硬い工具が「すりへる」とはどのような現象かを最初の二話として取り上げた．これらの本質を理解すれば，専門家の資格は十分にある．

切削は切削条件の変化にともなって予想外の変化をみせることが多い．切削技術者はそうした現象によく翻弄される．またそうであるがゆえに，切削は，常識にとらわれることのない自由な発想を必要とするチャレンジングな技術である．後半ではこうした側面に触れ，多くの読者が切削への関心を深めることを期することとしたい．

2．（第一話）矛と盾

韓非子の「矛盾」は，あまりに有名なので説明は不要であろう．何ものをも突き通すことのできる矛で，何ものも突き通すことができない盾を突いたらどうなるか．この命題により韓非子は論理の矛盾をついているが，その結末については何の予断も与えない．しからば結末は？．ここでは矛と盾をそれぞれ何ものをも削ることのできる工具とどんな工具でも削ることのできない工作物に置き換えて起こりうる状況を考察し，極限状態から「削る」ことの本質を実感していただくことにしよう．

「削る」ということは，工作物の一部を除去し，所定の形状を得るための作業である．一回で所定の量を削り取る必要はない．機械加工では，少しずつ繰り返し削り取ることにより，小さな力で精度よく仕上げることが基本である．極言すれば工作物にきずをつけることができれば，いつかは削ることができる．そこで何ものにもきずをつけることのできるもの，すなわちモース硬度（引っかき硬度）が最大のものを工具とし，何ものもきずつけることのできないものを工作物にすることにすれば，結局，矛盾の命題は，ダイヤモンを工具としてダイヤモンドを削れば如何，ということになるだろう．

あなたはこの一般解を知っている．答えは，もちろん「削ることができる」である．この場合は「磨くことがで

きる」と言ったほうがよいかもしれないが，宝飾ダイヤモンドは，確かに綺麗に磨かれ（削られ）ている．それではなぜダイヤモンドはダイヤモンドで削れるのか．

非常に不可解な現象のように思われるだろうが，その原理はいたって簡単である．一言で述べれば，ダイヤモンドの硬さに異方性があるからだ．ダイヤモンドでは，炭素原子がダイヤモンド構造をとる．ダイヤモンド構造の結晶はいくつかの性質において面心立方晶と同様の異方性を示す．例えば，ダイヤモンドの表面の硬さは面心立方晶と同様に $\{111\}$ 面で最大であり，ダイヤモンド構造を有するシリコン単結晶の表面エネルギーは面心立方晶と同様に $\{111\}$ 面で最小となる．

通常，ダイヤモンドは，強靭鋳鉄製の円板（スカイフ）の上でダイヤモンド砥粒（以下，単に砥粒と呼ぶ）によって削られる．その際，ダイヤモンドは，**図1**に示すように，ランダムな方位で鋳鉄盤にばらまかれた無数の砥粒と次々と接触し，両者の接触面のうち，砥粒側の硬度が勝れば，ダイヤモンドは削られ磨かれる．ダイヤモンドの研磨面の硬度は一定であるが，砥粒の硬度は方位に依存する．無数の砥粒の中にはダイヤモンドより硬い接触面を有するものが多く存在し，さらにダイヤモンドとの接触面が $\{111\}$ 面に近くほぼ最大の硬度を有するものが少なからず存在する．このような硬い接触面を有する砥粒はダイヤモンドを削ることができて，矛（ダイヤモンド工具）は盾（ダイヤモンドの工作物）に勝つ．

しかしすでにお気づきのことと思う．盾の面が最も硬い $\{111\}$ 面ならば，結論は反転する．矛は盾に勝てない．その通りである．

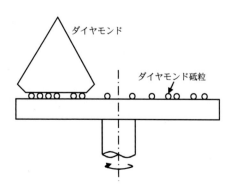

図1 ダイヤモンドの研磨状態

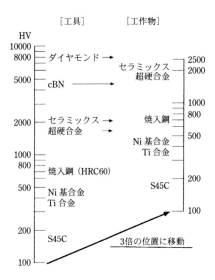

図2 工具と工作物の硬さの関係（山根）

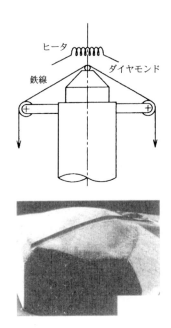

図3 鉄線への炭素の拡散によって生じた
ダイヤモンド上の溝（戸倉）

切削の場合，工作物にきずをつけられる程度では能率が極めて悪い．もう少し大きな単位で削り取らねばならない．このため切削工具と工作物の硬度差を大きくとる必要があるが，どのくらいの差があれば十分か．これに対して山根による**図2**[1]がよい回答を与えてくれる．切削工具として必要な硬度は工作物の硬度の約3倍である．例えば焼入鋼を超硬で切削するのは厳しいが，セラミックスをコーティングしたコーテッド超硬であれば実用的に切削することは十分可能である．

3.（第二話）弱肉強食

弱いものが負け，強いものが勝つ．勝負の大原則である．強さが拮抗すれば勝負のつかないこともある．またときとして立場が逆転し強者が弱者に負けることもある．強者か弱者かはそれぞれの平均的な強さを表すものであり，絶対ではない．強者にも弱点があり，疲労もある．強者が負けるときは，強いからではなく，当然のことながら弱いから負けるのである．それでは工具と工作物の界面ではどうなるだろうか．工作物が弱者，工具が強者となる切削では，不思議なことに強者である工具の摩耗が問題となる．しからば工作物より強度が高く硬い工具の方が弱いのか．そうである．弱いから切削工具は摩耗する．

禅問答のようになってきたので，もう少し正確に述べよう．摩耗における工具の強さとは，工具表面あるいは工具表層の微小領域での強さである．またここでの強さとは，原子の結合力，工具を構成する硬質粒子の保持力，あるいは，微視的な強度をいう．微小な領域に注目すれば，工具と工作物はともに不均質である．両者の間には相対速度があるから，相対する微小領域での工具と工作物の相対的な強さは不変ではなく，時間と場所により常に変化する．そして微小領域での工具の強さが必ず工作物の強さを下回るときがあり，そうしたときに摩耗が少しずつ進行する．

非常に硬いダイヤモンド工具といえども同様であり，摩耗から逃れることはできない．前章で，ダイヤモンド工具はダイヤモンドを含むすべての材料を削ることが可能であり，かつ損耗しないかのように述べたが，そのような全能の工具は存在しない．特にダイヤモンド工具には苦手な工作物がある．

鉄である．鉄にとって炭素は必須の栄養素のようなものだ．したがって実用的な切削速度で鉄を削り，切削温度が上昇すると，ダイヤモンド工具を構成する炭素は，容易に拡散し，鉄に吸収される．切りくずと仕上げ面に次々と新しい面が削り出され，そこに拡散した炭素を運び去るから，工作物内の炭素濃度が飽和して拡散が止まることはない．**図3**の戸倉の実験[2]は，工具と切りくずのような相対運動を与えていないが，ダイヤモンドから鉄への炭素の拡散を見事に示している．このように鉄は鉄よりはるかに硬いダイヤモンドを拡散によっていとも簡単に食らう．

工具摩耗は，拡散による表面原子の喪失だけではなく，工作物中のアルミナなどの酸化物による工具の切削，結合材の疲労や拡散による工具硬質粒子の脱落，あるいは，酸化による工具表面強度の低下など，いくつかの機構に支配されている．いずれの場合も基本原理は驚くほど単純明快である．工具は工作物より弱いから摩耗する．

4.（第三話）妙観が刀はいたく立たず

「よき細工は，少し鈍き刀を使ふ，といふ．妙観が刀は，いたく立たず」．つれづれ草の一節である．名工の名を借りて，吉田兼好が言わんとしたことについては小林秀雄の「無常といふ事」をお読みいただきたいが，鋭利な刃物を使うか，あるいは，妙観のように少し鈍く仕上げた刃物を

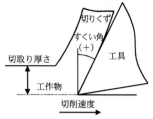

（a）すくい角の大きな鋭い工具

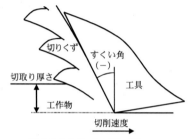

（b）負のすくい角の鈍い工具

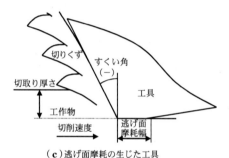

（c）逃げ面摩耗の生じた工具

図4 工具すくい角と切りくず生成

切削速度 15（m/min）　　切削速度 75（m/min）

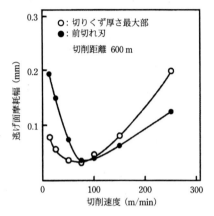

図5 SUJ2（HRC62）の旋削における切りくずと工具寿命（江川）．工具：cBN，切込み：0.15 mm，送り：0.10 mm/rev, Dry

使うか，この選択は，今もって切削条件設定の原点である．こうした条件設定は，常に切削技術者を悩ます．

ところで，恐らくあなたは切削条件設定の経験がほとんどない．そこで工具刃形と切削条件の大枠がどのように決まるかを，妙観になったつもりで，一緒に考えていただくことにしよう．工作物はニッケル基超耐熱合金と焼入鋼の二種類である．両者とも削るのが難しい材料であるが，ここではそれらの材質や形状などに深く立ち入らず，標準的な加工状況を想定する．

最初はニッケル基超耐熱合金の切削である．超耐熱合金は，高温強度が高く，加工硬化が大きく，さらに熱伝導率が小さいので，切削温度が上がりやすい．それでは，鋭い工具と鈍い工具のどちらを選ぶのがよいか．この場合，発熱を抑えるため，図4（a）のようにすくい角の大きな鋭い工具を選ぶ．できれば軟鋼の切削より鋭い工具を選んでみよう．そうすると切りくずが薄くなって切削に必要なエネルギーが減少し，その結果，切削温度の上昇が抑制され良好な切削が実現できる．

まさに切削理論通りの模範解答である．現在では刃先強度の改善によりこの模範解答に応えられる大きなすくい角

の超硬ならびにコーテッド超硬の種類が増え，工作物の特性や加工形状などに合った工具選択が可能となってきた．

次は焼入鋼の切削である．焼入鋼としてやすりを切削することを想定すればもっと実感がわくだろう．超耐熱合金の切削のようにすくい角が大きく鋭い工具を使用すると，切れ刃が切削力に耐えられないことは容易に想像がつく．そこで図4（b）のようにすくい角が負の鈍い刃を選ぶ．妙観でなくとも誰でもできる常識的な選択である．しかし名工はこの鈍い刃で，同図のように薄い切りくずを削り出す．実はこうした工具の使い方を身につけるのが難しい．薄い切りくずを出すことにより切削抵抗が大幅に減少して切削状態は良好になり，焼入鋼の能率的な切削が実現できる．

すくい角が負の鈍い刃で薄い切りくずを出すにはどうすればよいか．まずは切削速度を上げることである[3][4]．高硬度材の場合，切削速度を上げれば，図5のように切りくずは薄くなり，同図の場合には切りくずの最大厚さが極小値に収束するあたりで，工具摩耗が最小となる[3]．切削速度だけでなく，送り速度を上げ，切取り厚さを上げるのも（切取り厚さに対して相対的に）薄い切りくずを出すのに効果的だ．ボールエンドミルによる高硬度鋼の高速切削では，よい結果を得る条件として（小切込み）高送りが推奨される[4]．

通常，十分な工具寿命が得られないときには，教科書の教えに従い，切削速度や送り速度を下げる．こうした習慣に反して，切削速度を上げろ，送りを上げろというのは，切削技術者に心理的な負担と抵抗感をもたらす．しかし幸いなことに，実は不幸なことかもしれないが，今では名工

の削り方を知らなくても，極言すればNC工作機械のボタンを押すだけで自動的に条件が設定され，一通りの高硬度鋼や焼入鋼が削れる時代になってきた．ちなみに高硬度鋼や焼入鋼のための主要な切削工具はTiAlNのコーテッド超硬とcBN（立方晶窒化ホウ素）である．

焼入鋼の切削条件設定の基本が理解できたところで，次は応用問題である．「焼入鋼に能率よく穴をあけるにはどうするか」．ここでは細穴は対象としない．この場合も切削速度を落とさずに，速い速度を維持する必要がある．まずはドリルによる高速切削が思い浮かぶが，寿命が短く使用に耐えない．穴の径より小さい径のコーテッド超硬ボールエンドミルを使用し，高速切削しながら，らせん状に送り，穴をあける．いわゆるヘリカル切削と呼ばれる方法が標準的な解である．

5.（第四話）昨日の敵は今日の友

コーテッド超硬やセラミックスを工具として，推奨切削条件で削れば，すくい面の最高温度は1000℃を超える．また刃先には2 GPa（200気圧）あるいはそれ以上の垂直応力が作用することもめずらしいことではない．そこで切削ではダイヤモンド合成に匹敵する温度・圧力状態が実現するとよく言われる．不思議なことに，このような過酷な状態が切削の常識を覆して不可能と思われることを可能にする．その典型的な例がcBN工具による鋳鉄の超高速切削である．

鉄や鋼には脱酸過程で生じたアルミナなどの硬質非金属介在物（以下，硬質粒子と呼ぶ）が潜んでいる．硬質粒子は微量であり，機械的な性質にほとんど影響しないが，切削では牙をむき，工具を襲って摩耗させる．鉄鋼の切削における逃げ面摩耗（図4（c）のように工具の逃げ面に生ずる摩耗）の主たる要因は，硬質粒子による工具の切削である．しかし超高速切削では切削温度が非常に高くなるため，高温強度の高い硬質粒子といえども軟化して，悪役を返上するときがくる．

図6は鋳鉄の超高速切削におけるcBN工具の寿命曲線である．寿命曲線は，逃げ面の摩耗幅が寿命とみなす値（同図では0.3 mm）に到達するまでの切削時間 t と切削速度 vc の関係を表す．通常は緩やかな左上がりの直線となり，切削速度が増加すると，急速に寿命は短くなる．ところが鋳鉄の乾式（Dry）切削における寿命曲線は，超高速切削領域に入ると右上がりに変化し，切削速度の増加にともなって寿命が急激に延び始める．鋳鉄に含まれるアルミナなどの硬質粒子が軟化して流動性が現れ，工具面に押し延ばされることにより1000 m/min程度の切削速度のときにちょうどよい保護膜として作用するらしいのである．硬質粒子がなぜ工具の真の友人役を演ずることになったのかは不明であるが，切削における役が変わったことは確かである．

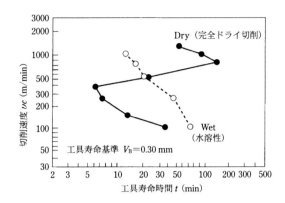

図6 鋳鉄FC250（148HB）の超高速切削における寿命曲線（狩野）．工具：cBN，切込み：0.50 mm，送り：0.10 mm/rev

図6には，湿式（Wet）切削の寿命曲線もある．エンジニアなら，これにも注目しよう．通常，湿式切削では切削温度を下げることにより工具の軟化を防止し，工具の寿命を延ばす．ところが超高速切削では冷却があだとなって硬質粒子の軟化を妨げるため，工具寿命が乾式のようには延びない（実際には切削速度の増加に伴って，寿命までの切削距離は延びていることに注意）．しかしである．切削速度をもっと速くすれば，乾式切削と同様に硬質粒子が友人役を演ずる程度の温度に到達し，工具寿命が急激に延び始めないだろうか．切削加工技術の発展はこうした妄想の繰り返しによって育まれる．

6. お わ り に

切削の専門家でない読者，あるいは，これから専門家になろうとする読者のために，定型から脱した新しいスタイルの解説を試みた．ここで取り上げた四話は，難しいようにみえてもその本質は単純明快である．本稿により切削に対する関心が深まり，切削を少しでも身近な技術としていただけたらまことに幸いである．なお，簡潔さを優先したので，専門的にみれば説明の不十分な点が少なくない．詳細については，専門書を参照願いたい．

本稿を終わるにあたり，図3の写真を快くお貸しいただいた東京工業大学の戸倉和教授に謝意を表す．

参 考 文 献

1) 精密工学会編：精密加工実用便覧，日刊工業新聞社（2000）87.
2) 戸倉 和：日本機械学会編，生産加工の原理（1998）282.
3) 江川庸夫，市来崎哲雄，黒田基文，日朝幸雄，塚本頴彦：焼入れ鋼の切削におけるcBN焼結工具の摩耗特性，精密工学会誌，**61**, 6（1995）809.
4) 松浦甫篁：金型用鋼，機械と工具別冊「難削材の切削加工技術」，工業調査会（1998）28.
5) 狩野勝吉：データでみる次世代の切削加工技術，日刊工業新聞社（2000）246.

小型化生産システム

産業技術総合研究所
芦田 極

1. はじめに

「生産システム」と聞くと，なにやら難しそうな学問の匂いを感じるかもしれないが，端的にいえば「工場」である．工場といえば，「広大な敷地」，「柱がなく屋根の高い建物」，「ずらりと並んだ生産機械」など，大規模なものをイメージするのが一般的であろう．「もしも，この大きなイメージのある工場が小さくなったら…」というのが，今回の話題である．といっても遠い未来の空想話ではない．すでに「小型化生産システム」は実在し，ものづくりの現場に新たな風を吹き込みはじめている．

本稿では，まず皆さんに，「もの」の大きさについて，ちょっと意識を高めてもらい，筆者らが提唱する「マイクロファクトリ」を例に，生産システムを小型化することで得られるメリットを解説する．そして，いくつかの具体的な開発事例の紹介を通じて，「小型化生産システム」の現状と将来について理解を深めていただければと思う．

2. 「もの」の大きさにはわけがある

2.1 製品のサイズ

皆さんは「もの」の大きさについて考えてみたことがあるだろうか．辺りを見渡してみると，コンパクトディスク，乾電池，紙，ねじ，パソコン，自動車など，さまざまな工業製品や部品が存在している．これらのものの寸法形状は JIS（日本工業規格）や ISO（国際標準化機構）の定める規格，税制上の区分によっているケースが多く，ときにはあるメーカの決めたサイズのものが普及し，事実上の標準（デファクトスタンダード）になっていることもある．しかしながら，これは社会的背景や企業戦略からくる人為的な「決まり」であり，工学的な根拠とはいい難い．

もう少し工学的な理屈を考えてみよう．皆さんの中には設計製図の実習で，機構部品の寸法形状を強度計算や安全係数などという数値から割り出した経験がある人もいるかと思う．それがなくとも，工作のときに，勘で「このくらいの太さで大丈夫」と材料の寸法を決めた経験はあるだろう．この設計者の「決断」がサイズを決める一因といえる．そして，あらゆる「もの」には，それを使う人「ユーザ」がいて，彼らの求める機能や使い心地，互換性などを無視できない．

製品レベルで「もの」の大きさについて見直してみると，無用に大きすぎたり，小さ過ぎて使えなかったりするものは見当たらない．ユーザの厳しい目による取捨選択を通じて，最適化された結果，サイズが決まったともいえよう．

2.2 生産システムのサイズ

さて，視点を本題の「生産システム」に移してみよう．生産システムは，製品をつくるものである．したがって，製造する製品や部品のサイズ，部品の材質や重量，加工力に耐えうる機構などによって，生産システムのサイズもおのずと決まることになる．長年にわたって同じ製品を，同じ製法でつくりつづけてきた生産システムは，そのサイズの面でも最適化されているであろう．

しかしながら，昨今の技術開発競争の激化，特に IT（情報通信技術）の急速な進歩は，製造現場にも大きな変化をもたらしている．身近にある携帯電話やノート型パソコンなどは，半年ごと，あるいは四半期ごとに新しいモデルが発表されており，それらの本体や構成部品のサイズも急速に小型化している．これらの製造現場では，極めて小さな部品の加工に，従来の設備を用いることで，生産システムと製品のサイズにアンバランスが生じることがある．このような場面で「小さなものは，そのサイズに見合った小さな工場で」（図1）という考え方を適用すると，さまざまなメリットが期待されるのである．

3. 小型化生産システムのメリット

3.1 マイクロファクトリ

小型化生産システムの研究開発は，日本国内だけでなく海外でも，それぞれの立場，ねらい，思想に基づいて，さまざまに展開されている．ここでは，話を簡単にするために，筆者らが推進する「マイクロファクトリ」を例に，小型化された生産システムの利点を解説する．

マイクロファクトリの発想は，1990年ごろにマイクロ

図1 小さなものは小さな工場で

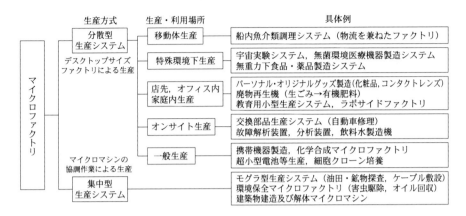

生産方式	生産・利用場所	具体例
分散型 生産システム	移動体生産	船内魚介類調理システム（物流を兼ねたファクトリ）
デスクトップサイズ ファクトリによる生産	特殊環境下生産	宇宙実験システム，無菌環境医療機器製造システム 無重力下食品・薬品製造システム
	店先，オフィス内 家庭内生産	パーソナル・オリジナルグッズ製造（化粧品，コンタクトレンズ） 廃物再生機（生ごみ→有機肥料） 教育用小型生産システム，ラボサイドファクトリ
	オンサイト生産	交換部品生産システム（自動車修理） 故障解析装置，分析装置，飲料水製造機
マイクロマシンの 協調作業による生産	一般生産	携帯機器製造，化学合成マイクロファクトリ 超小型電池等生産，細胞クローン培養
集中型 生産システム		モグラ型生産システム（油田・鉱物探査，ケーブル敷設） 環境保全マイクロファクトリ（害虫駆除，オイル回収） 建築物建造及び解体マイクロマシン

図2 マイクロファクトリによる生産システムの形態

マシンの製造システムに関する議論の中から生まれてきた[1][2]．「米粒ほどの部品をつくるために，人の背丈ほどもある加工機械を使う必要があるのだろうか？」という疑問が始まりである．生産機械を小さくすることで，さまざまなメリットを得られると考えたのである．それらを以下に整理しよう．

3.2 「省」のつく効果

省エネルギー：エネルギー資源をもたない日本において，省エネルギーは永遠のテーマである．機械が小さくなれば，機械を稼動する直接的なエネルギーだけでなく，空調（恒温室，クリーンルーム）や照明などの間接的なエネルギーも削減できる．

省スペース：生産機械が小さくなれば，それらの設置面積も小さくなる．また，小型軽量な機械は頑強な基礎を必要としないことから，配置の自由度が上がる．立体的なライン配置やマンションの一室が工場になる可能性もある．

省資源：工場建設や生産設備を構築する資材を減らすことができる．また，小型部品の生産に適した工程を適用することで，原材料や産業廃棄物の削減にも有効である．

以上のような効果により，環境に対する負荷の低い「環境調和型生産システム」を実現する手段として期待され，生産システム配置の自由度の高さは，次節の「多様な生産形態」を実現する可能性を広げるものと期待される．

3.3 多様な生産形態の実現

図2はマイクロファクトリによって実現される多様な生産形態をまとめたものである[3]．ここでは，生産システムを分散型と集中型の2つに分類している．

分散型とはデスクトップサイズのマイクロファクトリが，いろいろな場所に設置されて，生産あるいは利用される形態である．小型化によって，生産システムは工場から飛び出し，さまざまな場所に設置できるようになる．より消費者に近い場所に設置することで，必要なときに（オンデマンド），ニーズに合わせて（カスタマイズ）製品をつくることができる．交換部品の供給など，需要変動が大きかったり，多品種少量の生産をしたりする場面でメリットがあると考えられる．

集中型とは，マイクロマシンが多数集まり協調作業によって自身よりも大きなものに対して，生産あるいは解体・再生する形態，いわば小さな「大工ロボット」である．具体的には，多数のマシンが地中に潜って配管工事等を行うモグラ型生産システムなどが考えられる．

3.4 新たなビジネスモデルの創出

新たな生産形態が生まれれば，そこでつくられた製品の売り方も変わってくる．つまり，新しいビジネスモデルが生まれる．カタログだけでなく，製造設備を持ち歩く営業マンがその場で注文を受けて，即座に納品なんてこともあるかもしれない．また，ベンチャー会社に工場設備を一定期間だけ貸し出すレンタルファクトリも考えられる．アイデア次第で多彩なビジネスを展開できる可能性が広がる．

3.5 技術的なメリット

工学的な視点から小型化による機構や材料特性の変化を考えてみると，「小さく」なれば「軽く」なることから高速な駆動や超高速回転化に有利であり，固有振動数が高くなることから外乱に強い機構を実現できる．また，熱的な特性では，熱変形は寸法に比例して小さくなり，熱容量が小さくなるため短時間の加熱冷却が可能になる．これらの特性を，目的に応じてうまく適用することで，従来のシステムでは不可能な加工条件を付与し，より高精度な加工を実現できる可能性がある．

機構の設計においても，従来の常識から大きく離れた独創的なアイデアを盛り込み，少ない開発予算で試作機を実現できる．技術開発に成功し，量産体制に入る際にも小型機を複数台並べることで，必要な生産能力を得ることができ，需要に応じた生産調整にも柔軟に対応できる．

図3　マイクロ旋盤

図4　ポータブルマイクロファクトリ

図5　MMCで開発されたマイクロファクトリ

4.　具体的な開発事例

4.1　マイクロファクトリの具現化

これまでに述べてきた期待だけでは「絵に描いた餅」であり，手に取ることも味見をすることもできない．筆者らは，具体的に小さな生産機械を試作することで，マイクロファクトリの具現化に取り組んでいる．その第1号が，**図3**の「マイクロ旋盤」[4]である．縦・横・高さ約3cm，重量わずか100gの大きさで，汎用の旋盤と同等の精度で加工できる．厚さ5mmほどの直動ステージは圧電素子で駆動され，主軸には1.5Wの小型DCモータを用いている．

これを契機に，マイクロフライス盤とマイクロプレス機マイクロ搬送アーム，2本指ハンドが開発され，マイクロ旋盤と組み合わされて「機械加工マイクロファクトリ」として発表された．そして，それらは**図4**の「ポータブルマイクロファクトリ」（全備重量34kg，消費電力60W）としてトランクケースに収められ，国内外の展示会等でデモンストレーションを行っている[5]．

4.2　公的機関による小型化生産システム開発

マイクロファクトリの発想のベースとなったマイクロマシンの国家プロジェクトにおいても，（財）マイクロマシンセンター（MMC）のメンバー企業7社によって，マイクロ電解加工デバイス，マイクロアーム，マイクロ液送ポンプ，マイクロサーボアクチュエータ等で構成され，600×650mmのデスクトップに配置したマイクロファクトリ（**図5**）が開発され，直径0.6～3.6mmのマイクロ歯車で構成されるギアボックスの試作に成功した[6]．

経済産業省やNEDO（新エネルギー産業技術開発機構）の実施する地域コンソーシアム研究開発事業にも，いくつか小型化生産システム開発をテーマとしたプロジェクトがある．（財）信濃川テクノポリス開発機構による「工作機械のダウンサイジング技術に関する研究開発」では4つのステーションを統合し，従来機に対して床面積1/6，消費電力1/3を達成した小型自動盤（**図6**）が開発された[7]．東葛・千葉地域コンソーシアムによる「小型機械部品製造用ミニ生産システム」では，20cm四方を基本サイズとした切削セル[8]と研削セル[9]（**図7**）を複合した加工システムが開発された[9]．

また，理化学研究所では，「MICRO-WORK-SHOP（マイクロワークショップ）」のコンセプトを提唱し，卓上型の工作機械の開発を進めている[10]．

他にも経済産業省が推進する「マイクロ分析・生産システムプロジェクト」[11]では，微小量の試薬で高能率の分析が可能なマイクロ流体チップや，環境負荷の少ないマイクロ化学プラントの開発を進めている．これも，小型化によるメリットを狙った生産システムの開発といえる．

4.3　民間企業による小型化生産システム開発

民間企業においては，具体的な生産対象を明確に定め，実用化を前提とした小型化生産システム開発が進められている．部分的ではあるが，すでに量産ラインの一部を小型化システムに置き換えて，製造を行っているところも現れている[12]．

4.4　海外における小型化生産システム開発

2年ごとに開催されるマイクロファクトリ技術に関する国際ワークショップ（IWMF）では，日米欧の国々から関連研究の情報が集まる．ドイツのフラウンホーファ生産技術・自動化研究所（FhG-IPA）では，100mm角サイズのプラットフォームを基本単位として作業ユニット，搬送ユニット，制御ユニット等を，規格化されたインタフェースをもつキットとしてそろえ，目的に合わせて，それらを組み合わせられるシステムを開発している（**図8**）．システム構築のためのシミュレーションソフトウエアも用意され，バイオチップや光学センサの組立への応用を意図している[13]．

5.　小型化生産システムの課題

5.1　小型化生産システムならではの技の追求

従来の生産機械は，汎用性を重視する傾向にあり，その結果，サイズや基本機能は平均的な需要に合わせて設計される．製品や部品のサイズが，想定された平均値と比べ相当小さく，基本機能のすべてを要しないとき，不要な機能を削り，システムのサイズを最適化することで，小型化生産システムの本領が発揮される．このとき，既成概念にとらわれず，斬新なアイデアを導入することで，小型化システムでしか実現できない加工技術を確立することが鍵とな

図6　複合自動旋盤（ツガミ）

図7　ミニ研削セル（SII）

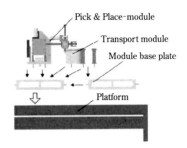

図8　IPAのミニ集積ファクトリ

る.「この部品しか作れないが，この部品をつくらせたらどこにも負けない」ことが強みとなる.

5.2　規格づくり

生産システムは機能ごとにモジュール（基準寸法）化されたユニットを組み合わせて構築されることが多い．小型化生産システムのモジュールが決まり，機能仕様が整理されると，複数のベンダー（販売者）から入手したユニットを容易に組み合わせることができる.

また，小型化機構に見合った構成要素（ねじ，ベアリング，コネクタなど）についての規格も必要である.

5.3　仲間を増やそう

現状では，いくつかの生産設備について例題的に小型化への取り組みを進めているところである．そのため，生産システムのすべてを小型化できる状況には至っていない．さまざまな生産設備について小型化を推進し，小型化生産機械のバリエーションを増やすことで，多種多様な小型生産システムを構築できる可能性が広がる．また，このことが，デファクトスタンダードをつくり，規格づくりの第一歩となる.

6.　お わ り に

小型化生産システムについて，これまでの開発例を紹介しながら，そのメリットや課題について解説した．小型化生産システムの研究開発を進めるうえで，最も重要なのは「小型化は手段であって，目的ではない」ことである．小型化することばかり考えるうちに，小型化によるメリット

が失われてしまっては，本末転倒である．「小型化」は既成概念にとらわれない「新たな発想へのきっかけ」と考えるべきである.

参 考 文 献

1)　（社）日本ロボット工業会：マイクロロボットに関する調査研究報告書（1990）102および（1991）384.
2)　マイクロファクトリ共同研究会：マイクロファクトリー小型製品製造へのマイクロマシンの展開ー，機械の研究，**49**, 6（1997）619.
3)　（財）マイクロマシンセンター：マイクロファクトリ共同研究会調査研究報告書（1998）4.
4)　北原時雄ほか：マイクロ旋盤の開発，機械技術研究所所報，**50**, 5（1996）117.
5)　K. Ashida, et al.：DEVELOPMENT OF DESKTOP MACHINING MICROFACTORY Proc. 2000 J-US symposium on flexile automation, (2000) 175.
6)　古田一吉：マイクロ加工・組立用試作システム，日本ロボット学会誌，**19**, 3（2001）13.
7)　新エネルギー・産業技術総合開発機構：平成11年度地域コンソーシアム研究開発事業「工作機械のダウンサイジング技術に関する研究開発」成果報告書（2000）23.
8)　大田眞士他：ミニ円筒研削セルの開発，2002年度精密工学会春季大会講演論文集（2002）86.
9)　森正緑他：ミニ切削セルの開発，2002年度精密工学会春季大会講演論文集（2002）85.
10)　大森整他：マイクロ切削加工，精密工学会誌，**68**, 2（2992）171.
11)　経済産業省：研究開発プログラムの紹介2003（2003）72.
12)　日刊工業新聞社：FOCUS「日本の生産技術を守るためには差別化が不可欠」，機械設計，**46**, 12（2002）2.
13)　T. Gaugel, et al.：Advanced modular production concept for miniaturized products, Proc. 2nd International Workshop on Microfactories, (2000) 35.

知能化機械要素
Intelligent Machine Elements / Akira KYUSOJIN

長岡技術科学大学　久曽神　煌

1. 機械要素とは

機械を構成する要素を機械要素と言う．逆に言えば，機械要素を総合すれば機械となる．

諸君が一般の機械要素の教科書を開いてみると，結合要素のボルト・ナット，案内要素の軸・軸受，伝達要素のプーリ・ベルト・チェーン・歯車等の説明は詳しく書いてあるが，モータ・PC・センサ・制御系の説明は書いて無い場合が多い．これは，機械要素という学問の歴史が古く，初期の機械の多くは，動力源として4極の三相交流モータを定速1800rpm（50Hzでは1500rpm）で回転させ，各機械に応じて歯車やプーリ・ベルト等で減速するといった方式が多かった所為であろう．50年前の町工場では，工場にモータが1台しかなくて，十数台の機械がプーリ・ベルトを介してさまざまな速度で回転しているといったこともあった．このような時代には，どのように減速機を設計するかが機械技術者の腕の見せ所で，機械要素と言えば上述の結合要素，案内要素，伝達要素が主であった．

時代とともに動力源であるモータの種類も制御方式も多様化し，最近では1つの機械に多くのモータや計測・制御装置が使われるようになっている．1台の乗用車には数十台のモータが用いられて窓やバックミラーの位置・姿勢調整をしたり，時々刻々機械の状態（回転速度・走行距離・現在位置・5分毎の燃費等）をモニタすることができるようになっている．このような時代の機械要素とは，どのようなものであろうか？

2. 位置決め装置から見た機械要素

精密工学における機械の代表例として図1の位置決め装置を採り上げ，その駆動機構について考えてみよう．動力源はステッピングモータ等となり，その前にPC制御されたドライバが繋がっている．モータからカップリングを介してボールねじを回転させてテーブルを駆動する．テーブルの位置は変位センサで観測し，目標位置からの偏差に応じて，モータを微少回転させる．これらの，モータ・PC・変位センサ・ドライバは新しい機械要素と考えられる．

3. 自動車の回転伝達機構から見た機械要素

時代とともに大きく変化した機械要素の一例として自動車の回転伝達機構を考えてみよう．自動車の駆動は，エンジンの往復運動を回転運動に変換して，2輪または4輪の車軸に伝えるのが一般である．エンジンの回転力を回転軸方向が90度異なるタイヤに伝達し，さらに，床面の高さ制限より，定速比・食違い軸のハイポイド歯車が考案された．また，車のハンドルを切って左右に曲がる際，左右の車輪の回転速度が異なっても滑らかに動力伝達されるように差動歯車機構が考案された．これらの歯車機構は機械要素の往年のスターである．最近試作された電気自動車には，各タイヤに1つずつのモータを取り付け，4つのモータの回転数を同時制御することにより，前進・後退・左折・右折を自由に行えるようにしたものもある．こうなると機械要素の主役であった歯車は全く不要となり，モータおよびモータの制御装置が最重要な機械要素と考えられる．

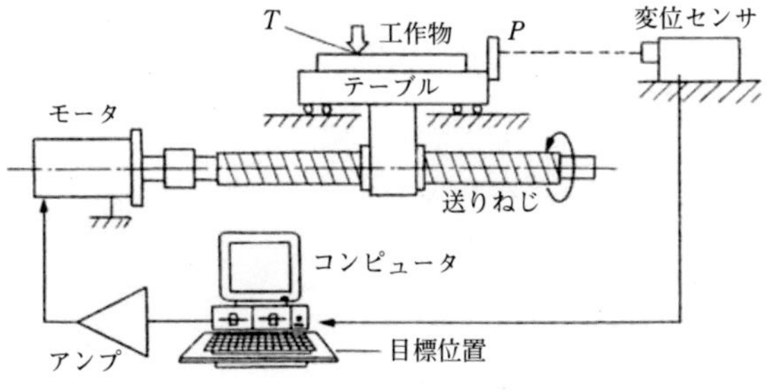

図1　典型的な位置決め装置

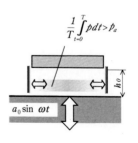

$$\frac{1}{T}\int_{t=0}^{T} p\,dt > p_a$$

h_0

$a_0 \sin \omega t$

図2　スクイーズ効果

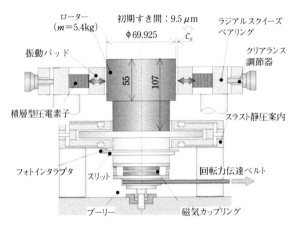

図3 ラジアルスクイーズ空気軸受

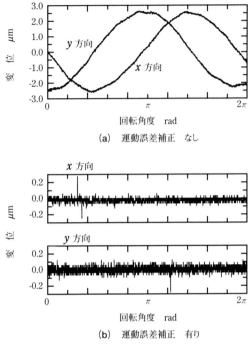

(a) 運動誤差補正 なし

(b) 運動誤差補正 有り

図4 ラジアルクイーズ空気軸受の運動誤差

4. スクイーズ空気軸受から見た機械要素の知能化

4.1 原理と実例

1つの機械要素にさまざまな役割を与えている例がある．本研究室ではスクイーズ空気軸受の研究を行っているが，この軸受に運動誤差補正や，駆動力発生の役割を持たせた"知能化機械要素"の研究を行っている．図2に示すように，2枚の平板を狭いすき間で対向させ，一方を他方に対して垂直に高周波で振動させる．すき間が $10\mu m$ 程度になれば，すき間内の流体は粘性によって空間内に閉じ込められ，あたかもシリンダが存在するような状況となる．このとき，2面間の時間平均間隔を h_0，周囲圧力を P_a，高周波振動の振幅を a_0，駆動周波数を f とし，簡単のため等温変化を仮定すると，内部圧力 p はボイルの法則より，

$$p\left\{h_0 + a_0 sin(2\pi ft)\right\} = p_a h_0$$

となり，1周期についての時間平均は

$$\frac{1}{T}\int_{t=0}^{T} pdt = \frac{p_a}{\sqrt{1 - \frac{a_0}{h_0}}}$$

となる．これより2平板間の時間平均圧力は周囲圧力よりも高くなり，負荷容量が発生する．これをスクイーズ効果と言う．ラジアル軸受を構成するには，回転軸を取り囲むように加振板を配置し，半径方向にスクイーズ運動させれば良い．図3に試作したラジアルスクイーズ空気軸受の一例を示す．回転軸直径70mm，質量5.4kgで軸受すき間が9.5μm である．4つの加振板を圧電素子を用いて片振幅2μm，1kHzで振動させるとラジアル空気軸受が形成される．このときのばね剛性は $1 \sim 2N/\mu m$ で，静圧空気軸受の $1/10 \sim 1/100$ 程度である．

4.2 実時間運動誤差補正

ラジアル軸受の目的は回転軸を心振れ無く支えることで

ある．回転軸を1rpmで回転させて運動誤差を測定すると図4(a)に示すように5μm 程度であった．x, y 方向の心振れを測定して，運動誤差をキャンセルする方向に加振板の位置を実時間で補正すれば，軸も同じ方向に移動して，その結果運動誤差は図4(b)に示すように0.1μm 程度となった．スクイーズ空気膜を構成するには加振板を駆動する圧電素子に交流電圧を加え，運動誤差補正には直流電圧を印加すれば良いので，おのおの独立に制御しうる．この軸受を工作機械主軸に利用するには，ばね剛性が余りにも小さいという欠点がある．しかし上述のシステムを利用して，加工抵抗によって軸が変位した場合にその変位量を補正するように加振板の位置を逆方向に動かしてやれば，その結果軸が元の位置に戻り無限大のばね剛性を持つ軸受機構となりうる．

4.3 超音波振動を利用したスクイーズ空気軸受

図3の軸受は半径方向の共振周波数が1.7kHzで駆動時の騒音が大きく，各パッドの形状や位置を μm 精度で加工するため高価であった．そこで図5に示すように，単純な円筒を共振（8次の面内半径方向曲げ振動）させることによりスクイーズ空気膜を発生させる機構を開発した．ここでの次数とは円筒一周当たりの波数のことで，例えば楕円状に変形し円形に戻り長軸と短軸が入れ替わって楕円状に変形するようなモードは2次となる．8次では図6に示すような変形を行い，節（半径方向変位が無い部分）が16箇所，腹（半径方向変位が最大となる部分）が16箇所となる．円筒の概寸は，内径70mm，肉厚2mm，高さ30mmである．

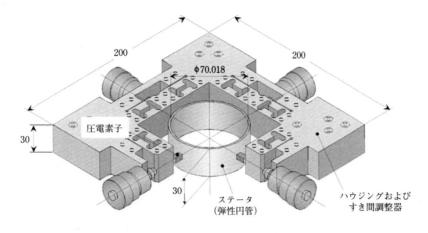

図5　弾性円管を用いた空気軸受

実測の共振周波数は 23.9kHz となり，腹における半径方向片振幅 0.3μm の定在波で軸受が形成され，不可聴域（人間が音として聞ける周波数は 20 ～ 20,000Hz）なので静かであった．

4.4　非接触回転駆動機構

さらに定在波のみでなく進行波を起こさせることにより軸の非接触回転駆動を試みた．図6のように円周を 90 度ごとに 4 分割して同位相の正弦波 $a_0 \cos(2\pi ft)$ を加えれば定在波となるが，x 方向の 2 つは $a_0 \cos(2\pi ft)$，y 方向の 2 つには 11.25 度（8 次モードなので 90/8 度）ずらして $a_0 \sin(2\pi ft)$ を加えれば進行波が発生する．このように x 方向と y 方向の空間的な位相を 11.25 度ずらし，駆動電圧の時間的位相を進めたり遅らせたりすることにより，軸を数 rpm で時計回りにも反時計回りにも駆動できる．このときの回転トルクは現在のところ 1N・mm 以下に過ぎない．

5.　む　す　び

精密工学を始めた若い研究者の諸君！　機械要素は日々進化しています．軸受要素を工夫することにより，運動誤差補正の機能を持たせ，ばね剛性を上げ，騒音を無くし，軸を回転駆動させることができました．従来からある機械要素に新しい機能を加えたり，全く新しい機械要素を工夫したりして，"知能化機械要素"の研究を楽しみませんか？

参　考　文　献

1) 磯部浩已, 久曽神煌, 小島茂: 圧電素子の高周波振動を利用したアクティブスクイーズ空気軸受の開発（第 1 報）プロトタイプモデルによる基礎的検討, 精密工学会誌, **65**(3), (1999), 438.
2) 磯部浩已, 久曽神煌: スクイーズ効果を利用したアクティブ動圧空気軸受の試作ープロトタイプモデルの製作と数値的解法の検討, マイクロメカトロニクス（日本時計学会誌）**43**(4), (1999), 36.
3) 磯部浩已, 小野寺千絵, 中尾祥昌, 久曽神煌: 圧電素子の高周波振動を利用したアクティブスクイーズ空気軸受の開発（第 2 報）ラジアルスクイーズ空気軸受による回転軸の運動誤差補正, 精密工学会誌, **67**(1), (2001), 101.
4) 磯部浩已, 稲木 巧, 館林慎一郎, 久曽神煌: スクイーズ空気膜による非接触位置決め特性の基礎的研究ーステップ応答の数値的解析と実験的検証ー, 精密工学会誌, **68**(1), (2002), 75.
5) 磯部浩已, 今井豪史, 稲木 巧, 久曽神煌: 圧電素子の高周波振動を利用したアクティブスクイーズ空気軸受の開発（第 3 報）空気案内機構のための理論的解析と実験的検証, 精密工学会誌, **68**(2), (2002), 248.
6) 磯部浩已, 久曽神煌: 運動誤差補正可能な非接触超音波モータの開発＝超音波振動により励起されるスクイーズ空気膜を介した回転機構＝, 超音波 TECHNO, **15**(4), (2003), 5.
7) 胡俊輝, 中村健太郎, 上羽貞行: ロータ浮上式非接触超音波モータの諸特性, 信学技報 US96-75 (1996), 37.

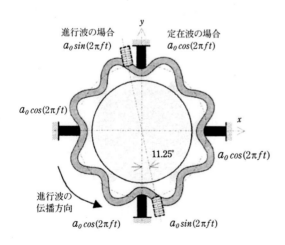

図6　進行波を用いた非接触回転駆動機構

無機系新素材（セラミックス）と精密工学分野での適用

Applications of New Ceramics for Precision Engineering Field / Masanori UEKI

植木技術士事務所　**植木正憲**

は じ め に

　無機系素材のうち，金属材料を除いたいわゆるファインセラミックスと呼ばれる素材とその精密工学分野での適用について述べるが，今日，材料の適用は，必ずしもバルク（塊状）としての構成部材とは限らず，むしろバルクとしては欠点を有する構造用セラミックスの場合，金属，プラスチックなどの上に薄膜の状態でコーティングして表面創製・改質に寄与する場合がある．

　本稿では，バルク材料としての適用例を，機能性材料（いわゆる電子工業用セラミックス）および構造用材料のそれぞれについて述べるとともに，薄膜としてのセラミックスの適用方法および適用例を，液晶パネルなどのフラットパネルディスプレーに用いられる透明導電性セラミックス膜そして DLC（ダイヤモンドライクカーボン）コーティングとして今後の適用が大いに期待される分野から紹介する．さらに，近年特に注目されているナノテクノロジーの分野について，それらの微細加工技術との関連について述べる．

1.　バルク材料としての適用

1.1　電子工業用セラミックス

1.1.1　強誘電体と圧電現象[1]

　一般に物質は，電気を通すか通さないかによって導体，半導体，そして絶縁体の3つに分けられる．絶縁体のうち，特に電気を通さないものを誘電体と呼ぶ．誘電体に電圧をかけると，**図1(b)**のように正・負電荷がそれぞれ逆方向の表面に集まる．この作用を「分極」という．また，誘電体の中には，結晶構造によって，電圧をかけていないのに分極している物質があり，これを自発分極という．さらに，低い電圧で自発分極の向きが変わる物質があり，これを強誘電体という．多くの電子工業用セラミックスは強誘電体である．

　つまり，強誘電体とは「外部電場によって反転する自発

表1　誘電率の比較（室温）

物　質	誘電率 （F/m）	備　考
水晶（クォーツ）	4	
雲母（マイカ）	7	
チタン酸バリウム（BaTiO₃）	1500	強誘電体
チタン酸ジルコン酸鉛（PZT）	2000	強誘電体

分極を持つ物質」であり，まず，①誘電率が大きいという特徴がある．この性質を利用して，コンデンサに用いられている．**表1**にいくつかの物質の誘電率を示した．

　次に，②強誘電体に電圧をかけると，電圧を取り除いたあとでも分極が残るという性質がある．つまり，誘電体に電圧をかけて分極させる，分極処理の工程を**図1**に示すが，この電圧を取り除いても分極が残るという性質は，例えば鉄に磁場をかけると，磁場を取り去ったあと，鉄が磁石になっていることに似ている．さらに，③分極処理後の強誘電体には圧電性・焦電性がある．つまり，分極処理された強誘電体に応力を加えると電圧を生じる．また，逆に電圧を加えると，ひずむ（ほんの少し伸びるか縮む）．この現象を，それぞれ圧電効果，逆圧電効果といい，圧電現象は「電気的エネルギーと機械的エネルギーの相互変換」ということができる（**図2**）．多くの電子工業用セラミックスがこの性質を利用している．

　また，強誘電体ではないが水晶（クォーツ）も圧電性があり，この性質は時計に利用されている．「電圧をかけると（わずかに）伸びたり縮んだりする」という性質は，ある周波数の交流電圧をかけると，同じ周波数で試料の表面が振動するということである．この性質は，各種アクチュエータ，スピーカーそして下記する超音波モーターなどとして多くの適用が見られる．

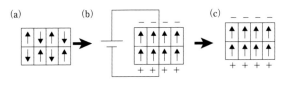

図1　分極処理の工程

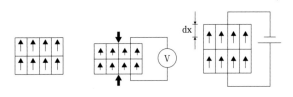

分極処理された試料　　応力を加えると電圧が発生する　　電圧をかけるとひずむ

図2　圧電現象

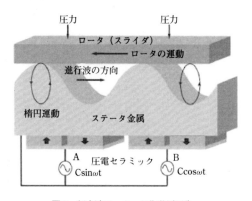

図3 超音波モーターの作動原理[2]

1.1.2 超音波モーター

ゴムのような弾性体を圧電セラミックスに接着する．圧電セラミックスに電圧をかけて数万 Hz の超音波振動を起こさせる．振動は縦振動であるからそのままでは回転力にならないが，弾性体が密着していると，弾性体の表面に一定方向に進む波（進行波）を起こさせる．すなわち縦振動の定常波を進行波に変えている．**図3**のように，弾性体の一点は楕円運動をして，上に置いた物体（ロータ）は波の進行方向と反対に移動する．波乗りの原理とよく似ている．サーフボードが前に進む原理を応用したモーターである．これは，日本人の発明によるもので，今日多くの精密機器に用いられている．

1.1.3 光通信部品用セラミックス

世界的規模で拡大する IT（情報通信技術）関連産業の中で，ハード面で中核役を演じるのが光ファイバを代表する通信関連部品であり，これらの部品には多くの無機系素材が使用されている．これらの多くは日系メーカーが国際市場において市場をリードしており，今後とも大きな期待がかかっている．これらの代表的なものとして，光ファイバを始め，半導体レーザーモジュール，光アイソレータ，光コネクター，光変調器，導波路型光分岐結合器，アレイ導波路型合分波器，光スイッチ（機械式），そして可変型アッテネーターとして石英，アルミナ（Al_2O_3），窒化アルミニウム（AlN），低融点ガラス，赤外線偏光ガラス（ルチル），ガーネット厚膜，PSZ（部分安定化ジルコニア（ZrO_2）），結晶化ガラス，$LiNbO_3$素子，酸化物フェライト，シリコンなどの材料が適用されている．

上記した光コネクターにはフェルールという部品があり，光ファイバ同士や光ファイバと受発光素子を正確に接続する部品で超精密加工が要求される．ジルコニアセラミック製が主流だが，ほかに金属製，プラスチック製もある．セラミックフェルールの形状の一例を**図4**に示す．今後，北米を中心とした光通信市場の拡大により，急激に増加が期待され，幹線系の伸びはやや鈍化しているが，端末に近い（ラストマイル）インタフェースへの投資増と，さらには，家庭内機器の光伝送化により，莫大な需要増が期待されている．

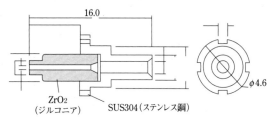

図4 光コネクターフェルールの形状一例[3]

そのほか，光通信部品としては $LiNbO_3$ 素子を使用した光変調器や，石英基板上に光導波路を形成した光分岐結合器や光合分波器，アッテネーターなどがあり，いずれの部品についても今後とも急増する世界の光通信市場において，必要不可欠なキーデバイスとしてますます重要な役割を演ずることが確実であり，これらのいずれの部材も日系メーカーの独壇場である．優れた材料加工技術とその結果としてのコスト競争力から見て，当面は国際市場で重要な位置を占めていくであろう．

1.2 半導体製造装置部材（構造用部材）としての適用

一般にファインセラミックスは金属材料と比較して耐熱性，高剛性，高硬度，低比重，耐薬品性などの優れた特性を有し，加えて室温付近の大気中や真空中で経時変化しないなどの特徴を持つ．ファインセラミックスの製造方法は，原料粉末を調製したあと，所望の形状に成形して焼結する方法が一般的であるが，純度や粒径の均一性に優れた原料粉末が製造・市販されるようになった 1980 年代の初頭ころよりその特性が発現され今日に至るまで徐々に特性の向上が図られ，同時に構造用部材としても適用が図られてきた．なかでもサイアロン（sialon）はアルミナ，炭化けい素（SiC），ジルコニアなどに比較して，高比剛性（弾性率を密度で除した値）や室温付近での低熱膨張率および低熱伝導率を併せ持つ特徴がある．またニーズに応じてプロセス諸因子を適正化することで耐転がり摩耗特性を有し，優れた表面性状を持つ部材を製造することが可能である．

また，サイズとしても 400 × 800mm 以上のサイアロン焼結体において，最小肉厚 3～5mm の箱状部材で**図5**のような 2 次元的な任意形状体の製作が可能である．さらに，

図5 大型サイアロン部材（モデル形状）[4]

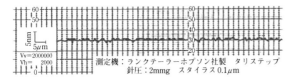

図6　大型サイアロン部材の表面粗さ測定例[4]

焼結体を加工する超高精度加工技術の開発と相まって，形状，精度，表面粗さや耐転がり摩耗（疲労）性[5]などの特性を発現させることができる．**図6**に大型サイアロン部材での表面粗さ測定例を示す．

このように精密・大型・複雑形状の部材製造技術と，冒頭に述べたサイアロンが本来有する高比剛性，低熱膨張率などの特性によって，サイアロンが各種精密機器用部材として適用されている．同様の大型部材製造技術は，アルミナセラミックスにも適用され，日系メーカーがほとんど世界市場を席巻している逐次露光装置（ステッパー）などを中心とした各種半導体製造用装置の部材が製造されている．

そのほかの耐転がり摩耗特性が要求される精密機器部品として工作機械の高速回転軸受などへの窒化けい素（Si3N4）製ベアリングの適用などが進められている．

1.3　摺動部材としての適用

1.3.1　ロータリーエンジンへの適用

窒化けい素（Si3N4）セラミックスをロータリーエンジンアペックスシールとして適用し，ルマン24時間耐久レースに出走し，約5,300km走行した車のエンジンから回収し，その損傷状況を調べた．

図7に見られるように，アペックスシール摺動部には，ローターハウジング内面に施された硬質Crメッキからの移着としての金属Cr，さらにそれらに随伴されたクラックが見られ，硬度においてはるかに勝るセラミックス（Hv：1700）が，金属（硬質Cr，Hv：1000）（Hv：ビッカース硬さ）と摺接して摩耗する機構がここに見られる．つまり，硬いセラミックス表面に金属が移着することにより，

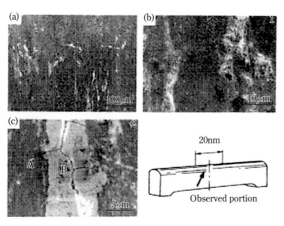

図7　アペックスシール摺動部の状況[6]

さらなる摺動に際して，移着界面に著しい熱膨張係数ミスマッチを起こし，セラミックス側に「表面剥離的」割れを生ずる．これが，よりマクロ的視点に立つと「摩耗」の原因である[7]．

摩耗および移着の機構を精細に調査し，移着の起こり難い窒化けい素セラミックスの開発[8]にその後成功している．

1.3.2　自己潤滑性摺動材料

摺動部材としてのセラミックスの適用を，より積極的に考える場合，潤滑要素を含ませることが有効である．ここでは，グラファイト（黒鉛）を潤滑要素として炭化チタン（TiC）と複合化したセラミックスの摺動特性改善効果について述べる．つまり，20wt％（35.4vol％）までの量のグラファイトを添加したTiC-C系材料（5，10，15そして20wt％C）において，曲げ強さおよび破壊靭性値は，C添加とともに上昇し，それぞれ5および10wt％Cで最大値を示したあと，C添加量の増大とともに低下した．一方硬さは，添加量の増大とともに単調に低下し，同時に被加工性は向上した．また，Cuを相手材とした摺動において乾燥摩擦係数は，C添加量の増大とともに顕著な低下を示した．[9], [10]

Cの添加により，CuのTiCへの移着が抑制された．これは，摩擦力によって層間剥離したグラファイトが，TiCとCuの間に介在し，凝着を妨げることにより自己潤滑性を発揮するためである．この材料は，幅広い組成範囲と優れた機械的特性，易加工性，金属に匹敵する導電性など，高機能摺動部材として幅広い応用が考えられる．

1.3.3　高温摺動部材としての適用

セラミックスには金属材料に勝る耐熱性を期待されるが，現実では静的加熱においてのみ従来の耐熱合金よりも高温度まで耐えるが，急速加熱，冷却といった，いわゆる「熱衝撃」に対しては，その弱点をさらけ出す格好となる．その原因の一つとして，靭性の低さが挙げられる．そこで，窒化けい素へSiCウイスカー（SiCw）（ここで，ウィスカーとは元々「猫のヒゲ」を意味し，格子欠陥の少ない完全結晶に近いヒゲ状の単結晶のことである）の複合化を試み，その過程において，ウイスカー均一分散プロセスを達成することにより靭性を改善し，さらにSiCの高熱伝導性を利用して複合焼結体の熱的諸特性を改善し，SiCwによる耐熱衝撃性改善効果を明らかにした．つまり，**図8**に見られる

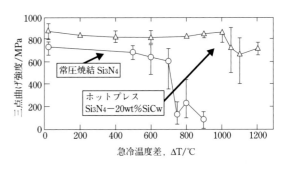

図8　窒化けい素系セラミックスの耐熱衝撃性[11]

ように，複合セラミックスは，通常の窒化けい素セラミックスが約700℃のΔT（対耐熱衝撃性）を示すのに対して約2倍以上のΔTを示すことが明らかであり，このような特性を利用して，リニアモーターカー緊急着地ブレーキなどへの適用が検討されている．

2. 薄膜としての適用

薄膜には，母材の耐熱性，耐酸化性，耐摩耗性，電気絶縁性などを付与するための保護型膜と，電子材料のようにそれ自身で機能を持つ機能型膜とに分けられ，前者は金属表面の酸化膜，切削工具用セラミックコーティング，半導体や磁性体の保護膜などで，後者には電極，表面波デバイス，磁気記録材料，赤外線センサ素子，ジョセフソン素子などがある．母材の上に薄膜としてセラミックスを適用することは，セラミックスの欠点であるバルク（塊状）としての耐熱・機械衝撃性の低さという最大の欠点を補え，それらの長所のみを享受できる点で，極めて有効な方法である．CVD，PVDおよびDLC膜が主要なもので，それぞれに適用の拡大を示し，技術の有効性が明らかにされている．

2.1 薄膜の製法

2.1.1 化学蒸着法（Chemical Vapor Deposition, CVD）

一般に，金属表面にセラミックスを直接コーティングする方法であり，酸化物は $SiCl_4$ と O_2 を反応させて SiO_2，窒化物は $SiCl_4$ あるいは SiH_4 と H_2 と N_2 を反応させて Si_3N_4，炭化物は $TiCl_4$ と CH_4 を反応させて TiC 膜をつくるなどの例がある．

2.1.2 物理蒸着法（Physical Vapor Deposition, PVD）

高いエネルギーを持つ原子，分子を基板に照射し，高い活性状態で結晶を成長させる方法で，真空蒸着法，スパッタ法，イオンプレーティング法，スプレー法などがある．生成膜の厚さは数μm以下である．図9に，スパッタ法による蒸着を模式的に示す．成膜成分からなるターゲット材を陰極に配し，プラズマ状態でこれに Ar^+ イオンを打ち付け，陽極側に配した基板（母材）上に所望成分（材質）の薄膜を得るものである．

セラミック薄膜の2000年度での総市場規模は約200億

円であり，その内 PVD によるものが約60％と最も多く，続いて CVD が約25％，DLC が約15％といった構成であるが，DLC は，毎年，二桁を超える水準で市場が成長している．また，PVD，CVD を適用される材料については，前記の強誘電体セラミックスのほか，後述する透明導電性セラミックス，さらに，環境浄化などに有効な光触媒機能を発揮する酸化チタン（TiO_2）などが主なものとして挙げられる．

2.2 フラットパネルディスプレーに用いられるセラミックス

液晶ディスプレーに代表されるフラットパネルディスプレー（平面表示装置）には，多くのセラミック部品が用いられ，次世代型ディスプレーとしての PDP や有機 EL なども含めて，今後とも開発・実用化が盛んに進められる分野である．普及には携帯電話用液晶ディスプレーのカラー化が一層の拍車をかけた．これらのフラットパネルディスプレーの中で重要な役割を演じているセラミックス材料としてガラス基板や ITO（Indium Tin Oxide）（酸化インジウム—酸化錫系材料）を中心とした各種透明導電膜が挙げられ，多くは ITO セラミックターゲット材を用いた前記のスパッタ法で製作される．

液晶ディスプレー用ガラス基板の日系メーカー各社の2000年度の出荷実績が前年度比17.1％増の935億円と，非常に高い伸びを示している．なかでも付加価値の高い ITO 付ガラス基板は，韓国，台湾を中心とした急成長を示してきた液晶ディスプレーメーカー側の低コスト化ニーズに応えながら，彼らに「不可欠な」部品・素材を供給する形で，生産を伸ばしている．

2.3 DLC コーティング

DLC とは前記のように，Diamond Like Carbon の略であり，主に C（炭素）と H（水素）から構成されるアモルファス状（非晶質）のカーボン膜である．硬さはダイヤモンドに近い高さを持つ．またアモルファス状であるため，表面が非常に滑らかで，耐摩耗性，耐凝着性，低摩擦性，離型性などに優れる．表2にDLCの応用分野を示す．

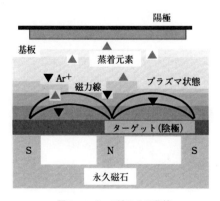

図9 スパッタ法による蒸着

表2 DLC コーティングの応用分野[12]

	応用分野	主な製品
硬質膜	自動車部品	燃料噴射ポンプ，ピストンリング，カムシャフト，ギア
	産業機械部品	繊維機械部品，ガイド，ブッシュ
	金型	リードフレーム曲げ加工用，アルミ製缶用，非球面レンズ用，非鉄金属成形用，フェライト等の圧粉用，樹脂成形用
	工具	非鉄金属加工用ドリル，エンドミル
超薄膜	テープ類	DVテープ，各種記録メディア
	VTRヘッド	ビデオデッキ
	光学系レンズ	赤外線用レンズ
	刃物	ジューサーミキサー刃，カミソリ刃
	飲料容器	PETボトル
	液晶ディスプレー	配向技術プロセス

DLCは，従来にはない新しい物性を持った炭素素材と位置付けられ，半導体製造技術の進歩とともに発展してきた真空プラズマ中の薄膜製造プロセスから生まれた．DLC膜は高真空中のアーク放電プラズマで炭化水素ガスを分解し，プラズマ中のイオンや励起分子を基板（製品）にぶつけることで形成される．DLC膜は緻密なアモルファス構造のため，表面が極めて滑らかで結晶粒界がなく，原子間力顕微鏡で見たDLC膜の微小領域の3次元像は，PVDによるTiN膜と比較してもさらに平滑である．この表面特性が，優れたトライボロジー（摩擦摩耗）特性を発揮する要因となっている．つまり，DLCはほかの硬質薄膜コーティングと比して，圧倒的に低い摩擦係数と耐凝着性，低攻撃性を示している．

今後のDLCの普及拡大は，自動車分野での採用拡大がカギとなる．自動車メーカー各社においてはDLCの特徴の一つである耐摩耗性は高く評価しており，将来的にこの特徴を生かした自動車部品の採用が大きく期待されている．

3. 微細加工技術とナノテクノロジー

現在行われているナノテクノロジー研究分野は，①ナノ材料創製，②ナノ計測・加工，そして③応用の3つに大別できる．このうち，①は，大きさがナノの領域である物質をつくり出すことにより光，熱，電気などの付加により新しい特性を創出しようとするものである．

ナノ物質をつくる方法として，トップダウンとボトムアップの2つあり，前者は大きな物質から微細化していく方法であり，後者は，小さな原子を組み合わせて分子などを構成する方法である．トップダウン技術として代表的なものに，半導体の微細加工が挙げられる．半導体は，約1cm角のチップ表面にいかに微細な集積回路を形成できるかが高性能化のカギとなる．現在量産されているDRAM（記憶保持動作が可能な随時書込み読出しメモリ）では，集積回路を光学的に焼き付けるリソグラフィー技術によって回路幅は約100nmにまで達している．

一方，ボトムアップは，現存する約100種の元素の原子や分子の組合わせによって，多様な物質をつくり出す方法で，従来にない新材料やデバイスを創製する可能性が高い．特に，ナノ領域の構造を自発的に形成していく「自己組織化」では50nm以下のナノ構造体を効率よく形成することが可能だと言われている．そして，このような領域での加工には，もはや「トップダウン法」は適用できないと言われている．図10に微細加工技術の歴史的進歩を示す．

お わ り に

精密工学分野でのセラミックスの適用に関して，浅学非才を省みず，まとめを試みた．ここに記述した多くの素材（材料）およびその適用技術が，日本発で世界最先端にあることを本文中でも触れたが最後に再度強調しておきたい．構造用セラミックスに関しては，若干「我田引水」的構成であったが，実際の開発経験に基づいた記述である点を考慮して慈許願いたい．紙数の限定および上述の点も含め，いささか偏った記述となったことは否めないが，小文が読者諸賢の素材（材料）に対する理解の一助となれば幸いである．

参 考 文 献

1) 東北大学関連Webページ http://www.phonon.riec.tohoku.ac.jp /PZTWebPage
2) （株）新生工業超音波モータのWebページ http://www.tky.3web. ne.jp/~usrmotor/topj.html
3) 京セラ（株）カタログ，セラミックフェルール STEP型 STP-2.
4) 浅田修司　他: 精密機器用サイアロン，新日鉄技報, 363 (1997) 26-31.
5) 浅田修司　他: 各種セラミックスの転がり接触による表面損傷, J. Ceram. Soc. Jap., **105**, 3 (1997) 238-240.
6) 植木正憲: 機能構造用セラミックスの開発（摺動部材への応用開発），新日鉄技報, 349 (1993) 32-38.
7) 植木正憲: 自動車用セラミックス摺動部材，新素材, 9 (1992) 69-75.
8) M. Ueki et al: Practical Application of Silicon Nitride Ceramics for Sliding Parts of Rotary Engine, Key Engineering Materials, 89/91 (1994) 725-730. (Proc. Int. Conf. on Silicon Nitride -Based Ceramics, 10/4-6 (1993) Stuttgart, Germany)
9) 小野　透　他: 自己潤滑性導電性摺動材料, 日本金属学会会報, **32**, 6 (1993) 438-440.
10) 小野　透　他: 炭化チタン-グラファイト系複合材料の製造と特性（第1報, 炭化チタン及び微量グラファイト添加炭化チタンの機械的性質と微細構造），日本機械学会論文集A編, **56**, 564 (1993-8) 1978-1984.
11) 植木正憲　他: 高耐熱衝撃性窒化ケイ素セラミックス，技術の最先端を拓く新材料1996，（株）東レリサーチセンター (1996) 317-320.
12) 杉本武巳: 2002年セラミックス産業界の動き　総論, セラミックス, **38**, 9 (2003) 686-693.
13) ナノテクノロジーを拓くナノ計測・ナノ加工, ふぇらむ（日本鉄鋼協会会報）, **8**, 7 (2003) 472-476.

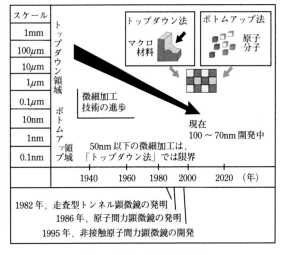

図10 微細加工技術の進歩[13]

幾何計測と不確かさ・事例としての座標計測

Geometrical measurement and uncertainty, coordinate metrology as case study / Makoto ABBE

Key words: Geometrical measurement, uncertainty, reliability, task specific uncertainty

株式会社ミツトヨ つくば研究所　阿部 誠

1. は じ め に

かつて蒸気機関の速度を負荷や外乱などによらずに一定に維持するために，ジェームズ ワットは遠心力に応じた変位を出力するガバナを用いて蒸気圧弁をコントロールしました．この史実はフィードバック制御理論のルーツとして知られますが，計測の本質をよく表していると思います．

計測は何のために行われるのでしょうか．計測それ自身はものを生み出しません．計測は例えば生産のためのシステムと連携し，品質の情報をシステムに提供することによってものを生み出すことに寄与します．そのため，精度，誤差，あるいは最近では不確かさといわれるように，計測機器が指示する数値の信頼性は最も重要な性能指標となっています．

本稿はこうした計測の特質を踏まえ，長さや形状に代表される幾何計測の不確かさに関する一課題として，タスク固有の不確かさを概説します．技術的な内容に関する詳細については専門の文献を参照されることをお奨めします．

2.「誤差」と「不確かさ」

まず計測の信頼性を定義する用語についておさらいをします．国際規格を作成する ISO の取り決めにしたがうと，計測値などの信頼性を記述するために「誤差」などの表現を使用せず，代わって「不確かさ」を使います．

不確かさは，「計測値のばらつく範囲，ただし偶然的な効果と系統的な効果によるばらつきを両方とも含む」と概ね読み下せるように思われます．古くから使われてきた誤差や精度などと異なり，不確かさは世界的に統一され，客観的に定義されています．不確かさを算出するためのガイドライン[1]や解説も出版されています．

ところで，幾何計測と不確かさについて忘れてはならない，もうひとつの GPS[2] について言及しておきましょう．これは ISO で審議が進められている GeometricaProduct Specificationです．邦訳は「製品の幾何特性仕様」となります．

ボーダレス化，グローバル化が進むものつくりの現場では，既存の規格で対応することが難しかった設計図面の一意で客観的な解釈が欠かせません．ある日本のトップメーカの設計陣が自信を持って出図した図面を，数カ国に外注して加工を依頼した逸話があります．後日できてきたもの

を見たら，それらは互いに違っており，しかもいずれも設計陣が期待したものとは異なっていた笑えない話があります．このような問題を合理的に回避するためには次の項目を満たす国際的な取り決めが必要であり，GPS規格はそのためのツールとして特に欧州で期待されています．

① 図面が数学的に定義できて解釈に曖昧さがない
② 図面指示と計測が整合している
③ 計測の不確かさを考慮して部品が合否判定される

特に③は，計測という行為が本質的に不確かなものであることを我々に改めて認識させます．

3. 計測の不確かさ

計測機器を製造する立場ではその性能を把握しているとしても，機器のユーザがその信頼性を知るにはどうすればよいでしょう．まず考えられるのは製造者が提示する性能仕様を確認することです．幾何計測を行う計測機器の精度仕様は，例えば式(1)の表現となります．

$$U_{Length} = a + b \times L \tag{1}$$

ただし，U_{Length}：寸法 を計測する場合の不確かさ
　　　　a：不確かさの定数項
　　　　b：不確かさの比例係数
　　　　L：評価する寸法

この式は，①短い寸法を測ると不確かさは小さい，また，②寸法が長くなると次第に不確かさが拡大する，ことを表

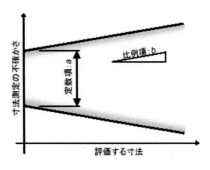

Fig. 1　幾何計測の不確かさの例

しており，模式的には Fig. 1 のようになります．
　仮に考えている計測機器が一軸の構成のものであれば，式(1)の範囲を不確かさに読み代えることによって，機器のユーザは信頼性を定量化することが容易にできます．
　では考えている計測機器が二軸，あるいは三軸以上の構成を採る場合はどうでしょうか．ここでは座標測定機：CMM(Coordinate Measuring Machine)を例にとります．CMM の精度仕様は JIS B7440 の規格によって，多くの場合，式(1)の表現で規定されます．CMM にとってこの式が表す測定の内容は例えばゲージブロックの長さのように，互いに向き合った平行平面間の寸法を求める例となります．ユーザがゲージブロックなどを計る場合，一軸の計測機器と同様に CMM の計測の不確かさを求めることは可能です．設置された CMM がカタログ仕様に適合しているかどうかの検査は実際にこのようにして行われます．

3-1　測定タスクに固有な不確かさ
　ところが CMM を含めて多軸の計測機器は，一般に多種多様なワークを対象としています．計測機器のユーザの測定仕様は千差万別である，ともいえます．こうした場合，CMM の精度仕様である式(1)を読み代えて，二次元以上の計測結果の不確かさを推定することはできません．これは計測機器がある設計仕様で製造され，ある環境に設置されたことを想定すると，その時点では多種多様なワークを測定するときの不確かさが未知であることを意味します．
　最も単純な形体のひとつである二次元の円を例にとって説明します．Fig. 2 はある CMM の XY 面に設置された呼び直径 20mm の円（円筒の一切断面）を，円周上に均等に配置された5点によって128回繰り返し測定し，最小二乗円をあてはめた結果を示したものです．推定された円について，中心座標および円周のばらつきを5000倍に拡大して可視化しています．それによると中心座標，当てはめた円ともに 0.2mm 以内のばらつきで求められていることがわかります．Fig. 3 は Fig. 2 と同一の条件で，ただし測定点の配置のみを変えて得た結果です．この例では測定点を中心角にして 90° の範囲内に偏って配置し，測定条件の悪さを補うために点数を 20 点に増やしています．同様に円をあてはめた図-3の結果を Fig. 2 と比較すると次のことがわかります．

① 測定点が存在する領域はばらつきが相対的に小さい．
② 逆に存在しない領域では極端にばらつきが大きい．
③ 中心座標と直径に相関がある．例えば直径が増加すると中心座標が図の左側にシフトする．
④ 全体として，偏った測定点配置に起因する条件の悪さを点数の増加で補うことは難しい．

　単純な円-形体について，線形性を利用した誤差伝播の理論解析が可能な最小二乗法を例として挙げました．このようにシンプルな例題であっても，ユーザがそのワークに

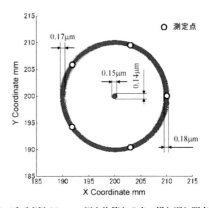

Fig. 2　呼び直径 20mm の円を均等な 5 点で繰り返し測定した例

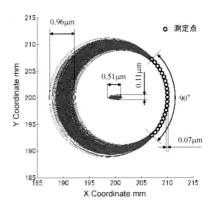

Fig. 3　呼び直径 20mm の円を偏った 20 点で繰り返し測定した例

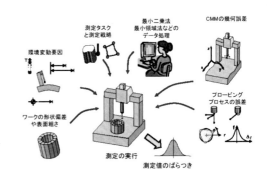

Fig. 4　座標計測のタスク固有の不確かさに寄与する種々の要因

ついてアライメントや測定点の配置，そしてデータ処理の手順など，広い意味での測定タスクを定義するプロセスには任意性が入ります．
　多軸でプログラマブルなことが多い現代の幾何計測においては，この広義の測定タスクをしっかりと定めて初めて，そのワークの計測の不確かさを定量化することが現実的になります．

3-2　シミュレーションによる不確かさ推定

測定タスクが決まればCMMでワークを測定した結果の不確かさは簡便に求められるか，というと否です．それはFig. 4に示す通り，CMMなどの複数の軸構成を持つ計測機器では，ワークを測定した結果に影響する不確かさの要因の数が多く，これらの寄与を紙と鉛筆で積算することが非現実的であるためです．

CMMを使用してあるワークを測定した場合の不確かさを見積もることについて，今日最も有力な方法はモンテカルロシミュレーションによるものです．PTB（ドイツ物理工学研究所）が90年代からコンセプトの確立と開発を進めてきたVirtualCMM[3) はその代表的なものとして知られています．

現在ISOではCMMを用いた測定の不確かさ推定の手順をISO15530シリーズとして規格化する方向で審議を進めています．シミュレーションによる推定方法はこのなかでも有力な方法のひとつとして位置づけられています．

3-3 Virtual CMM

VirtualCMMという名前は，何か仮想的なものを連想させるため，信頼性を重視する計測に関わるコンセプトの名称としては特異な印象を与えがちです．実際は以下のようなシンプルな発想に立脚しています．VirtualCMM実行のフローについてはFig. 5に模式図を示します．

座標測定機が出力する一連のディジタルデータは三次元空間の一点の集まりですから，まず座標測定機のもっとも基本的な測定値は空間の中の一点であるとの前提に立ちます．次に一点のばらつきに影響する要因をひとつひとつ列挙し，何らかの方法で事前に定量化しておきます．要因としては例えば，座標測定機自身の案内機構の曲がりやふらつき，ワークとの接触を検知するプローブの方向特性や，測定機が設置されている部屋の温度変化もあるでしょう．これらをひとつひとつ列挙して定量化します．

測定されるべき座標がひとつ決まると，その一点に影響するそれぞれの要因についてコンピュータ上で疑似乱数を振ります．それらを加算し，注目する一点がどちらの方向にどれだけばらつくかを試行します．ワーク上に配置される全ての座標点について一点ずつこの作業を繰り返すと，予め定量化した要因が起こし得る幾何計測のばらつきを反映した一連の擬似的な測定値を得ることができます．これを座標測定機のアプリケーションソフトウェアに入力し，形体の計測を擬似的に行います．この形体計測までの流れを統計的に有意と考えられる回数，例えば128回繰り返して形体計測結果のばらつき幅を求め，不確かさとします．

このようにすると，予め定量化したばらつきに影響する要因の列挙と見積もり方が適切であれば，擬似的な形体計測の結果のばらつきも現実の計測値のばらつきと同等の振る舞いをします．またこのシミュレーションのフローには，予めモデル化した個々の不確かさ要因に加え，測定点の配置に代表される測定戦略の寄与や，ユーザが実際に使用するソフトウェアの癖や特性，演算の不確かさなどがありの

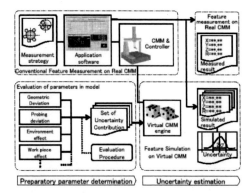

Fig. 5　Virtual CMMによる不確かさ推定の流れ

ままに反映される特徴があります．

4. トップダウンによる不確かさの推定

計測の不確かさを定量化する必要のある場合，通常は計測値のばらつきに寄与する種々の要因を列挙し，それらを実験的，経験的，あるいは統計的な知識などによってひとつひとつ定量化することを行います．

先に紹介したVirtualCMMはこの考え方に従って構成されています．このようにボトムアップ的に不確かさ要因を積み上げる考え方は，要因を綿密に挙げれば挙げるほど，得られる不確かさも精密になる特性があります．できるだけ精密に不確かさ評価を行いたい用途に適していると考えることもできます．不確かさ要因を積み上げるボトムアップ方式は論理学における帰納的推論と似た特徴を持っているようにも思われます．

ここで計測の不確かさを定量化し，第三者に対してその説明責任を果たすことを考えてみます．提示する不確かさは厳密に正確であることがベストです．しかし現実には，コストと品質のトレードオフから，より簡略化した手続きで不確かさを定量化せざるを得ない場合が少なくありません．ボトムアップ方式について極端な簡略化を行うと，得られる不確かさは過小推定となり，説明責任を果たすことができなくなる恐れがあります．

ところで読者には意外かもしれませんが，提示する不確かさが何らかの理由により過剰に大きな数値である場合，説明責任を果たす立場からは，それが必ずしも問題にはなりません．むしろそれがコストと品質のバランスから考えて工業的には最適解に近い場合もあります．このような要請に応えるべく，不確かさの演繹的推論と位置づけられそうなトップダウンによる方法も提案されています．

例えば，工業的に利用されているCMMについては，カタログ仕様や十分な時間を経た経験的な裏付けから，そのCMMが現実的には超えることのないと判断される誤差の上限値を知ることができます．この値は通常は長さ測定について記されるので，それ以外の自由な測定タスクの不確かさに適用できないことは3章で述べた通りです．

そこで長さ測定の誤差の上限値を矛盾無く記述し得る，

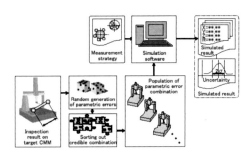

Fig. 6 拘束によるシミュレーションを用いた不確かさ推定の流れ

仮説による誤差モデルを採用してタスク固有の不確かさを推定することが考えられます．これによって座標計測の最も基本的な測定値である三次元空間中の一点の測定値のばらつきをシミュレーションできれば，タスク固有の不確かさ推定を行うことができます．

4–1 拘束によるシミュレーション

Fig. 6 は Phillips らが提案する，拘束によるシミュレーション（Simulation by constraint）[6]の概略を模式的に示しています．対象とする CMM について，事前情報として長さ測定による検査結果がわかっているとします．長さ測定の検査結果を満たすような幾何偏差の組み合わせを仮説として採用する方法です．

剛体運動学に基づくと，CMM の幾何偏差は各軸の三つの並進と三つの回転からなる，合計 18 個の独立なパラメトリックエラー[5]で説明されます．CMM の測定空間の中のたかだか数カ所で得られた長さ測定の検査結果をもたらす幾何偏差の組み合わせは一意には決まらず，多数の組み合わせが存在するでしょう．そこで，疑似乱数を用いて 18 個のパラメトリックエラーをランダムに生成してみます．そして長さ測定の検査を想定し，幾何偏差が期待通りかどうかを調べます．結果はほぼ期待外れでしょう．ただしこの作業を何度も繰り返すと，ごく稀に期待通りのパラメトリックエラーが現れます．これを不確かさ推定に採用することにします．

このようにパラメトリックエラーのランダムな生成から，採用／不採用の判断にいたるプロセスを延々と繰り返し，統計的に十分と考えられる例えば 128 組のパラメトリックエラーを収集してタスク固有の不確かさ推定の準備が完了します．

さて，シミュレーションソフト上でユーザの測定仕様が決まったら，それを構成するひとつひとつの測定点座標に分解します．各々の測定点座標は 128 組のパラメトリックエラーに順次当てはめられます．そうするとユーザの測定仕様について，擬似的なばらつきを反映した形体計測の結果が得られます．そのばらつき幅をとって不確かさを求めます．

4–2 拘束付きモンテカルロシミュレーション

もうひとつのトップダウンによる不確かさ推定法とし

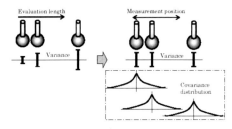

Fig. 7 幾何学的な誤差の空間的拘束を利用した
不確かさのモデル化

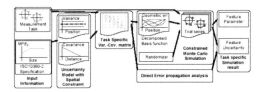

Fig. 8 拘束付モンテカルロシミュレーション
による不確かさ推定の流れ

て，阿部らが提案する拘束付きモンテカルロシミュレーション（Constrained Monte-Carlo simulation）[7]を挙げます．

今日市販されている CMM はほぼ例外なく Fig. 1 に模式的に示した長さ測定の不確かさによる仕様で検査されています．すなわち注目する CMM が設置され，受け入れ検査を合格したのであれば，その CMM はたかだかカタログ仕様の定める長さ測定の不確かさを持つことを意味します．また，この仕様は測定空間のどこをどの方向に計っても適用されます．

そこで Fig. 7 に模式的に示すように「評価長さが長くなると誤差が大きくなる」のではなくて，「2 点間の距離が近くなると互いの誤差に相関が生まれ，結果として長さ測定の誤差が小さく観測される」と解釈してみます．この考え方は，互いに近い点の誤差は似た傾向を示し，遠く離れた二点の誤差は互いに依存性が少ない，という経験則に照らすと現実的なものに見えます．また一点の測定の不確かさを分散で，また複数の測定点間の相互依存度を共分散で表現する考え方ともいえます．

Fig. 8 のようにアプリケーションソフトウェアにおいて測定仕様が決まると，拘束付きモンテカルロシミュレーションでは測定点数と同じ行数・列数の正方な分散共分散行列が決まります．この分散共分散行列を固有値分解し直交基底分解します．得られた直交基底は，概ねゼロ次，一次，二次，と次第に次数が上がってゆくような幾何偏差を表現することになります．これらの基底関数を次数毎に疑似乱数で揺らがせ，さらに線形結合をとると，先に求めた分散共分散行列に示される確率過程にしたがう試行値を得ることができます．またこの試行値は分散だけではなく複数の測定点の間の共分散についても確率過程が理論的に制御されています．

直感的な例えを記します．1 個のサイコロを必要な回数だけ繰り返し振って試行値を得るプロセスは，単純な疑似

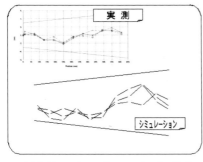

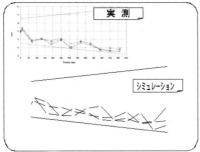

Fig. 9　実機 CMM の幾何偏差と拘束付モンテカルロシミュレーショ
ン結果の比較の例：JIS B7440-規格相当の実験結果，実機の
結果は実際に市販されている CMM 二台からそれぞれ得た

乱数を用いた従来のモンテカルロシミュレーションとして
理解できます．一方の拘束付きモンテカルロシミュレーシ
ョンでは，互いに紐でゆるく締結された 10 個のサイコロ
を一度に振って試行値を決めるイメージになります．この
ようにすると，各々のサイコロの目はランダムでありなが
ら，隣り合ったサイコロの目は互いに近い数字となります．
結果としてホワイトノイズ状ではなく，長い波長の凸凹を
含むもっともらしい試行値を得ることができます．そして
この試行値は各々の測定点におけるばらつきだけでなく，
複数の測定点間の相互の振る舞いについても制御されたも
のとなります．
　では，こうして仮説によるモデルを導入してシミュレー
トした試行値は現実の CMM で観測される誤差と似ている
のでしょうか．一例を Fig. 9 に示します．定性的な目視に

よる比較の例ですが，拘束付きモンテカルロシミュレーシ
ョンで得た試行値と現実の CMM で観察される幾何偏差と
が近い性質を持ったものであることがわかります．

5.　お わ り に

　座標計測におけるタスク固有の不確かさについて概観し
ました．ここに挙げたいくつかの方法は三軸の直線案内が
互いに直交するタイプの座標測定機を対象として開発が行
われています．またいずれの方法も離散的に配置される測
定点が比較的疎な形体計測への適用を想定しています．こ
の点で非直交型の測定機への適用には，あるいはスキャン
ニング測定や表面のうねり，表面粗さなど，密なサンプリ
ングを必要とする幾何計測への適用には多くの課題が残さ
れています．
　インテリジェント化が進む幾何計測において，計測結果
の信頼性に関する説明責任を合理的・客観的に果たすこと
には重要な産業上の意義があります．ともすると欧州や米
国の後塵を拝しがちなこの領域において，ものつくり先進
国たる日本の，影響力を伴ったアイデンティティの発現を
願ってやみません．

参 考 文 献

1)　Guide to the Expression of Uncertainty in Measurement, ISO
(1993), 邦訳 飯塚幸三監修，ISO 国際文書 計測における不確か
さの表現のガイド，-統一される信頼性表現の国際ルール，
(財)日本規格協会 (1996).
2)　例えば 桑田浩志，ISO/TC213（製品の幾何特性仕様及び検証)
の標準化動向，-通用しなくなる日本式の製品設計-，標準化ジ
ャーナル，34, 1 (2004) 10-15.
3)　Traceability of Coordinate Measurements According to the
Method of the Virtual Measuring Machine, PTB-Bericht, MATI-
CT94-0076, (1999).
4)　Phillips, S. D. et al., The Validation of CMM Task Specific
Measurement Uncertainty Software, Proc. ASPE 2003 Summer
Topical Meeting on Coordinate Measuring Machines, The
American Society for Precision Engineering, (2003) 51-56.
5)　例えば Schultschik, R., The Components of the Volumetric
Accuracy, Ann. CIRP, 25, 1 (1977) 223-228.
6)　Abbe, M. and Takamasu, K., Modelling of Spatial Constraint in
CMM Error for Uncertainty Estimation, Proc. 3rd euSPEN,
(2002) 637-640.

ガラスレンズの製造技術
Fabrication of glass lenses / Hideo TAKINO

株式会社ニコン　瀧野日出雄

1. は　じ　め　に

　カメラやCDドライブ，さらに最近では携帯電話にまでレンズが取り付けられており，日常の生活においても光学部品を用いた製品に触れる機会は多い．光学部品は古い歴史を持っている[1]．たとえばエジプトからは紀元前16世紀頃のミラーが，イラクからは紀元前7世紀頃のレンズが出土しているという．また，身近な光学部品である眼鏡は14世紀頃にすでに普及し始め，さらに16世紀には望遠鏡や顕微鏡なども作られるようになったらしい．このようにミラーやレンズは古くから使われていて，近年ますます広い分野において利用されている．この光学部品の製造技術の発展に対してこれまで精密工学は大きく貢献してきており，今後果たす役割も大いに期待できる．そこで，専門外の方や学生会員に精密工学の理解を深めて頂こうというこの連載記事の趣旨に沿うように，できるだけ平易にレンズの製造技術を解説する．

2. ガラス製球面レンズの製造技術

　レンズは通常，ガラス，結晶材料，樹脂のいずれかを用いて製造される．レンズ用のガラスは，一般のガラスと同じく SiO_2 を主成分とするものが多い．代表的なものに，SiO_2 だけからなる石英ガラスや，SiO_2 と B_2O_2，NaO_2，K_2O 等からなるBK7などがある．結晶材料としては，蛍石 CaF_2 や水晶 SiO_2，シリコン Si，ゲルマニウム Ge などがある．Si や Ge は金属光沢を有する固体であるため一見，光を通すようには思えないが，赤外光を良好に透過する．樹脂としては，アクリルなど加熱すると軟化するものや，CR39（ジエチレングリコールビスアリルカーボネート）など加熱すると硬化するものが用いられる．いずれにしても，透過率が良好で，光学的に均質な材料がレンズの素材となる．

　以上の材料のなかで，特に高い形状精度が要求されるレンズには，寸法や光学物性の安定性に優れたガラスや結晶材料が用いられる．図1には，ガラス製の球面レンズの代表的な製造法を示す．この製造法は，レンズの素材としてのガラスブロックを製造する工程[2-4]と，レンズの形状を創成する工程[5-7]と，コーティングの工程[8,9]とに大きく分けることができる．以下に，各工程について説明する．

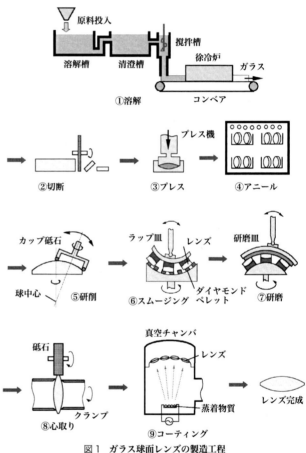

図1　ガラス球面レンズの製造工程

2.1 ガラスの製造（原料の調合からアニールまで）

　レンズやプリズムに用いられるガラス，すなわち光学ガラスは約200種類もある．まず，この中で製造したい光学ガラスに応じて，原料を適当な比率で調合し，混合する．そして，混合した原料を1000〜1500℃程度で溶解する．溶解方法として代表的なものに，るつぼ溶解法と連続溶解法とがある．るつぼ溶解法は，高温の炉に設置されたるつぼ中で原料を溶解し，工程中に一部撹拌操作を加えた後，徐冷してガラス塊を得る．るつぼは粘土や白金製である．るつぼ溶解法はガラスの収率は高くはないが，多品種少量生産には適している．

　一方，図1①に示したのは連続溶解法である．これはガ

図2 連続溶解装置から引き出されるガラス

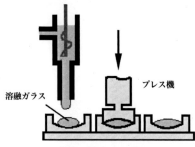

溶融ガラス　プレス機

図3 ダイレクトプレス

図4 カップ砥石

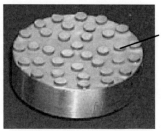

ダイヤモンドペレット

図5 ダイヤモンドペレットを貼り付けたラップ皿

ラスの収率も高く大量生産に適した方法である．連続溶解装置は図1①のように原料を溶解する槽（溶解槽），泡をぬく槽（清澄槽），均質化し成形温度に調整する槽（撹拌槽）などのいくつかの槽が連結されたものである．この方法では，最終段の槽から得られる溶融状態のガラスを棒状に成形し，徐冷しながら引き出す．図2に示す写真は，連続溶解装置から引き出された棒状のガラスである．このガラスを切断し（図1②），加熱プレスして（図1③），レンズの概略形状を作る．なお図3のように，溶融状態のガラスをそのままプレスして，レンズの概略形状を成形することもある．以上のように製造されたガラスは，内部の歪みを除去するためにアニールされる（図1④）．アニールとは，ガラスを電気炉中で加熱，定温保持，徐冷の過程にて熱処理する工程である．高い品質が要求される場合はアニールに数ヶ月も要することがある．

上記の溶解法とは異なる技術によって製造されるガラスもあるので，ここで簡単に紹介しておこう．石英ガラスは，紫外光から近赤外光において良好な透過率を有し熱膨張率も小さいことで知られる．そのなかでも不純物が少なく，透過率，レーザ耐久性などの品質がとりわけ高いものが合成石英ガラスである．合成石英ガラスの製造には，直接加水分解法やスート再溶融法，プラズマ法など，CVD（ChemicalVaporDepositionを主体にした方法が一般的に用いられる．これらは，熱やプラズマなどのエネルギにより解離した原料ガスを反応させ，その反応生成物であるSiO_2を堆積させることによって石英ガラス塊を製造する方法である．

2.2 レンズの形状創成（研削から心取りまで）

光学面の形状精度は，通常は $10^{-1} \sim 10^{-2} \mu m$ 程度が求められる．一般的には，使用する光の波長が短くなるほど，高い形状精度が求められる．最近注目されている波長 13nm という短波長の光（EUV光，極端紫外光）で使用される光学部品にいたっては $10^{-3} \mu m$ 以下，すなわちサブナノメートルの精度が必要である[10]．一方，表面粗さに関しては，一般的には $10^{-2} \mu m$ 以下の平滑性が要求される．本節で述べるレンズの表面形状を加工する工程では，このような要求を満たすための精密加工技術が必要となる．

2.2.1 研削

前記のように製造したガラスを，研削機によって球面形状に加工する．ここで用いられる研削機はカーブジェネレータとも呼ばれる．この加工では，図1⑤のように被加工物を回転させ，これに回転するカップ砥石（円筒状の砥石）を押しつける．そしてカップ砥石を，加工したい球面の中心を支点として円弧運動させる．これにより任意の曲率の球面を創成することができる．図4にカップ砥石の写真を示す．砥石には #60 〜 200程度が用いられる．ここで，記号 # は粒度であり，砥石に用いられている砥粒の大きさを表す．この数値が大きくなるほど砥粒径は小さくなる．この工程において，被加工物の除去量は 0.5 〜 2 mm程度であり，得られる表面粗さ（最大高さ）は 5 〜 10 μmRz程度である．

2.2.2 スムージング

つぎに，図1⑥のようにダイヤモンドペレットを多数貼り付けた金属製の皿（ラップ皿）を，前節のように得られた研削面に密着させて揺動運動させる．これにより表面粗さを向上させながら，研削で生じたクラック層を除去する．ダイヤモンドペレットとは，ダイヤモンド砥粒を金属や樹脂を結合剤にして固めた砥石であり，ここでは #800 〜 2000程度が用いられる．図5にはラップ皿の写真を示す．この工程では，被加工物の除去量は 20 〜 50 μm 程度であり，得

図6　ピッチへの溝切り

研磨皿

被研磨
レンズ

図7　ピッチを塗布した研磨皿を用いた研磨

被研磨
レンズ

研磨皿

図8　発泡ポリウレタンを貼り付けた研磨皿を用いた研磨

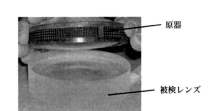

原器

被検レンズ

(a) 被検レンズの上に原器を乗せよう
　としている様子

(b) 原器を乗せて観察した干渉縞

図9　研磨されたレンズの形状精度の評価

られる表面粗さは 0.3〜$3\,\mu mRz$程度である．なおスムージングは，ダイヤモンドペレットのような固定砥粒ではなく，皿と被加工面との間に酸化アルミ Al_2O_3 などの遊離砥粒を介在させて行われることもある．これは砂かけと呼ばれる．

2.2.3　研磨

図1⑦のように被加工物を回転させ，研磨液を供給しながら研磨皿を揺動させることによって，スムージングされた面を磨く．これによって，鏡面化と形状精度の向上を行う．図1⑦には複数のレンズを同時に磨く様子を模式的に示しているが，1個ずつ研磨する場合もある．研磨皿は，金属製の皿にピッチ（アスファルトなど）を数 mm の厚さで塗布したり，発泡ポリウレタン，フェルトなどを貼り付けたりして作られる．

ピッチは研磨皿に塗布して成形した後に，図6のように溝切りして用いられる．図では，一例としてナイフでらせん状の溝を切っている様子を示すが，格子が切られる場合や，網目形状を付与する場合もある．図7の写真は，ピッチを塗布した研磨皿で研磨している様子である．ピッチは高精度で平滑な面を得るのに有効である．図8の写真は，発泡ポリウレタンを貼り付けた研磨皿で研磨している様子である．発泡ポリウレタンを用いると研磨皿を高速度高圧力で運動させることが可能となり，高い除去速度を得ることができる．研磨液には，酸化セリウム CeO_2 や酸化ジルコニウム ZrO_2 などの砥粒を水に混ぜたものが用いられる．砥粒の平均粒径は一般的には $1\,\mu m$ 程度以下である．この工程では被加工物の除去量は 5〜$20\,\mu m$ 程度であり，得られる表面粗さは $10\,nmRz$ 以下程度である．

形状精度の評価は図9(a)のように，精度よく作られた原器と被加工面とを重ね合わせて，その隙間に形成される干渉縞を調べることにより行われる．図9(b)には，干渉縞の一例を示す．なお，形状精度の評価にはレーザ干渉計が用いられることも多い．代表的なものにはフィゾー干渉計がある．

2.2.4　心取り

レンズの両面が研磨された後に，レンズの外周を削る．この工程の目的は，レンズの外径を所定の寸法にするとともに，レンズの外径に対する中心とレンズの光軸とを一致させることにある．この工程は心取りと呼ばれる．心取りにも種々の方法があるが，図1⑧に示したのはベルクランプ方式である．この方式では，同軸上にある2つのホルダでレンズを完全に密着するように挟む．これにより，レンズの光軸をホルダの中心軸に一致させることができる．このままの状態で，レンズを回転させながら外周を所定の寸法に研削する．

2.3　コーティング

反射防止のために，レンズ表面に薄膜をコーティングす

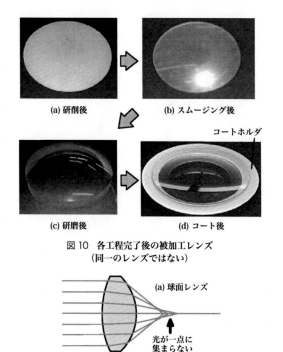

(a) 研削後　　　　(b) スムージング後

コートホルダ

(c) 研磨後　　　　(d) コート後

図10　各工程完了後の被加工レンズ
（同一のレンズではない）

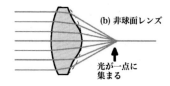

(a) 球面レンズ

光が一点に
集まらない

(b) 非球面レンズ

光が一点に
集まる

図11　非球面レンズの効果

る．光学用の薄膜は ZrO_2 ，Al_2O_3，MgF_2 などの金属の酸化物や弗化物が多く，その厚さの精度は光の波長以下にしなければならない．コーティングには，図1⑨に示すように真空蒸着法が用いられることが多い．真空蒸着法とは，$10^{-1}Pa$ 程度の真空中で蒸着したい固体物質を加熱して気体分子として蒸発させ，これをレンズ面に付着させる方法である．蒸着物質の加熱には抵抗加熱や電子ビーム加熱などが用いられる．

　本章の最後として，一連の工程で得られたレンズ面の写真を図10に示す．徐々に平滑化され，外観が変化している様子がうかがえる．

3.　非球面レンズの製造技術

3.1　非球面レンズ

　ところで，図11(a)に示すように球面レンズでは，厳密に言えば，入射した光を一点に集光できない．たとえば，レンズ面上の光が通過する位置や，波長によっても集光する点が異なる．このような現象は収差と呼ばれる．鮮明な像を得るためには収差をできるだけ小さくする必要がある．収差は，複数の球面レンズを組み合わせることにより低減させることができる．しかし，これは光学系の大型化や，重量の増大，透過率の低下などを招く．

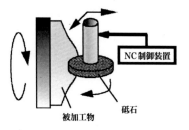

NC制御装置

被加工物　　　　　砥石

図12　超精密研削による非球面創成

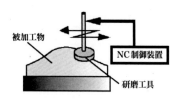

被加工物

NC制御装置

研磨工具

図13　スモールツール研磨による非球面研磨

　収差低減の手段として，非球面レンズが提案されている．非球面レンズは，図11(b)に示すように光が一点に集光するように，レンズ面の場所ごとに曲率半径を変えたレンズである．非球面を用いれば少ないレンズ枚数で光学系を構成できるため，前記のような課題を解決できる．しかし，全面において曲率半径が一定でないために，図1に示した研削から研磨に至る工程は適用できない．

3.2　非球面レンズの加工

　非球面レンズには種々の製造法がある．そのなかで，高い形状精度や平滑性が要求される非球面は，コンピュータ制御（数値制御，NC制御）の機能を有する超精密研削機[11]とスモールツール研磨機[12-14]を用いて，レンズ素材であるガラスや結晶材料を加工して製造されることが多い．

　この場合，まず図12のようにレンズ素材を研削して，非球面の概略形状を創成する．この研削では，被加工物を回転させながら，非球面の設計形状に倣うように砥石を移動させて加工を行う．軸対称形状の非球面であれば，砥石は被加工物に対して直交2軸方向にNC制御して移動させればよい．しかし，このように研削しても，加工機や砥石などにかかわる種々の誤差要因によって，加工された面には形状誤差が生じていることがある．この際には，形状誤差に基づいて砥石の移動軌跡を補正して，再加工して所望の精度を得るようにする．

　つぎに図13のようにスモールツール研磨によって，研削面の平滑化と形状精度の向上を図る．これは，小径の工具を多軸制御することによりレンズ面上に走査させて研磨を行うものである．小径であるために，非球面のように場所ごとに曲率半径の異なる面であっても，任意の場所に工具をほぼ密着させて研磨できる．工具は，金属製の小径皿にピッチを塗布したり，発泡ポリウレタンを貼り付けたりして作られる．

　スモールツール研磨では，誤差量が大きい場所に工具を長時間滞在させることにより，その誤差を除去してレ

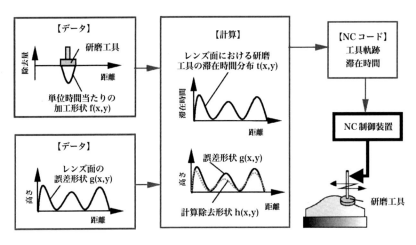

図 14　研磨機を制御するための NC コードの算出

ンズ面の形状精度を向上させる．すなわちこの研磨を実施するためには，上記の研削とは違い，レンズ面上における工具の滞在時間分布を最適化する必要がある．したがって重要なのは，研磨機の機構や，研磨圧力や研磨剤などの研磨条件の他に，工具の滞在時間を最適化し，研磨機を制御するための NC コードを算出するためのソフトウェアである．図 14 にこのソフトウェアの代表的なブロック図を示す．図示のように，研磨工具による単位時間当たりの加工形状 $f(x, y)$ やレンズ面の誤差形状 $g(x, y)$ 等のデータを入力する．そして，計算除去形状 $h(x, y)$（除去形状の予測値）と誤差形状 $g(x, y)$ との差が最小になるように，工具の滞在時間分布 $t(x, y)$ を計算する．出力されるのは，多軸の研磨機を制御するのに必要な，工具の経路や滞在時間などにかかわる指令が記述された NC コードである．しかしながら，こうして研磨を行っても，除去速度の不安定性などが原因となって，1 回で所望の形状精度が達成できるとは限らない．このため，所望の精度を達成するまで研磨と形状計測とが繰り返されることが多い．形状計測には，プローブを用いた 3 次元座標測定器や，干渉計が用いられる [15, 16]．なお，このスモールツール研磨は，図 1 の工程で作られた球面レンズの高精度化を図るのにも有効である．

4．おわりに

　本稿では，主としてガラスを素材に用いた場合について，球面や軸対称非球面レンズの代表的な製造技術を解説した．光学部品はこの他にも，非軸対称の自由曲面，回折光学素子，レンズアレイなど様々な形態のものがある．また，寸法においても 1 mm 以下の小さなものから 1 m を超える大きなものまで様々である．それらの製造には本稿で紹介したものとは異なる技術が用いられることもある．また，プラスチック成形，ガラス成形，樹脂とガラスからなる複合型レンズ成形など，非球面を量産するうえで有効な技術

もいろいろとある．本稿で述べていないこれらの製造技術も精密工学の立場からは興味深いものが多い．専門外である方や学生会員の方にも光学部品の製造技術に関心を持って頂くことで，この分野の研究開発がさらに活発となれば幸いである．

　本稿を作成するにあたり，株式会社ニコンの佐藤栄治氏，西塚公次氏，小松宏一郎氏，吉富靖氏，野村和司氏から貴重なご助言を頂いた．また写真は，西塚公次氏からご提供頂いたものと，株式会社ニコンが発行したパンフレットから転載したものとで構成した．各位に深く感謝致します．

参　考　文　献

1）　鶴田匡夫: 光とレンズ, 日本工業新聞社(1985).
2）　作花済夫, 境野照雄, 高橋克明編: ガラスハンドブック, 朝倉書店(1975).
3）　ニューガラスハンドブック編集委員会: ニューガラスハンドブック, 丸善(1991).
4）　泉谷徹郎: 光学ガラス, 共立出版(1984).
5）　応用物理学会 光学懇話会編: 新編 レンズ・プリズムの工作技術, 中央科学社(1969).
6）　ヴィリー・チョムラー著. 浅野俊雄訳: レンズ・プリズムの精密加工, 恒星社厚生閣(1969).
7）　吉田正太郎: レンズとプリズム－その研磨の実際－, 地人書館(1985).
8）　生産現場における光学薄膜の設計・作製・評価技術: 技術情報協会 (2001).
9）　光・薄膜技術マニュアル: オプトロニクス社(1989).
10）　木下博雄, 渡邊健夫, 浜本和弘: 極紫外リソグラフィー, 光学, **31**, 7 (2002) 524.
11）　田中克敏: 非球面レンズの製作方法と超精密非球面加工機, 光技術コンタクト, **38** (2000) 592
12）　野村和司: 非球面光学素子のスモールツール研磨, 光技術コンタクト, **32** (1994) 449.
13）　安藤学: 軸対称非球面光学素子の研磨, 光技術コンタクト, **33** (1995) 46.
14）　品田邦典: 光学素子の研磨加工技術, 光学**25** (1996) 76.
15）　横関俊介: 非球面計測の現状と動向, オプトロニクス, **3** (1986) 64
16）　精密工学会第 274 回講習会「非球面形状計測の基礎」テキスト(2001).

ELID研削加工技術
ELID-Grinding Technology / Hitoshi OHMORI

理化学研究所 大森 整

1. はじめに

電子・光学部品の多くは硬脆材料からなり，その超精密加工は遊離砥粒加工から固定砥粒加工への転換が進んでいる．中でも，精密研削は「鏡面研削」へと進化し，さらには超精密研削技術へと発展しつつある「ELID（エリッド）」[1,2]研削は，こうした技術の一つとして，加工面粗さ，形状精度，表面品位，能率などの各パフォーマンスを効果的に実現する超精密研削技術として，実用化が進んでいる．本稿では，その基本的な効果と特徴について概説する．

2. ELID研削法 [1-6]

2.1 原理

ELID研削法は，メタルボンド砥石に電解インプロセスドレッシング（ELID = ELectrolytic In-process Dressing）を複合して実現された高精度・高効率研削である．図1にELID研削法の基本原理を示す．硬脆材料の加工に適しており，主に砥粒保持力・ボンド材強度の高い鉄系メタルボンド砥石を用いる．またコバルトボンドや複合メタルボンド砥石や，ダイヤモンド/cBN以外の砥粒も用途に応じて適用できる[4-6]．ELID研削法の構成を図2に示す．

2.2 ドレスメカニズム

ELID研削法では，メタルボンド砥石の電解と不導体化をバランスさせるために，主にパルス波形を発生する電解電源と，非線形電解現象を伴う水溶性研削液を組み合せ，図3のようなメカニズムが実現される．メタルボンド砥石はツルーイング作業後，電解によりメタルボンド材を溶出させ，砥粒を突出させる．この電解現象では，ボンド材が

必要量溶出後，速やかに不導体被膜（水酸化鉄/酸化鉄）による絶縁層が砥石面に形成され，過度の溶出を防止する．

研削開始後，被加工物がこの不導体被膜に接触し，砥粒が摩耗した分だけ被膜が剥がれる．そのため，被膜による絶縁が低下し，再度必要量ボンド材が溶出し砥粒突出が維持される．これが，ELIDの自律的なドレス機能であり，砥石ボンド材，電解波形，研削液成分の組み合わせにより，現象の制御，最適化ができる[4,6]．図4に砥石面状態を示す．

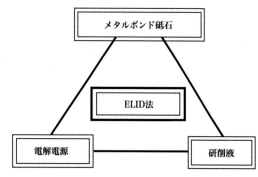

図2 ELID研削法の構成

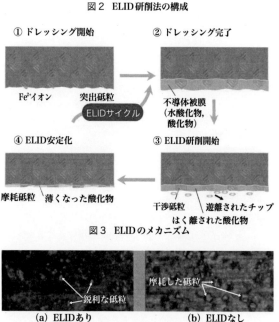

① ドレッシング開始　② ドレッシング完了

Fe²⁺イオン　突出砥粒

ELIDサイクル

不導体被膜（水酸化物，酸化物）

④ ELID安定化　③ ELID研削開始

摩耗砥粒　薄くなった酸化物

干渉砥粒　遊離されたチップ　はく離された酸化物

図3 ELIDのメカニズム

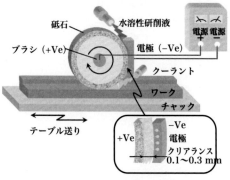

図1 ELID研削法の構成

砥石　水溶性研削液　電源　電源
ブラシ（+Ve）　電極（-Ve）
クーラント
ワーク　チャック
テーブル送り
+Ve　-Ve　電極　クリアランス0.1～0.3 mm

（a）ELIDあり　　（b）ELIDなし

鋭利な砥粒　　摩耗した砥粒

図4 ELIDの有無による砥石表面

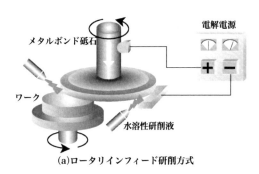

メタルボンド砥石

電解電源

ワーク

水溶性研削液

(a)ロータリインフィード研削方式

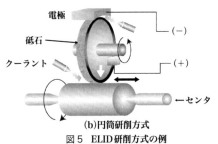

電極

砥石

クーラント

(−)

(+)

←センタ

(b)円筒研削方式

図5　ELID研削方式の例

3.　適用加工方式 [1-6]

　ELID法は，①砥石，②電源，③電極の装着により容易に実現でき，粗加工から仕上げ加工に広く適用できる．平均粒径約4μm（#4000）以下の微粒砥石により，研削加工のみにより鏡面が得られる．微細砥粒によるELID研削の場合，特に「ELID鏡面研削」と呼ぶ．所望の①加工面形状，②加工面精度，③加工能率などから，その実現に①砥石形態，②切込方式，③接触形態などを考慮して，必要な加工方式や機械システムが選定できる．図5に代表的な加工方式の例を示す．円筒内面研削に対しても，電解インターバルドレッシングを付与することにより適用が可能である．

4.　硬脆材料の鏡面研削効果 [1-6]

　単結晶シリコンなどでは，#4000（平均粒径約4μm）〜#8000（同約2μm）鉄系ボンドダイヤモンド砥石によりRy30〜60nm，Ra4〜6nmのELID研削面粗さが得られている．光学ガラスやフェライトなども同様であるが，セラミックス（炭化珪素，ジルコニアなど）や超硬合金では，さらにRy20〜30nm以下の良好な研削面が達成されている（図6）．

　#4000鉄系ボンドダイヤモンド砥石による単結晶シリコンのELID鏡面研削面性状を図7に示す．いわゆる「延性モード研削面」が得られている．ELID法では，さらに#8000以上の微細な砥粒を持つ砥石を適用することで，一層高品位な研削面を得ることができる [3,6]．

5.　形状精度と加工変質層 [2,3,5,6]

　ELID鏡面研削では，加工面粗さはほぼ砥石粒度により決まるが，加工形状精度は適用する加工機の砥石回転軸やテーブルの運動精度に顕著な影響を受ける．静圧案内・軸

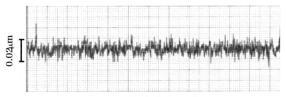

0.02μm

図6　ELID鏡面研削粗さの例

図7　ELID鏡面研削面性状

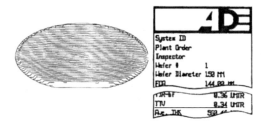

図8　加工面平坦度の例

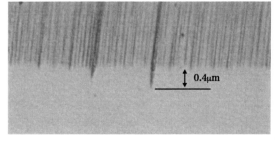

0.4μm

図9　加工面ダメージの例

受を有する超精密/ナノ精度加工機では，良好な精度が達成されている．図8はELID研削されたシリコンウェハの厚さバラツキの例を示す．またELID鏡面研削によっても，あくまで固定砥粒による機械加工であることから，脆性材料の研削面には僅かな変質層が残留する（図9）．しかしながら，サブミクロンのレベルに留まっており，微細砥粒化により，一層の低ダメージ化が期待できる．

6.　各種材料・部品の鏡面研削事例 [4-6]

　図10に，ELID鏡面研削による加工事例を示す．これまでに，単結晶シリコンやゲルマニウム，光学ガラス，セラミックス，超硬合金や鋼材などが加工されており，さまざまな工程で実用化が進んでいる．近年，研削により特殊光学素子の製作も可能となっている [7]．また，バイオインプラント材料加工への適用 [8] や，破壊起点の生じない高品位加工面により，マイクロツールの加工 [9] も実現されている．

(a) シリコンウェーハ

(b) 超硬合金金型

(c) ガラス基板

(d) SiCロール

(e) ステンレス鋼電鋳金型

(f) ガラス非球面レンズ

(g) ジルコニアフェルール

(h) 超硬合金マイクロツール

図 10　ELID 鏡面加工事例

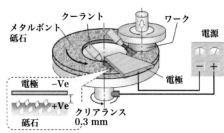
図 11　ELID ラップ研削の原理

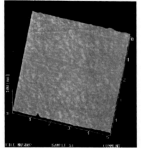
図 12　ELID ラップ研削面粗さ

(a) ロータリー研削盤

(b) 成形平面研削盤

(c) ラップ研削盤

(d) 非球面加工機

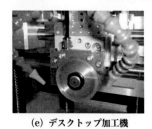
(e) デスクトップ加工機

図 13　ELID 加工機の実例

7. ELID ラップ研削 3,5,6)

　上述の ELID 鏡面研削は，主として平均粒径数 μm の砥粒による鏡面研削の実現であったが，同じ ELID 法を利用してサブミクロン砥粒砥石による超平滑鏡面加工が実現されている．図 11 は，ラップ定盤型のメタルボンド砥石による ELID 研削の原理（ラップ研削）であり，定圧力の研削方式により超微細砥粒も有効に適用できる．超平滑 ELID研削の適用として，#3000(約 0.5μm)　#6000(約 0.3μm)#12000(約 0.1μm)による各種硬脆材料の鏡面加工が行なわれている．#3000000(平均粒径約 50 オングストローム)メタルボンド砥石を用いた超平滑鏡面加工によって，Ry1〜 2 nm，Ra2〜 3 オングストロームの研削面が実現できるようになった．図 12 にその研削面の AFM 像の例を示

す．各種光学デバイスや MEMS 基板などの超平滑加工も可能となっている．

8. ELID 研削システムの実用化 5,6)

　ELID による粗研削から鏡面研削に至る各作業性や効率・安定性を確保するために，① ELID 研削専用砥石，電極，電源，研削液，② ELID 研削専用加工機などによる専用システムが開発されている．図 13 に ELID 加工機の実例を挙げる．また，単結晶シリコンや光学ガラス，水晶などの鏡面研削には，CeO2 や SiO2 などの砥粒を有する砥石の適用効果も確認されている．

　こうした専用システムを積極的に利用することによって，これまでにさまざまな精密機構部品・機能部品の超精密加工に実用化されている．ELID 専用加工機は，ELID研削に必要な付加装置を特に意識せず利用できる工夫がな

されてきており，ドレス作業の自動化を含めて，広範囲な利用が期待される．ELIDの導入によって，多くの加工工程の短縮化が実現されているが，その実用にあたっては加工精度や加工面品質のみならず，枚葉加工化によるタクトも考慮しなければならない．以下に，主な実用化事例を挙げる．

①半導体：各種基板，特にSOI
②磁性材料：磁気ヘッド材料・部品
③ガラス基板：ハードディスク，液晶基板
④光学部品：(非)球面レンズ・ミラー，レンズ金型，光ファイバ関係，回折光学素子[7]
⑤セラミックス素材・部品：軸受部品，自動車部品，メカシール，ロール
⑥鉄鋼材料・機構部品：プラスチック金型，シール面，ノギス，刃物，インプラント[8]，その他
⑦超硬素材・部品：耐摩耗工具，マイクロメータヘッド，抜き型，パンチ，マイクロツール[9]

お わ り に

本稿では，ELID研削加工技術について解説した．現在，本技術は様々な分野で実用化されており，特に難削材加工の効率化，省力化，高品位化，超精密化につながっている．また，マイクロ加工やデスクトップ加工，ナノプレシジョン加工へ向けて，日本発独自技術として，さらなる進展とともに，世界に広がることを期待してやまない．

参 考 文 献

1) H.Ohmori, and T.Nakagawa: Mirror Surface Grinding of Silicon Wafer with Electrolytic In-process Dressing, Annals of the CIRP, **39**, 1(1990) 329.

2) 大森　整: 超精密鏡面加工に対応した電解インプロセスドレッシング(ELID)研削法，精密工学会誌, **59**, 9(1993)1451.

3) H.Ohmori, and T.Nakagawa: Analysis of Mirror Surface Generation of Hard and Brittle Materials by ELID (Electrolytic In-Process Dressing) Grinding with Superfine Grain Metallic Bond Wheels, Annals of the CIRP, **44**, 1 (1995) 287.

4) H.Ohmori, and T.Nakagawa: Utilization of Nonlinear Conditions in Precision Grinding with ELID (Electrolytic In-Process Dressing) for Fabrication of Hard Material Components, Annals of the CIRP, **46**, 1 (1997) 261.

5) 大森　整: 電解ドレッシングで超精密鏡面研削を実現,日経メカニカル, 541(1999)80.

6) 大森　整: ELID研削加工技術－基礎開発から実用ノウハウまで－, 工業調査会(2000).

7) H.Ohmori, N.Ebizuka, S.Morita, and Y.Yamagata: Ultraprecision Micro-grinding of Germanium Immersion Grating Element for Mid-infrared Super Dispersion Spectrograph, Annals of the CIRP, **50**, 1 (2001) 221.

8) H.Ohmori, K.Katahira, J.Nagata, M.Mizutani, and J.Komotori: Improvement of Corrosion Resistance in Metallic Biomaterials by a New Electrical Grinding Technique, Annals of the CIRP, **51**, 1 (2002) 491.

9) H.Ohmori, K.Katahira, Y.Uehara, Y.Watanabe, and W.Lin: Improvement of Mechanical Strength of Micro Tools by Controlling Surface Characteristics, Annals of the CIRP, **52**, 1 (2003) 467.

XMLとは

XML in Manufacturing Engineering / Shigeko OTANI　Toshio KOJIMA

産業技術総合研究所　大谷成子　小島俊雄

1. は じ め に

　Web 技術から生まれた XML（Extensible Markup Language）の利用が急速に広がっています．XML とは HTML と同じ，＜ tag_name ＞と＜/tag_name ＞という「tag_name でマークアップ」されたテキスト記法です．違いは tag_name の定義をユーザに開放した点です．どんな事ができるのか，いつどこで生まれたのか，精密工学の分野でどのように利用されていくのか，順に説明しましょう．

2. 「意味記述」と「情報伝達」

　XML は「意味記述」と「情報伝達」の 2 種類の機能を持ちます．

2.1 情報の意味記述

　これまで人が見る情報は，機械で処理されるものと区別されてきました．XML では人と計算機の両方が同じ情報を解釈することを想定しています．例えば，XML を Web で公開し，人間の可読性を確保しつつ，計算機がそれを収集して，データ処理するなどの利用が可能です．図 1 上のようにブラウザ上に表示する例を考えます．人間は，加工時間 2min と読みとります．図 1 左下の HTML コードを計算機に処理させると，＜ td ＞ 2 ＜/td ＞となっており，2 は単なる表の中のデータだとしか分かりません．これを，図 1 右下のように XML で記述しますと，ブラウザの表示形態は同じでありながら，計算機に＜加工時間＞ 2 ＜/加工時間＞のようなコードを与えることができます（なお，

この表示スタイルシートには後述する XSLT を用います）．この XML 形式ならば，加工時間が 2 であることが，計算機で解釈可能です．実際には 2 だけではなく，＜加工時間単位 ="min" ＞ 0 のように単位も必要です．XML 記述ではデータ長は増えますが，計算機処理しやすい表現が可能になります．このようなデータが Web サイトに増えれば，色々な応用が考えられます

2.2 情報伝達

　情報伝達には人と人，あるいは異なる機器間などの種類があります．図 2 は産業技術総合研究所が複数サイトから切削事例の XML を集めて，ユーザの切削トラブルを解決支援するシステムです[1]．この例では，XML は Web ブラウザによって表示され人から人への情報伝達機能と収集されて分析される計算機間の情報伝達機能を用いています．

　一方，全く人を介さない，異なる機器間でのデータの情報伝達にも用いられます．これまでは，それぞれが独自のフォーマットで計算機間，アプリケーション間，測定機器間をつないできました．送受信データのローカルな取り決めはあったものの，それは技術者が書いたドキュメントを熟読して初めて分かるようなものでした．これをそれぞれのデータに意味を持たせて，XML テキストファイルとして送り，異なる計算機間，アプリケーション間，機器間での連携をしやすくしようとするものです．たとえば，色々なアプリケーションの入出力を XML 形式に統一すれば，いくつものアプリケーションを組み合わせることが可能です．Web アプリケーションの電話帳を作り，その中から適当なアプリケーションを選んで組み合わせ，独自のアプリケーションを構成する試みが始まっています．このメッセージングの封筒のフォーマット（SOAP），電話帳のフォーマット（UDDI），アプリケーションの入出力フォーマット

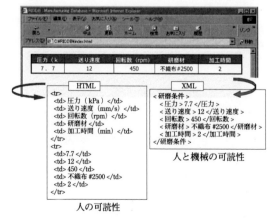

図1　HTML と XML の違い

図2　XML の利用方法

```
<?xml version="1.0" encoding="Shift_JIS" ?>
  <研磨条件 >
    < 圧力 単位 ="kPa">7.7</圧力 >
    < 送り速度 単位 ="mm/s">12</送り速度 >
    < 回転数 単位 ="rpm">450</回転数 >
    < 研磨材 >不織布 #2500</研磨材 >
    < 加工時間 単位 ="min">2</加工時間 >
  </研磨条件 >
```

図3　研磨条件 XML インスタンス

```
<!ELEMENT 研磨条件 (圧力,送り速度,回転数,加工時間)>
<!ELEMENT 圧力 (#PCDATA)>
    <!ATTLIST 圧力 単位 CDATA kPa>
<!ELEMENT 送り速度 (#PCDATA)>
    <!ATTLIST 送り速度 単位 CDATA mm/s>
<!ELEMENT 回転数 (#PCDATA)>
    <!ATTLIST 回転数 単位 CDATA rpm>
<!ELEMENT 研磨材 (#PCDATA)>
<!ELEMENT 加工時間 (#PCDATA)>
    <!ATTLIST 加工時間 単位 CDATA min>
```

図4　文書型定義 DTD

```
<?xml version="1.0" encoding="Shift_JIS"?>
<xsd:schema
        xmlns:xsd="http://www.w3.org/2001/XMLSchema">
<xsd:element name="研磨条件">
<xsd:complexType>
<xsd:sequence>
    <xsd:element ref="圧力" minOccurs="0"/>
    <xsd:element ref="送り速度" minOccurs="0"/>
    <xsd:element ref="回転数"/>
    <xsd:element ref="研磨材" minOccurs="0"/>
    <xsd:element ref="加工時間"/>
</xsd:sequence>
</xsd:complexType>
</xsd:element>
<xsd:element name="圧力">
    <xsd:complexType>
    <xsd:simpleContent>
    <xsd:extension base="xsd:float">
    <xsd:attribute name="unit" default="kPa"/>
    </xsd:extension>
    </xsd:simpleContent>
    </xsd:complexType>
</xsd:element>
    ....
<xsd:element name="研磨材" type="xsd:string"/>
</xsd:schema>
```

図5　文書型定義　XML Schema

(WSDL), アプリケーションの組み合わせ方法のフォーマット (WSFL) と, 順次規約化されており, 全て XML で書くことができます[2].

2.3 記法

　XML は複雑なモデルをできる限り正確に記述しようとするあまり, だんだん規模が大きくなってきて, 人手で書くものではなくなってきています. しかし, 全てのデータはテキストで, 特殊なライタ, リーダはいらないというのが原点です. また, 計算機用言語として考えると, ローカルな XML 規約を作るのはあまり推奨されません. なるべく多くの人が使っている言語を用いることが, データに汎用性を持たせることの基本です.

　XML の形式的な記法をまとめます. 前出の XML を例に取ります. XML では図3のように記述できます. XML の最小構成は図3のテキストファイルだけですが, 正式にはその文書型定義と, 表示スタイルシートの2つのファイルを関係づけることができます. これらは, ネットワーク上のどこにあっても構いませんが, 通常は同じディレクトリに置きます. 文書型定義は, その XML のフォーマットを定めています. XML がフォーマットどおりに作られているか, 文書型定義を基に検証することが可能です. この XML の文書型定義には, DTD (Document Type Definition) という定義言語が使われています. 図4のようになります. 図4を見てわかるように, " <　> " 記号は同じものの, XML 形式ではありません.

　一方, 2001 年に作られた新しい文書型定義言語 XML Schema[3]で書きますと, 図5のようになります. DTD との一番大きな違いは, XML 形式ということです. そして, DTD では難しかった名前空間が利用できます. 名前空間とは同一 XML 内で複数のスキーマを用いて記述するとき, それぞれの要素, 属性名がどこで定義されているかを示すものです. それらは接頭辞で表記され, 後述の Dublin Core の要素は dc:title のようになります. この時, 別に定義された title と要素名が重複しても, XML 内で共存することができます. また, XML Schema にはデータ型 (整数, 実数, 日付型) も導入されています. さらに, 複合型というものがあり, 例としては, 図5の<研磨条件>が, <圧力><送り速度><回転数><研磨材><加工時間>など, 複数の子要素から構成される1つの要素を複合型といいます. この複合型から派生して新しい要素を拡張したり, 制限することも可能です. このように, XML Schema は色々な用途への利用を意図したために, かなり複雑な仕様になっています. このため, シンプルな文書型定義 Relax[4]を日本発の定義として村田　真氏が開発しました. 現在は, James Clark 氏の文書型定義 TREX と統一し, Relax NG[5, 6]として, ISO で規格化されています (ISO/IEC 19757-2:2003).

　XML を Web ブラウザで表示するためには, スタイルシート XSLT (Extensible Stylesheet Language Transformations)[3]があります. これも XML 形式で書かれており, 図6のようになります. これは XML インスタンスを Web ブラウザで表示するために HTML に変換する規則を記述しています. このファイルを, 図3の第2行目に, <?xml:stylesheet type="text/xsl" href="polish.xsl"?>として加えて関係づけると, ブラウザの表示は, 図1の画面になります. XSLT はある XML を別の構造の XML に変換するための変換則を記述する言語です. XPath[3]を用いて要素を取り出し, if ~ then else ~や, 文字の比較, 数値演算などの表現も可能で, XML 形式のプログラムともいうべき内容となっています.

```
<?xml version="1.0" encoding="Shift_JIS"?>
<xsl:stylesheet
 xmlns:xsl="http://www.w3.org/1999/XSL/Transform"
 version="1.0">
<xsl:template match="/">
<html lang="ja">
  <head>
   <title>研磨条件</title>
  </head>
  <body>
     <table border="1" bordercolor="000000" >
      <tr bgcolor="Navy">
       <td><font color="white">圧力</font></td>
       <td><font color="white">送り速度</font></td>
       <td><font color="white">回転数</font></td>
       <td><font color="white">研磨材</font></td>
       <td><font color="white">加工時間</font></td>
      </tr>
      <tr>
         <xsl:apply-templates select="/研磨条件"/>
      </tr>
     </table>
<hr />
Copyright (c)2000-2003, ものづくり先端技術研究センター
</body>
</html>
</xsl:template>

<xsl:template match="研磨条件">
     <td><xsl:value-of select="圧力"/></td>
     <td><xsl:value-of select="送り速度"/></td>
     <td><xsl:value-of select="回転数"/></td>
     <td><xsl:value-of select="研磨材"/></td>
     <td><xsl:value-of select="加工時間"/></td>
</xsl:template>

</xsl:stylesheet>
```

図6 表示のための XSLT（polish.xsl）

3. XMLの歴史

　XMLの基本は SGML(Standard Generalized Markup Language, ISO 8879)にあります．SGMLはアプリケーションに依存しない形で電子文書を管理するための言語です．一般的に電子文書は，WORDや一太郎など，ワープロソフト独自のファイルフォーマットで作成されます．しかしながら，長期保存文書などがワープロソフトの更新などで読めなくなるようでは大変です．そこで，アプリケーションに依存しない形で文書を記述する方法として SGMLが考えられました．SGMLは 1970 年頃から検討され，1986 年には ISO 8879 として制定されています．しかし，SGMLは仕様が複雑であること，文書型定義が必須である，文書検証に時間を要するなどの問題があり，あまり一般的ではありません．SGML文書の構造は，SGML宣言，文書型定義(DTD)，文書インスタンスからなり，表示スタイルシートに DSSSL(Document Style Semantics and Specification Language, ISO 10179)[8]を用います．特に文書型定義はユーザが設計し，SGMLインスタンスは必ずその文書型に合うように作らなければなりません．1989 年頃，CERN(欧州合同原子核研究機関)で研究者間の協働システムを作る際，その文書定義に SGMLを使うことになりました．このシステムは Tim Berners-Lee[9]が提唱したもの

で，WWW(World Wide Web)といい，HTML(Hyper Text Markup Language)[3]を用いて記述したマルチメディア情報をネットワーク上で閲覧するシステムです．この HTMLは WWW 表示用の文書型定義を規定しているのですが，明示的な定義を省略した SGMLに他なりません．この文書型定義は非常に簡単なものでした．今日，ここまで WWWが広がりを見せたのも，HTMLが簡単であったこと，そして，HTMLが 文書型どおりでなくても，WWWブラウザが適当に表示するという融通性があったせいだといわれます．その後，WWWで色々なデータが流通するようになり，やはり人間に表示するためだけの HTMLでは限界があるとして，計算機に可読性を持たせるために，SGMLを簡単化した言語として XMLが作られました．簡略化のポイントはいくつかあるのですが，文書型定義がなくてもいいことが大きな利点です．XMLは文書型定義を用いて妥当性の検証ができる従来型と，文書型定義を持たず，単に「要素タグの開始，終了の対応が取れている」「要素タグがツリー構造になっている」というルールだけを満足する well-formed 型を許しています．well-formed 型の出現により，SGMLよりかなり作りやすくなりました．SGMLの場合，どんな文書も例外なく記述できるような文書型定義の設計の工数がかかり，文書の作成が遅れるということもあったようですが，XMLの場合は例外があった時は要素を増やすような柔軟さも持ち合わせています．XMLの仕様策定は非常に短期間に進められ，1998 年に勧告になっています．一方で，XMLが作られた後も，さらに HTMLはバージョンを上げ，2000 年には 4.0 になります．これを well-formed な XMLの規則に合わせたのが XHTML1.0 [10]です．これまでの HTMLの要素に加えて，新たにユーザが要素の定義を行うことを許しており，HTMLと XMLの利点を兼ね備えた文書記述法です．特に，HTMLでは複雑な数式，グラフは画像で表示するしかなかったのですが，XHTMLを使えば，数式は MathML，グラフは SVG など，名前空間を用いて，色々な XMLモジュールを組み込むことができるようになりました．

　このような WWW 関連の仕様を策定するのは W3C (World Wide Web Consortium)で，Tim Berners-Lee が 1994 年に設立しました．その WWW サイトである http://www.w3c.org/を見ると，現在も 50 以上の活動組織に分かれて色々な仕様，ソフトウェアの開発が行われています．

4. 工学分野関連の XML

　XMLの目標は種々のモデルの簡明なテキスト記述です．どのようなものが記述できるようになったのかを，以下に示します．

4.1 数式 MathML(Mathematical Markup Language)[3]

　数式を記述するための言語です．数式を表示するためだけでなく，数式の内容を記述します．一例を図7に示します．

4.2 化学物質 CML（Chemical Markup Language）[11]

　化学物質を表現するための XML です．物質の構造，ス

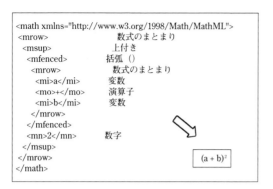

図7 $(a+b)^2$ の MathML 記述

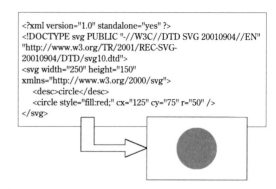

図9 SVG による図形描画 [3]

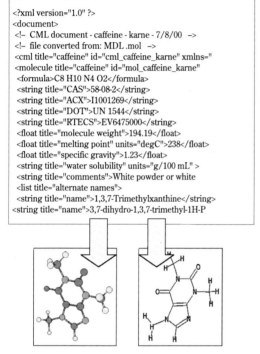

図8 caffeine.xml の記述，表示例

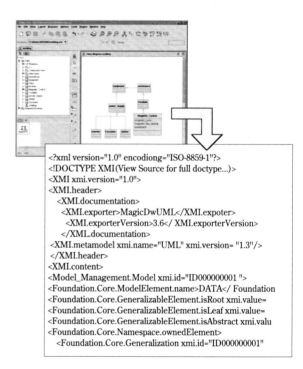

図10 UML ツールによる XMI 出力 [15]

ベクトルなども記述できます．アプリケーションにより，同じ XML から様々な表示が可能です．

4.3 2D グラフ SVG（Scalable Vector Graphics）[12]

2次元グラフを描くための XML です．例えば，**図9** 上側の XML は，右下にあるような日の丸になります．表示は W3C で開発中のブラウザ Amaya [3] か，Adobe 社が開発しフリーで配布しているビュワー [13] で可能です．また，SVG はグラフィックソフト Illustrator などで出力できます．

4.4 UML XMI（XML Metadata Interchange）[14]

オブジェクトモデリングツールである UML（Unified Modeling Language）が幅広い分野で使われていますが，それらの共通出力形式として XML を用いています．内容はオブジェクトの関係のほか，**図10** のように図形描画の位置情報も含まれます．

4.5 メタデータ RDF（Resource Description Framework）[3, 16, 17]

RDF はリソースの情報を記述する方式です．一般に**図11** の上のような3つ組（Resource，Property，Value）で表現し，XML 形式で記述されます．RDF は，他の XML と同列ではなく，むしろ HTML と同じレベルにあります．Tim Berners-Lee によって提唱されている次世代の Semantic Web [18] の基盤となるものです．すなわち，これまで HTML で記述したコンテンツに対し RDF を記述しておくことにより，従来は HTML コンテンツだけで判断していたところを，RDF 等を用いて意味処理を行い，より正しい情報を得ようとするものです．例えば，「大谷」が書いた文章を見つけようとするとき，HTML が対象のサーチエンジンで「大谷」で全文検索しますと，「大谷石」

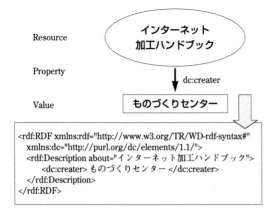

図11 RDF の記述例 [3]

図13 RSS 収集表示アプリケーションの例

```
<rdf:RDF xmlns:rdf="http://www.w3.org/TR/WD-rdf-syntax#"
  xmlns:dc="http://purl.org/dc/elements/1.1/">
  <rdf:Description about="インターネット加工ハンドブック">
    <dc:creater> ものづくりセンター </dc:creater>
  </rdf:Description>
</rdf:RDF>
```

```
Title : リソースの名前
Creator : リソースの内容に主たる責任を持つ人
Subject : リソースが扱うトピック
Description : リソースの内容の説明
Publisher : リソースを提供している母体
Contributor : リソースの内容に協力している人
Date : 文書の作成日や公開日など
Type : リソースの性質もしくはジャンル
Format : リソースのディジタル化の形式
Identifier : リソースへの参照(URI,ISBN など)
Source : 親リソース名
Language : リソースの記述言語
Relation : 関連するリソースへの参照
Coverage : リソースの範囲もしくは対象
Rights : リソースの権利表示
```

図12 Dublin Core の項目

なども含め，大量な検索結果が出てしまいます．これを RDF を用いて作者が「大谷」であるコンテンツを検索すれば，目指す文書に早く正確に到達できます．**図11** において，Property に dc:creator という「作者」を示す要素を使っています．これは Dublin Core [19] といい，1994 年以来，DCMI (Dublin Core Metadata Initiative) という組織が検討しているリソースを記述する共通語彙です．基本項目は **図12** で示す 15 種類しかありませんが，現在，Web で一番有名な語彙集です．2003 年 ISO 15836 になりました．

実用レベルに広まってきた XML のアプリケーションが RSS (RDF Site Summary) 1.0 を用いたシステムです．RSS は，各 Web サイトの情報を記述する XML です．これを，コンテンツの更新の度に Web サーバに載せておきます．そうすると，アプリケーションがそれを収集して各 Web サイトにどんな新着情報があるか**図13**のように表示します．ユーザは更新の簡単な説明を読んで，興味があるものだけを表示することが可能です．現在，多くのニュースサイトや BLOG (ウェブログ) という日記サイトが RSS で新着情報を自動配信しています．RSS はそのような自動生成の他，手動記述するアプリケーション，DB から生成する機能など，作成方法も増えてきました．収集して表示する

ためのアプリケーションは有償無償ともあり，すでに 50 以上の種類が存在しています [20]．

4.6 精密工学関連

精密工学に関係する XML には次のようなものがあります．

材料記述をするための MatML (Material Markup Language) [21] が NIST (米国標準技術研究所) で，検討されています．最近では XML Schema で書かれたバージョン 3 が勧告になっています．

動画にコメントを入れたり，ハイパーリンクを貼ったり，シナリオのように表示順序を記述する言語 SMIL (Synchronized Multimedia Integration Language) [3] があり，表示ブラウザが作られています．特に，文字記録しにくい鋳造技術などを動画に納め，SMIL を用いてその動画に色々な情報をリンクさせて技術の伝承を確実にしようとする研究が行われています [22]．

製造業 XML 推進協議会では [23]，製造分野で定義された様々な XML を集めて公開しようという試みがあります．そこでは，OPC XML-DA (プロセス情報 Web サービス)，FDML (Field Data Markup Language ：機器・設備情報)，ORiN-RRD (Open Robot/Resource Interface for Network ：ロボット間インタフェース)，PSLX (Planning and Scheduling Language on XML specification ：生産計画情報) [24]，MESX (Manufacturing Execution System XML ：生産管理)，FAOP-XML (FA Open XML ： FA 機器) などが報告されています．

また，製品データ表現の国際標準として STEP (STandard for the Exchange of Product model data) がありますが，STEP の XML 化 (ISO10303-0028) が検討されています．その STEP-XML による加工情報の高度利用研究が行われています [25]．

加工分野でも次々と IT 技術を取込んで，より高品質な加工を目指す時代になっています．切削，溶接など多くの加工法についての加工事例や実験プロセスの XML 記述については，産業技術総合研究所で開発を進めています [26]．

5. XMLの作成，検証，表示，格納，検索

XMLは巨大化・複雑化してきており，それを作る方法としては，専用出力プログラムやDBの機能で出力することができます．一方，小さなものは，XMLエディタで入力するか，何も無くても，単なるテキストエディタで書く事も可能です．

妥当性検証法には，パーサを用います．パーサは数多く開発されましたが，文書型定義がXML Schemaになってからは，Apache ProjectのXerces[27]が定番となっています．

表示法は，WebブラウザInternet Explorer6.0以上で可能です．また，W3Cが開発したAmayaでも表示可能です．Amayaは他にも色々なW3Cでの仕様を実装している実験的ブラウザで，Xpointer[3]，RDFなどの機能を用いて，ブラウズ中のコンテンツに対し，色々な位置にアノテーションを付けることが可能です．

XMLデータ格納法としては，リレーショナルデータベース（固定長テーブルから成る従来型データベース）にマッピングして入れる方法がありましたが，ツリー状のXMLの構造を入れるのは困難でした．その後，ネイティブXMLデータベースといわれる，XMLのままの形で入力できるデータベースができました．XMLは文書型定義があっても無くても格納でき，希望する要素名に至るXML文書内のパスで検索します．文書内のパス記述については XPathで行い，その仕様についてはW3Cで検討が行われています．例えば，前出の例では "/研磨条件/加工時間" というXPathで加工時間の検索ができます．一方，"//加工時間[. <= 1]" と書きますと，ツリーのどこであってもいい要素名<加工時間>が1以下の文書の検索ができます．他にも，"//加工事例//材料" と指定すると，<加工事例>という要素を祖先に持つ<材料>についての検索を行います．また，検索対象の母集団のXML形式も自由で，いろいろな形のツリーが混在していてかまいません．このように，XMLの特徴とする柔軟な検索が可能となっています．XMLデータベースには，Apache Projectで開発されているXindice[28]というJavaで作られたものがあります．

6. まとめ

国会図書館の和書検索で調べると，XML関連書籍は1997年以来2004年現在まで，160冊ほど出版されています．年間数十冊の書籍が発行されているのは，XMLが標準記述形式として定着してきた結果と解釈することができます．代表的なもものを，参考文献に示します[29,30]．また，Webサイトとして，日本XMLユーザグループ[31]があり，色々なXML関係リンクを探すことが可能です．

XMLは様々な状況における技術情報などの共有を目指す製造分野の中核的な基盤情報通信技術に発展してきています．利用面からみた特徴は，「ユーザの個別要求を追加・編集できる」ことに尽きると考えます．今後，様々な適用分野に関する仕様開発で，この特徴を活かしたユーザ利便性を目標に展開されていくことになります．

本文中のソフトウェアの名称には，登録商標されているものが含まれています．

参 考 文 献

1) T. Kojima, H. Sekiguchi, H. Kobayashi, S. Nakahara, S. Ohtani: An Expert System of Machining Operation Planning in Internet Environment, Journal of Materials Processing Technology, **107** (2000) 160.
2) 丸山 宏, 他: XMLとJavaによるWebアプリケーション開発 (2), ピアソン・エデュケーション (2002).
3) W3C: http://www.w3.org
4) RELAX: http://www.xml.gr.jp/relax/
5) RelaxNG: http://relaxng.org/
6) OASIS OPEN/RelaxNG: http://www.oasis-open.org/committees/relax-ng/
7) クン・イー・ファン: XSLT WEB開発者ガイド, ピアソン・エデュケーション (2001).
8) James Clark/DSSSL: http://www.jclark.com/dsssl/
9) W3C/Tim Berners-Lee: http://www.w3.org/People/BernersLee
10) 神崎 正英: ユニバーサルHTML/XHTML, 毎日コミュニケーションズ (2000).
11) CML: http://www.xml-cml.org/
12) SVG: http://www.w3.org/Graphics/SVG/
13) Adobe/SVG: ttp://www.adobe.com/svg/viewer/install/main.html/
14) OMG/XMI: http://www.omg.org/technology/documents/formal/xmi.htm/
15) Magic Draw: http://www.magicdraw.jp/
16) 神崎正英氏によるセマンティックウェップ関係情報: http://www.kanzaki.com/docs/sw/
17) Shelley Powers: Practical RDF, O'Reilly (2003).
18) Tim Berners-Lee: Weaving the Web, Harpercollins (1999).
19) Dublin Core: http://dublincore.org/documents/dces/
20) RSSリーダ: http://www.feedreader.com/ など.
21) NIST/MatML: http://www.matml.org/
22) 綿貫他: インターネット/マルチメディア技術を用いた熟練技能伝承システムの構築, 2002年度精密工学会秋季大会講演論文集, (2002) 22.
23) 製造業XML推進協議会: http://www.mfgx-forum.org/
24) PSLXコンソーシアム: http://www.pslx.org/jp/
25) 田中他: 分散加工環境ネットワークのための加工情報のXM表現, 2001年度精密工学会春季大会講演論文集, (2001).
26) 産業技術総合研究所 ものづくり先端技術研究センター: http://unit.aist.go.jp/digital-mfg/
27) Apache Project/Xerces: http://xml.apache.org/xerces2-j/
28) Apache Project/Xindice: http://xml.apache.org/xindice/
29) 中山他: 標準XML完全解説, 技術評論社 (2001).
30) ゴールドファーブ他: XML技術大全, ピアソン・エデュケーション (1999).
31) 日本XMLユーザグループ: http://www.xml.gr.jp

静電力のメカトロニクスへの応用
-力の強い静電モータ-

Electrostatics in Mechatronics　- development of powerful electrostatic motors - / Toshiro HIGUCHI

東京大学　樋口俊郎

1. は じ め に

電気に関する授業で，2つの電荷の間に働く力に関するクーロンの法則を最初に習う．このように，電界による力は，磁界に関係する力と同等に電磁気学では重要なものとされている．しかし，実際の産業での応用は粉体などを扱う幾つかの用途などに限定されており，磁界（あるいは電流）による力に較べて静電力の利用は圧倒的に少ないといえる．

電気に関係する英単語についている electro- の語源がギリシャ語の琥珀であることから分かるように，摩擦帯電による静電気の存在と，帯電した物体間に力が働くことは，古くから知られていた．静電力を利用した機械と呼べる最初のものは，ゴルドンが1742年に作った電気ベルであるとされている．一方，エルステッドにより電流によって磁界が発生できることが見出されたのが1820年である．このように，原始的な静電モータは磁界を利用するモータの基礎となる最も基本的な現象の発見よりも1世紀近く前に存在している．磁気力利用のモータに誘導モータ，同期モータ（永久磁石形および可変リラクタンス形），直流モータなどの形式があるのに対応して，静電モータにも，その推力（トルク）発生の方法には，可変容量形，エレクトレット形，誘導電荷形等の種々の方式が古くから研究されている．しかし，かつて試作された種々の形式の静電モータは，通常の電磁形モータに較べて勝負にならないほど力が小さく，また高電圧を必要としたために実用のモータとしては発展せず，静電モータでは通常の機械の駆動は不可能であると考えられていた．

半導体の微細加工技術を利用して，シリコンウェハ上にロータの直径が0.1 mm程度のマイクロモータを作ろうとする試みが1990年ごろから始まった．その駆動力として最初に使われたのは静電力である．これは，微小寸法の世界では，静電力が慣性力などの他の力に較べて顕著に現れるようになることと，半導体の微細加工技術での製作に適していることによる．このように，マイクロの世界では静電力を利用した機構の開発が重要な課題となってきている．

同じ頃から筆者の研究室では，静電力の特徴に着目した新技術の開発に取り組んできている．マイクロの世界だけでなく，通常の機械を駆動の対象とする世界においても，磁界を用いるモータに匹敵する強力なモータの開発を目指

して研究を進めている．そして，電極の構造を微細化し，駆動方法を工夫することによって，軽量大出力の静電モータを実現することができている．本稿では，静電力のメカトロニクスへの応用の例として，この静電モータを紹介したい．

2. 力の大きい静電モータを作る方法

電磁力の見積りには，単位体積あたりのエネルギーと境界面での応力の関係に対応するマックスウエル応力の考え方が役に立つ．磁極間の空隙の有する磁気エネルギー密度の実用上の制約は，鉄心の飽和磁束密度によって与えられ，通常は1 T（テスラ）程度であり，約4 kgf/cm^{2}に相当する．一方，電極間の電界の上限は，空気の絶縁破壊強度を用いて概算すると，境界面での単位面積あたりの静電力は約0.4 gf/cm^{2}で磁気力の1万分の1しか得られないことが分かる．このように，単位面積あたりの利用可能な静電力は，磁気による電磁力に比べて桁違いに小さい．

では，どのようにすれば大きな力を得ることができるだろうか？

空隙に磁界を得るためには，磁束を導くための磁気回路（鉄心）を必要とするのに対し，電界を得るには，非常に薄い電極で良い利点がある．この特徴に着目して薄いモータができれば，たとえ単位面積あたりの静電力が小さくても，積層して力を足し合わせば，単位体積あたりの力を大きく得ることができる．そこで，構造材料として表面積を大きくとれるフィルムを利用し，固定子と移動子のフィルムが互いに滑り合うように動く2方式の静電モータを開発した．

1つは片側電極形静電モータであり誘導電荷形静電モータの1形態ある．もう1つは，交流駆動両電極形静電モータである．駆動原理は異なるが，構造材料として薄いフィ

図1 誘導電荷型静電モータ

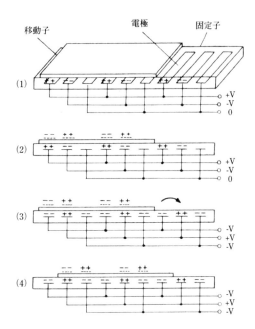

図2 誘導電荷型静電モータの動作原理

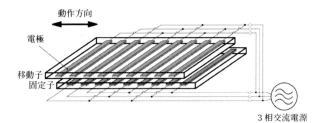

図3 交流駆動両電極形静電モータ

ルムを利用している点と，固定子と移動子の間に働く吸引力を減少させて動作する点に共通する特徴がある．

3. 片側電極形(誘導電荷形)静電モータ[1]

固定子と移動子とになる2枚のフィルムが滑り合うように動く．派生した幾つかの駆動方法があるが，3相の電極を有する固定子と高抵抗体の移動子を使用する場合について，その駆動原理を説明する．このモータは図1に示すような電極を組み込んだ固定子フィルムと，高抵抗体の移動子フィルムから構成される．固定子の電極は，3相になるようフィルムの端の方で結線されている．電極の上には，絶縁層を介して高抵抗体の移動子を置く．駆動過程は図2のようになる．①3相の電極にそれぞれ＋，－，0の電圧を印加する．②移動子上では，電荷が徐々に移動していき，一定時間経つと平衡状態になる．③電極にかけておいた電圧を－，＋，－に切り替えると，電極の電荷は瞬時に切り替わるが移動子の電荷は，抵抗率が高いためしばらくの間②の電荷分布を保ち続け，移動子は上方向の浮上力と右方向への駆動力を得る．④移動子は浮上力により摩擦力が軽減され，駆動力により1ピッチ右に移動される．①から④の過程を繰り返すことにより移動子を1ピッチずつ移動させることができる．この操作を繰り返して移動子を続けて動かすことができる．

この方式には以下のような特徴がある．
(1) 移動子に電極がないため，固定子・移動子間の位置・角度の調整が不要で，電極ピッチが微細な場合でも製作・組立が容易である．
(2) 駆動時には浮上力が生じるので摩擦が小さく，ベアリングのような軸受機構が不要となり，極めて薄いモータを実現できる．また，静止時には逆に吸引力が働き，

摩擦により大きな保持力が得られる．

電極ピッチが100 mmで名刺大のモータでは，印加電圧±250 Vで約10 gfを発生する．発生力はさほど大きくないが，移動子が軽いため高速に動作できる．電極のピッチが細かくなるほど，駆動電圧を低くすることができ，モータの重量あたりの発生力(力密度)は向上する．力密度は，最大で約2 kgf/kgとなり，従来の電磁式リニアモータに匹敵する値である．

紙の電気抵抗は，紙の種類や湿度により変化するがその表面抵抗は約 $10^9 \sim 10^{14}$ Ω/□である．片側電極モータでは約 $10^{13} \sim 10^{15}$ Ω/□の材料を可動子として駆動できるので，条件によっては紙を直接動かすことができる．電極パネル2枚を0.1 mmの隙間をあけて対向させ，その隙間を通す形で紙を駆動すると，50％の湿度でも幾つかの種類の紙を動かせることができる[2]．

半紙や更紙は多湿でない室内で，PPC用紙などは熱風で乾燥させることで駆動できる．これをコピー機やプリンタなどの紙送り装置に利用すれば機器の大幅な薄型化を実現できる．湿度の影響を強く受ける点で問題があるが，専用用紙を利用するか，乾燥機構と組み合わせることで解決できる．

また，イオン発生器を用いて正負のイオンを含む空気を移動子に吹き付けることで，絶縁体の移動子の上に抵抗体を用いた場合と同様の電荷を誘導することができる．これにより，プラスチックフィルムや薄いガラス，セラミックなど，大半の絶縁体の箔葉材料を駆動できることを確認している．

4. 交流駆動両電極形静電モータ[3]

基本的には可変容量形静電モータの1種といえ，図3のように，固定子と移動子の両方に電極を有するフィルムを用いる構造の静電モータである．

移動子側にも給電する必要があるが，移動子と固定子の間に働く力を直接的に制御できる利点がある．片側電極形のほぼ4倍の大きさの推力が得られる．電極の構造は，片側電極形で使用したものと同じものが利用できる．固定子に電界の波が正方向に進むように3相交流電圧をかけ，移動子には逆方向に電界の波が進むように3相交流電圧をかけると，移動子は正方向に移動する．

3相交流電圧が印加されると，移動子と固定子には図4に太線で示したように，正弦波形状の電位分布の電界が生

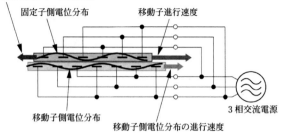

図4 交流駆動両電極形静電モータの動作原理

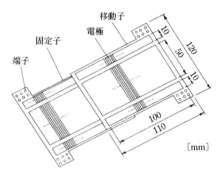

図5 交流駆動両電極形静電モータの試作例

図6 多数のフィルムを積層した強力モータ

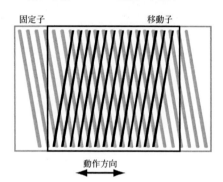

図7 静電モータにおける電極のスキュー

じる．この2つの電界の間に，水平方向の力（推力）と垂直方向の力（移動子と固定子が離れようとする方向を正とする反発力）が発生する．移動子と固定子に発生する電界は，印加電圧の周波数に比例した速さで，互いに逆方向に進行する．同期状態では，移動子と固定子の電界の位相差は一定に保たれることにより，移動子は固定子の電界の進行速度の2倍の速さで駆動されることになる．したがって，印加電圧の周波数を f とすると，同期速度 v は，電極のピッチが p の場合，$v = 6pf$ の関係となる．

図5に試作したモータの1例を示す．移動子と固定子は3.5 g で同一の構造をしており，それらの電極は中央部とその両側にある2つの部分の3ブロックに分けている．両側の狭い部分は，電極間の静電容量の変化を検出してサーボ用の位置センサを構成することを目的としたものである．移動子と固定子の間には絶縁液（住友3M，Fluorinert）と直径 20 mm のガラス球を多数挟んでいる．2.5 kV まで絶縁破壊を発生せずに駆動できており，最大 4.4 N の推力と無負荷で 1.4 m/s を得ている．

電極ピッチが 0.2 mm で，一枚の有効電極領域が 100 mm × 100 mm のものを 50 枚ずつ積層した静電リニアモータを図6に示す．310 N の推力を得ることができている[4]．

5. 回転形静電モータ

リニアモータと同様の原理で回転形のモータを製作できる．平行電極を用いて円筒状のロータとステータでモータを構成する方法と，放射状電極を用いて円盤状のステータとロータとで構成する方法がとれる．多数層を重ね合わすことによってトルクを増大させるには，円盤状のものを用いるのが適している．

片側電極形モータの場合は，回転子に給電する必要がないが，両電極形モータの場合は，回転子に給電する必要がある．スリップリングにブラシを押しあてる方法をとっているが，整流子の働きをするわけではないので，直流モータにおける給電と比較すると容易である．

6. 透明モータ

液晶ディスプレイパネルなどでは，電極として ITO（indium tin oxide）の薄膜が使用されている．この膜は，透明導電体と呼ばれ，光をほとんど遮らずに電気を伝えることができる．これを電極として用いることで，透明な静電モータが実現できる．移動子も同様に透明にできるので，完全に「見えない」極めて薄いモータが実現できる．ディスプレイ要素としての利用が有望である．また，不透明の移動子あるいは偏光膜を利用し，2枚のガラスの間隙に設置できる静電駆動による超薄型自動ブラインドの実用化が期待されている．

7. 静電サーボモータ

交流駆動両電極静電モータは大きな推力が得られるが，推力の変動が大きく低速駆動時に大きな速度変動を伴う欠点があった．電磁形のモータでは，トルクの変動を低減するために，磁極を傾斜して配置するスキューと呼ばれる手法が用いられる．そこで，静電モータにおいても，図7に示すように電極をわずかにスキュー（傾斜）することにより，推力の変動を大幅に軽減することができた．スキューは移動子側と固定子側の片側のみに付けても良い．推力の低下を伴わずに推力変動を大幅に低減できるスキュー角が存在

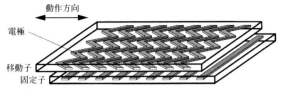

図8 波形形状のスキュー電極

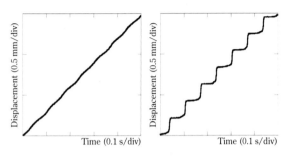

図9 スキュー電極を用いた場合(左)と用いない場合(右)の
動作軌跡の違い

することが見出されている[5]. また,図8に示すように,
波状の電極によりスキュー角の正・負を組み合わすことに
より移動子のヨー運動を抑制することができる.

図9に,電極をスキューした場合の移動子の動作の様子
を示す.スキューしない場合(図9右)では,正弦波で駆動
しているにもかかわらず,ステップ状の動作しか得られな
いのに対し,電極をスキューした場合には,滑らかな動作
軌跡が得られている.このような動作の改善により,モー
タの発生する振動・騒音の大幅な低減や,駆動効率の向上
といった効果も確認されている.

本モータを位置決め制御へ応用した例を示す.駆動用電
極は,0.2 mmピッチで配置されており,移動子側の電極
はスキューされている.移動子はリニアガイドで案内する
とともに,分解能6.25 nmのリニアエンコーダを取り付け,
移動子位置を測定できるようにした.図10に制御結果の
1例として,10 mmのステップ入力に対する応答を示す.
リニアエンコーダの1パルス分に相当する±6.25 nmの範
囲内で位置決めが行われており,本モータがナノメートル
オーダの高い位置決め能力を有していることがわかる[6].

8. 柔軟なアクチュエータ

以上紹介したモータは,可撓性があるフィルムで構成さ
れているため,自在に曲げることができる.曲げた場合に
おいても駆動できれば,機械の隙間に組み込んだり,柔ら
かいロボットを実現するためのアクチュエータとしての利
用が期待できる.図11は両電極形静電モータを曲げた状
態で駆動している様子である[7].

9. お わ り に

従来,静電モータは力が極めて弱いとされていたが,電
極の構造や駆動方法を工夫することにより,推力,制御性
とも電磁モータに匹敵する性能の静電モータが実現してい

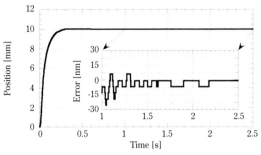

図10 交流駆動両電極形静電モータによる精密位置決め制御

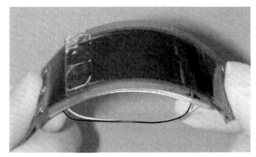

図11 柔軟に変形して動作可能な静電モータ

る.静電モータには,磁界の発生が極めて小さい,極めて
薄いモータを作れるなど,通常の電磁モータには無い特徴
を有している.また,真空環境では,利用できる電界の強
さを大きくでき,大気中の数10倍の推力を得ることが期
待できる.さらに,静電モータと静電浮上技術と組み合わ
せることにより,ディスプレイ用薄板ガラスやシリコンウ
エハを対象とする非接触駆動技術や,真空用位置決めステ
ージの開発が進んできている.

磁石で吸引される物質は強磁性体に限定されるが,ほと
んどの物質が静電力の作用を受ける.この性質に着目する
ことによって,モータだけでなく,軽量薄物の非接触支持
や粉体のハンドリングに制御した電界による静電力を利用
が進められている.

参 考 文 献

1) S. Egawa, T. Niino, and T. Higuchi: Film Actuators, Planar
Electrostatic Surface-Drive Actuators, Proc., 1991 IEEE Workshop
on Micro Electro Mechanical Systems, (1991) 9-14.
2) 新野, 柄川, 樋口: 静電気による紙送り機構, 精密工学会誌, **60**, 12,
(1994) 1761-1765.
3) 新野, 樋口, 柄川: 交流駆動両電極形静電モータ, 日本ロボット学会
誌, **15**, 1, (1997) 97-102.
4) T. Niino, S. Egawa, H. Kimura, and T. Higuchi: Electrostatic
Artificial Muscle, Compact, High-Power Linear Actuators with
Multiple-Layer Structures, Proc., 1994 IEEE Workshop on Micro
Electro Mechanical Systems, (1994) 130-135.
5) 山本, 新野, 坂, 樋口: スキュー電極を用いた高出力静電モータ, 電
気学会論文誌 D, **117-D**, 9, (1997) 1139-1145.
6) 山本, 新野, 樋口: 高出力静電リニアモータを用いた高精度位置決
め制御, 精密工学会誌, **64**, 9, (1998) 1385-1389.
7) 西嶋, 山本, 樋口, 稲葉: 柔軟な構造を有する静電フィルムアクチュ
エータの開発 ―推力特性評価―, 精密工学会誌, **69**, 3, (2003) 443-
447.

新しい精密工学用材料としてのバルク金属ガラス

Bulk Metallic Glasses as New Precision Engineering Materials / Akihisa INOUE

東北大学　金属材料研究所　井上明久

1.　金属ガラスの発展の経緯

人類が金属を使用し始めて以来数千年が経過しているが，1990 年までは厚さが数 mm 以上の 3 次元形状のバルク金属材料は，原子が長範囲にわたって周期的に配列した結晶構造に限られていた．これは，融点直下の高温域での金属過冷却液体では構成原子の拡散は極めて容易であるため，瞬時に結晶相への凝固が起きることに原因している．この結晶相への凝固変態に基づいて金属学が発達してきた．

一方，原子が長範囲にわたって無秩序に配列したランダム構造を持つアモルファス金属は，1960 年に Au‐Si 系合金の液体を約 10^6 K/s 以上の超急冷速度で凝固させることにより初めて作り出された．その後，アモルファス金属に関する研究は 1980 年頃まで活発に行われ，Fe, Co, Ni, Ti などを主成分とする多くの合金系でアモルファス合金が見出された．しかし，これらのアモルファス合金の生成には，約 10^5 K/s 以上の超急冷速度が必要であり，その結果得られる材料は，薄帯，細線，粉末などの薄肉・小物形状に限られていた．また，アモルファス金属は加熱により直接結晶相に変態するため，高温域での加圧成形法などにより粉末から優れた性質を持ったバルク形状のアモルファス金属を作成することは，多くの試みが行われたにもかかわらず，できなかった．

ところが，1988 年に金属成分のみからなる合金においても特別な成分系を選ぶことにより，$0.1 - 10^2$ K/s のようなゆっくりとした速度で液体を冷却しても結晶化せずに液体構造のままで凝固し，バルク形状のアモルファス金属が得られることが見出された．これらのバルクアモルファス金属は連続加熱を行った場合，必ずガラス遷移現象が観察されることから金属ガラスと呼ばれている．長年の歴史を持つ金属学の常識に反する過冷却金属液体の安定化現象に基づいて得られた，新金属材料であるバルク金属ガラスの基礎・応用研究は，1988 年から 1992 年までの約 5 年間の我々のグループのみの研究期間を経て，1993 年に米国でも同様な材料が創出されたことにより，それ以降この種の研究は世界的規模で爆発的な興味を引き起こし，現在材料科学において極めて活発な研究分野の 1 つとなっている．このように，長い歴史を持つ金属分野に久々に登場した新金属である金属ガラスの精密工学の立場から見た場合の特長・魅力について紹介する．

2.　バルク金属ガラスの合金系と生成機構

過冷却液体が結晶化に対して安定化されてバルク金属ガラスが生成する合金系は，1988 年以降今日まで数百種類の合金系で見出されている．表 1 は，鋳造法によりバルク金属ガラスが得られる合金系の主要例とそれらの合金系が見出された年代をまとめている．表に見るように，Fe, Co, Ni, Cu, Ti, Zr, Hf, Mg, Ca, Ln（希土類金属群）を主成分（50 原子％濃度以上）とした合金系である．1994 年に我々は，その当時見出していた Ln‐Al‐Cu, Mg‐Ln‐Ni, Mg‐Ln‐

Typical bulk glassy alloy systems reported up to date together with the calendar years when the first paper or patent of each alloy system was published.

1. Nonferrous alloy systems	Year	2. Ferrous alloy systems	Year
Mg-Ln-M (Ln=lanthanide, M=Ni,Cu,Zn)	1988	Fe-(Al,Ga)-(P,C,B,Si,Ge)	1995
Ln-Al-TM (TM=Fe,Co,Ni,Cu)	1989	Fe-(Nb,Mo)-(Al,Ga)-(P,B,Si)	1995
Ln-Ga-TM	1989	Co-(Al,Ga)-(P,B,Si)	1996
Zr-Al-TM	1990	Fe-(Zr,Hf,Nb)-B	1996
Ti-Zr-TM	1993	Co-(Zr,Hf,Nb)-B	1996
Zr-Ti-TM-Be	1993	Ni-(Zr,Hf,Nb)-B	1996
Zr-(Ti,Nb,Pd)-Al-TM	1995	Fe-Co-Ln-B	1998
Pd-Cu-Ni-P	1996	Fe-Ga-(Cr,Mo)-(P,C,B)	1999
Pd-Ni-Fe-P	1996	Fe-(Nb,Cr,Mo)-(C,B)	1999
Pd-Cu-B-Si	1997	Ni-(Nb,Cr,Mo)-(P,B)	1999
Ti-Ni-Cu-Sn	1998	Co-Ta-B	1999
Cu-(Zr,Hf)-Ti	2001	Fe-Ga-(P,B)	2000
Cu-(Zr,Hf)-Ti-(Y,Be)	2001	Ni-Zr-Ti-Sn-Si	2001
Cu-(Zr,Hf)-Ti-(Fe,Co,Ni)	2002	Ni-(Nb,Ta)-Zr-Ti	2002
Ti-Cu-(Zr,Hf)-(Co,Ni)	2004	Fe-Si-B-Nb	2002
		Co-Fe-Si-B-Nb	2002
		Co-Fe-Ta-B-Si	2003
		Fe-(Cr,Mo)-(C,B)-Ln	2004

Alloy systems in red were found by Sendai Group

表 1　バルク金属ガラスの主要合金系とそれらが見出された年代

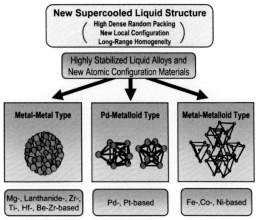

図 1　安定化過冷却液体金属の構造の特徴と合金系

図2 鋳造法で作製したバルク金属ガラスの鋳塊，棒材，パイプ材の
外観写真

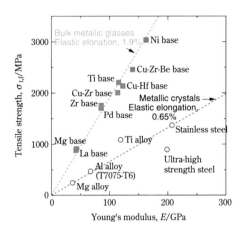

図3 バルク金属ガラスおよび結晶合金の引張強度とヤング率の関係

Cu, Zr - Al - Ni, Zr - Al - Cu, Zr - Al - Ni - Cu, Hf - Al - Ni - Cu など，100種類以上の系の合金成分に基づいて，金属過冷却液体の安定化現象が生じる合金系には以下の3つの成分ルールが存在していることを突き止めた．それらは，

(1) 3成分以上の多元系合金であり，溶質元素の総量が25原子％以上であること

(2) 主要3成分の原子寸法差が互いに約12％以上異なっていること

(3) 主要3成分の元素間には互いに負の生成熱（引力相互作用）が存在していること

である．

　この3つの成分則を満たした合金の過冷却液体やガラス相の構造は，図1にまとめているように，(1)稠密充填原子配列，(2)対応する平衡結晶相の原子配列とは異なった新局所原子配列，および(3)長範囲で引力相互作用を持った均質原子配列，の特徴を持っていることが，最新の構造解析技術を駆使することにより明らかにされている．これらの構造の特徴をより具体的に見た場合，Zr - Al - Ni - Cu や Hf - Al - Ni - Cu 系などの金属成分のみからなる金属-金属系合金では20面体的の局所原子配列を有しており，一方 Fe - Ln - B や Fe - M - B(M = Zr，Hf，Nb，Ta)系などの金属-半金属系合金では，Fe と B 原子からなる3角プリズムが Ln や M の第3原子を糊付け原子として，長範囲に連結したネットワーク的原子配列を有していることが示されている．このような原子配列構造は，これまでの金属液体やガラス金属では報告されておらず，新規構造といえる．

　このような構造的特徴を持った液体では，固体/液体界面は平滑となり，固/液界面エネルギーは増大し，結晶の核生成は困難となる．また上記の特徴を持った稠密充填構造では原子再配列は困難となり，拡散は抑制され，粘性は増大し，ガラス遷移温度は上昇する．さらに，結晶相の成長には新局所原子配列からの結晶相への長範囲な原子再配列を起こすことが必要であるが，このような再配列は拡散能が低下した構造相では困難であるために，結晶相の成長反応も抑制されることになる．これらの相乗効果として，

過冷却液体は安定化され，ガラス形成能が飛躍的に増大するものと理解されている．

　図2は我々の研究室で得られてたバルク金属ガラスの鋳塊(75 mmφ，長さ85 mm)，棒材(25 mmφ，長さ300 mm)およびパイプ材(10 mmφ，厚さ2 mm，長さ1500 - 2000 mm)の外観写真を示している．これらの金属ガラスが極めて平滑度の高い表面性状と表面光沢を持っていることが理解される．現在のガラス相生成のための最小の臨界冷却速度は0.067 K/s であり，最大直径は約100 mm である．従って，ガラス相の形成能は過冷却液体の安定化現象の発見により，最近の約15年間に6 - 8桁も劇的に増大したといえる．このように，バルク金属ガラスの生成は，3成分則を満たした特定の成分元素を均質に溶かし合わせることにより，自発的に生成する新規な局所原子配列が生み出した新規現象を利用したものといえる．

3. 基 本 的 性 質

　上記したように，金属ガラスは長範囲にわたって原子がランダムに配列した構造を持っており，結晶粒界や転位などの内部欠陥を含んでいない．このため，結晶方位依存性や結晶磁気異方性などは見られず，極めて均質な諸特性を示す．精密工学にとって重要な金属ガラスの静的強度特性（降伏強度とヤング率）を結晶金属材と比較して図3にまとめている．この図の特長として，結晶金属と比較した場合，

(1) 同じヤング率を持つ場合，金属ガラスの降伏強度は約3倍も高く，一方同じ強度を持つ場合，金属ガラスのヤング率は約1/3である．また，弾性限伸びは約2％であり，結晶金属の約0.65％に比べて3倍も大きい．Fe 基や Co 基のバルク金属ガラス(2 mm 直径の丸棒材)において，それぞれ3500 - 4300 MPa および5100 - 5400 MPa の超高降伏強度を示すことが注目される．これは同じ寸法の結晶合金の最高値（ピアノ鋼線の約3300 MPa）に比べて最大約1.7倍も高い値である．

(2) Zr 基バルク金属ガラスの切り欠き材の破壊靭性値は30 - 70MPa·m$^{1/2}$ であり，Ti 基などの結晶合金と同等

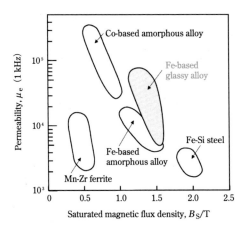

図4 鉄基金属ガラスおよび代表的軟磁性結晶材料における有効透磁率と飽和磁束密度との関係

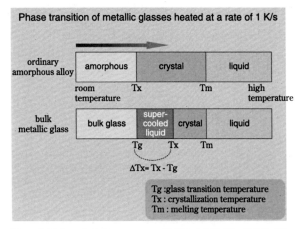

図6 金属ガラスおよびアモルファス型金属の連続加熱に伴う相変態の差異

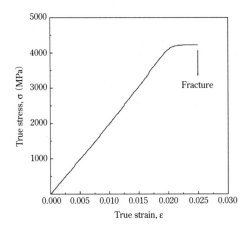

図5 鉄基バルク金属ガラスの圧縮応力下での真応力-真ひずみ曲線

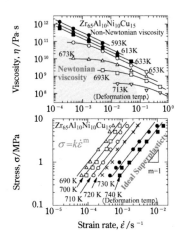

図7 Zr基金属ガラスの粘性および真応力のひずみ速度依存性

である．また，10^7 サイクル後の疲労強度の耐久限（疲労破壊強度/降伏強度）は 0.04 - 0.25 の範囲で変化しており，高耐食性金属ガラスおよびナノ結晶分散金属ガラスにおいて耐久限は高くなる傾向を示す．

機械的性質のほかに，Ni 基や Fe 基の金属ガラスでは Cr，Mo，Nb，Ta などの元素を含む場合，様々な腐食液において高級ステンレス鋼(SUS310)に比べて 1000 から 1 万倍の高耐食性を示す．また，Fe 基や Co 基の金属ガラスは常温で優れた軟磁性を示す．図4は Fe 基金属ガラスの飽和磁束密度と透磁率の関係を，商用の Fe 基アモルファス合金および結晶質軟磁性合金と一緒に示している．図に見るように，Fe - B - Si - Nb や Fe - Ga - P - C - B 系の金属ガラスでは 1.2 - 1.45 T の飽和磁束密度(B_s)，2 - 5 A/m の低保磁力(H_c)，$1 \times 10^5 - 2 \times 10^5$ の最大透磁率(μ_{max})，1 kHz で $2 \times 10^4 - 5 \times 10^4$ の有効透磁率(μ_e)，$20 \times 10^{-6} - 40 \times 10^{-6}$ の飽和磁歪(λ_s)，590 - 680 K のキュリー温度(T_c)を示す．これらの保磁力や透磁率は超急冷速度を必要とする従来のアモルファス型の Fe 基合金に比べてはるかに優れている．このような高軟磁性は，ガラス型合金が内部欠

陥の少ないより稠密充填度の高い均質な原子配列構造を有していることに起因することが明らかにされている．また，これらの Fe 基金属ガラスのヤング率，降伏強度，圧縮応力下での破断伸びは，図5の応力-ひずみ曲線に例証するように，前者の系ではそれぞれ 210 GPa，4200 MPa，2.5 ％であり，後者の系ではそれぞれ 175 GPa，3500 MPa，2.7 ％であり，極めて高強度を示すとともに，塑性伸びも発現することが特徴といえる．このように，Fe 基のバルク金属ガラスは高ガラス形成能，優れた軟磁性及び高強度特性を具備しており，これまでの結晶材料では得られていないユニークな磁性材料といえる．

4. 過冷却液体域の出現とニュートン粘性加工

金属ガラスを加熱した場合，図6に模式的に示すように，結晶化をおこす前に約 0.6 T_m(T_m ＝融点）の温度域で必ずガラス遷移を示した後，約 50 - 130 K の温度幅で過冷却液体状態を示した後に結晶化する．これは，約 10^4 K/s 以上の超急冷速度を必要とするアモルファス型金属がガラス遷移や過冷却液体域を示さず，アモルファス相から直接結晶

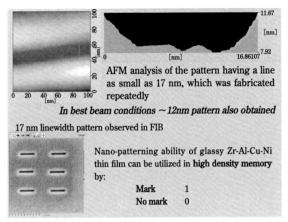

AFM analysis of the pattern having a line as small as 17 nm, which was fabricated repeatedly

In best beam conditions ~12nm pattern also obtained

17 nm linewidth pattern observed in FIB

Nano-patterning ability of glassy Zr-Al-Cu-Ni thin film can be utilized in **high density memory** by:

| Mark | 1 |
| No mark | 0 |

図8 収束イオンビーム加工により作製した Zr 基金属ガラスの幅 12 nm のナノパターン

図9 ダイプレス鋳造法により作製した Zr 基金属ガラスのマイクロ歯車

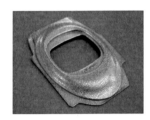

図10 ダイプレス鋳造法により作製した Zr 基金属ガラスの携帯用電話のケーシング材

化する相変化と根本的に異なっている．この過冷却液体域では，10^6-10^8 Pa·s の低粘性状態を得ることができる．一例として，図7は Zr-Al-Ni-Cu 金属ガラスの過冷却液体域での粘性のひずみ速度依存性および真応力-ひずみ速度依存性を示している．粘性値はひずみ速度が大きく変化してもほぼ一定であり，ニュートン粘性が発現していることを示している．ニュートン粘性が発現する条件下では，真応力(σ)とひずみ速度($\dot{\varepsilon}$)の関係には直線関係が成立し，その関係は $\sigma = k\dot{\varepsilon}$ の式で表され，その m 値はひずみ速度感受性指数と呼ばれ，過冷却液体では最高値の 1.0 を示し，これまでのいかなる結晶合金においても得られなかった理想的な超塑性特性が得られている．

このニュートン粘性と理想的超塑性を利用することにより，以下のような様々な超精密加工が行われている．例えば，
(1) ニュートン粘性を起こす温度とひずみ速度を選ぶことによる 180 万％の巨大伸び加工の実証
(2) ニュートン粘性域でシリコン製のダイを用いてダイプレス加工を行うことにより，ナノメートルスケールの表面平滑性と少なくとも 1 μm 幅の表面ステップの同時形成．良好な表面形状転写性の実証
(3) 押し付け加工による 50-100 nm の幅のくぼみの高精度インプリント加工の実証
(4) 収束イオンビーム(FIB)法を用いることにより，図8に例証するように，最小 12 nm 幅の表面溝の創出
(5) 押し付け加工による金属ガラスとステンレス鋼との接合加工の実証
などが挙げられる．

5. 切 削 加 工 性

金属ガラスの切削加工性も精密工学にとって重要な性質である．切削加工性を理解するうえで，金属ガラスの常温近傍での変形，破壊の特徴を理解することが重要である．金属ガラスには，結晶金属に存在するような転位はなく加工硬化を示さない．このため，変形は負荷応力軸方向に対して約 45 度傾いた最大剪断応力面に沿って生じるが，そ

の機構は剪断面に沿った約 2-3 nm 幅の原子が集団的にずれ運動を起こし，一度ずれ運動が生じるとその場所では自由体積が増大し，ますます変形が起こりやすくなり，剪断面に沿って最終破断を起こすことになる．ところで，切削加工では，刃先でとらえた加工領域に剪断変形を起こさせて切削が進行することが知られている．これは，金属ガラスが最大剪断応力面に沿って変形・破断を起こす挙動と一致しており，金属ガラスは本質的に極めて良好な切削加工性を有することができることを示している．実験的にも，金属ガラスの切削加工条件を最適化することにより，切削面の上端と下端の差が 5 nm 以下である極めて平滑な状態が得られている．

6. 鋳 造 加 工 性

金属ガラスは，T_m 以下に冷却された液体がガラス遷移温度(T_g)まで結晶化を起こすことなく冷却され，T_g でガラス固体に固化する過程により生成される．その生成過程は，結晶合金に見るような凝固潜熱の発生や体積収縮などが起こらず，温度や体積の変化は連続的である．このため，鋳型内への溶湯鋳造性は極めて優れており，ニアネット形状材が作製できることも結晶材料では見られない特徴といえる．また，結晶粒界などによる表面の凹凸をもたない．このため，図9に示すような直径 0.1 mm から数 mm の微細精密歯車，内径数 mm でその内面の寸法精度 100 nm 以下の光ファイバ用接続端子，直径数十 mm で表面平滑度 5 nm 以下のプラスチックレンズ用金型，直径 0.1-0.5 mm の真球状のショットピーニング用ボール，図10 に示すような厚さ 0.1-0.2 mm の超薄型の携帯電磁機器用フレーム材やシールド材も金型鋳造法により溶湯から直接作製できる利点を有している．

7. 接 合 加 工 性

Zr‐A‐Ni‐Cu などの Zr 基や Pd‐Cu‐Ni‐P などの Pd 基金属ガラスの数 mm 厚さの板材および数 mm 直径の丸棒材において，摩擦撹拌接合法，摩擦圧接接合法，超音波圧接接合法，塑性加工圧接接合法，電子ビームやレーザビーム熱源を用いた融合接合法などを用いることにより，接合が行えることが示されている．接合原理，接合条件などはそれぞれの接合法により大きく異なっている．接合時に金属ガラスが被る最高の加熱温度はこれらの接合法にとって最も重要な因子である．加熱温度は，塑性加工圧接法ではほぼ常温とみなされており，通常大気中で特別な加熱を施すことなく行われている．摩擦撹拌圧接法や超音波圧接法では T_g 近傍まで圧接中に温度が上昇し，一種の過冷却液体接合とみなされており，不活性ガスシールド法などにより酸化を防ぐなどの工夫がとられている．接合時の過冷却液体の粘性と圧接時の負荷荷重の精密制御が特に重要である．電子ビームやレーザビーム接合法では金属ガラスの接合域は融点以上に加熱され，液体となり，その後結晶化を起こさない速度で冷却されることにより，金属ガラス相を保持した接合が達成されている．この方法での重要な制御因子は，接合部に投入される熱源ビームの量と移動速度（すなわち，加熱域の体積と温度），加熱後の冷却速度，加熱中の雰囲気などである．

接合部の強度は，いずれの方法においても適切な条件下で良好な接合が行われた場合，使用された元の金属ガラス材の強度の 80‐100 ％に達している．特に，常温で他の結晶金属との接合が行える塑性加工圧接材では，図 11 に示すように，元の接合金属材の強度から予想される値を上回る高い接合強度が得られている．これらの多くの結果から，金属ガラスの接合は，上記のいずれかの方法を用いることにより大きな支障を生じることなく行うことができ，接合が金属ガラスを実用するうえでの致命的な欠点にはならないことを示している．

8. お わ り に

これまでに述べてきたように，金属ガラスは結晶粒界などの欠陥を含んでいないことにより，ナノメートルスケー

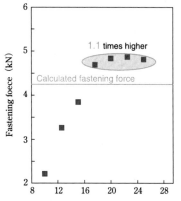

Evaluation of fastening force by metal-flow joining

図 11 塑性加工圧縮法により作製した Zr 金属ガラスとステンレス鋼接合部材の破断荷重と圧接時の負荷荷重との関係

ルで平滑な表面性状を作り出すことができる素養をもった新金属材料である．また，結晶金属では得らず，液体のみが持ち得るニュートン粘性を発現することより，理想的な超塑性加工性を実現できる．さらに，鋳造加工性においても結晶金属では得られない優れた特徴を有していることを示した．3 次元形状のバルク材として，このような新規の諸特性を具備している金属ガラスは理想的な精密加工用材料とみなすことができる．この小稿が精密工学分野の研究者や技術者が従来の結晶金属とは異なった新金属としての金属ガラスの存在を認識し，金属ガラス固有の様々なユニークな特徴を理解し，研究対象材料として取り上げていただく契機となり，新しい精密工学用素材として様々な産業用機器に実用されることを念願致しております．

参 考 文 献

1) A. Inoue: Bulk Amorphous Alloys -Preparation and Fundamental Characteristics-, Trans Tech Publications, Zurich, (1998) 1-116.
2) A. Inoue: Bulk Amorphous Alloys -Practical Characteristics and Applications-, Trans Tech Publications, Zurich, (1999) 1-148.
3) A. Inoue: Acta Mater. **48,** (2000) 279-306.
4) 井上明久: 過冷金属—バルク金属ガラス相への異常安定化現象、応用物理、**67,** (1998) 1176-1180.
5) 井上明久: 過冷金属が拓く新金属材料の世界, JTS 基礎研究報, 源流, 3, (2001) 25-33.
6) 機能材料、金属ガラスの新たな展開, 6&7,(2002) .

メートルの話

Story of the Metre / Jun ISHIKAWA

産業技術総合研究所　**石川　純**

1.　メートルの歴史 [1]

Mètre des Archives と呼ばれる最初のメートル原器は，1799 年，子午線の北極から赤道までの 1000 万分の 1 の長さとなるように製作された．この原器を基にして国際的な長さの基準として作成されたのが，一般にメートル原器として知られている，X 型の断面を持つ国際メートル原器である．**図 1** はメートル原器のレプリカである．1889 年 9 月 28 日にこの国際メートル原器は最初のメートルの定義となった．同時に 30 本の原器がメートル条約に加盟している国に配布され，各国で長さの標準として用いられた．日本のメートル原器は No.22（および副原器 No.20）であり，現在，産業技術総合研究所（旧計量研究所）に展示・保管されている．メートル原器は 1960 年までの 70 年間，長さの基準として用いられた．

人工物であるメートル原器の問題点は，経年変化が避けられないこと，破損した場合にまったく同じものは再現できないこと，さらに不確かさが大きいことである．人工物の問題を解決するために，物質の根元的な性質を標準として利用するという考えは，国際メートル原器の制定の 2 年前，1887 年にマイケルソン（Albert Michelson）により提案された．アメリカ人最初のノーベル物理学賞受賞者であるマイケルソンは，元素ランプの放射する特定の波長を基準として，自らが発明した干渉計を用いて長さの精密測定を

行うことを提案した．1892 年から翌年にかけて，マイケルソンはカドミウムランプの放射する赤いスペクトル線の波長と国際メートル原器の比較を行い，スペクトル線の波長が長さの基準として利用可能であることを示した．

実際にメートルの定義がクリプトン（^{86}Kr）の放射する橙色スペクトル線に基づいた定義に改定されたのは，マイケルソンの実験から 67 年後の 1960 年である．**図 2** は，2 代目のメートル原器のクリプトンランプである．標準の設定は慎重に行われるという点を差し引いても 67 年間という期間は長い．筆者は，定義改定の遅れの原因の 1 つは，マイケルソンの突出した技術力にあると考えている．元素からの放射光による波長標準は原理的にはすべて同一ではあるが，その波長から長さ標準を実現するための技術を有するのがごく限られた人間，具体的にはマイケルソンひとりであるとしたら，人工物であるメートル原器より心許ないものである．マイケルソンの没後 29 年を経て，干渉測長の技術がある程度一般化した後，はじめてメートルの定義が改定されたということには納得がいく．

1960 年はレーザが発明された年でもある．レーザを光源として用いることにより，光波干渉計測は飛躍的に発展した．また，レーザを用いたまったく新しい分光法，「飽和吸収分光法」が発明された．元素ランプ中の原子は熱運動により，ランダムな方向にランダムな速度で飛び回っている．運動する原子から放射される光は，ドップラー効果

図 1　メートル原器（レプリカ）.
メートル原器は線度器であり，中央上面の両端付近に引かれた線の間隔が 1 m である．

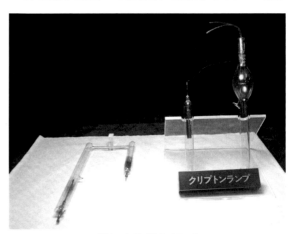

図 2　クリプトンランプ
1960 年から 1983 年までの 23 年間、国家標準として用いられた.

による周波数シフトが避けられない．結果として，元素ランプからの光は，本来の放射光と比較して大きな周波数広がりを持つ．一方，レーザを用いた飽和吸収分光法は静止している原子・分子のみを選択して分光する方法であり，ドップラー効果の影響を受けない鋭いスペクトルが得られる．このスペクトルにレーザ波長を安定化することにより，クリプトンの放射光と比較して大幅に小さい波長不確かさが達成された．

1983 年に再びメートルの定義が改定された．しかしながらメートルの新定義は，「メートルは，光が真空中を 1 秒の 1/299 752 458 の間に進む行程の長さ」というものであり，光の波長および波長安定化レーザについてまったく触れていない．

2. 定義に基づくメートルの実現 [2)

光がある行程を進むのに要する時間を計り，その時間から長さを求めるという方法は，長距離の測定には好適である．この方法を応用した身近な例として，カーナビゲーションなどに利用されている GPS が挙げられる．GPS 衛星には精度の高い原子時計が搭載されていて，衛星からの信号電波（光と同じ電磁波）を受信することにより衛星からの伝搬時間，すなわち距離を求めることができる．4 個以上の衛星からの距離を測定することにより地上での自分の位置を決定することができる．

一方，工業的に重要な長さ計測，特にナノテク分野における計測は文字通りナノメートル（nm，1 ミリの百万分の 1）の分解能が求められる．光が 1 nm を進むのに要する時間は 3.3×10^{-18} 秒であるが，現在の技術で達成できる時間測定の分解能とは 4 桁の開きがある．この分野に適した長さ測定はやはり干渉計測であり，基準としては光の波長が必要である．

干渉計測に用いられる元素ランプの光は特定の波長に偏っているが，信号の性質としては雑音に相当する．したがって，周波数を測定することはできない．一方，レーザは光領域の発振器であり，レーザ光は整った正弦波の信号である．すなわち周波数は原理的に測定可能である．レーザの周波数が ν（Hz）であるとするとその真空波長 λ（m）は以下の式で求められる．

$$\lambda = c/\nu$$

c は定義による光速度（299 792 458 m/s）である．

光は周波数の高い電磁波であり，その周波数はおよそ 400 THz から 700 THz である．T「テラ」は 10^{12} を表す．通常の電子計測で周波数が測定できる領域はおおむね 300 GHz までであり，光周波数との間には 1 000 倍以上の開きがある．光周波数測定には通常の電子計測以外の方法が必要である．現在，光周波数の測定は，モードロックレーザとフォトニッククリスタルファイバを用いて極超短パルス光を発生させ，このパルス光の特定の周波数成分と被測定レーザ光を干渉させることにより行われている．光周波数コムと呼ばれるこの測定法が確立したのは，ごく最近のこ

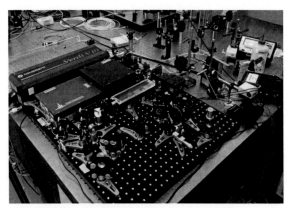

図3 モードロックレーザとフォトニッククリスタルファイバーを組み合わせた光周波数計測システム．

とである [3)．図3 は光周波数測定システムである．

メートルの定義に基づき波長を決定するためには，光周波数測定に加え，秒をその定義に基づいて実現することが必要である．秒は，「セシウム原子（^{133}Cs）の基底状態における，2 つの超微細構造準位間の遷移に対応した放射の 9 192 631 770 周期に相当する時間」と定義されている．この定義に基づき秒を実現するセシウム原子時計は，あらゆる標準器の中で最も小さな不確かさ（$\sim 10^{-15}$）を有する．時間標準を基準として，光速度を介したメートルの定義は，長距離測定に適した光の伝搬時間の測定，干渉計測に適した光周波数測定による波長の決定の両方に対応し，不確かさの限界は時間標準で決定されるという，実は合理的な定義なのである．秒の定義が将来改定される可能性は，極めて小さいにせよ否定できないが，メートルの定義は今後改定されることのない最終的なものと考えられる．

3. 波長標準の現実

セシウム原子時計と光周波数計測システムを用いることにより，原理的にはセシウム原子時計と同等の不確かさ（$\sim 10^{-15}$）を持つ波長標準を実現することができる．メートルの定義に基づき，不確かさも極めて小さいこの方法の問題点は，初期投資，維持費のいずれもが非常に高額なことである．

いかなる精密加工においても，原子の大きさ以下の精度が必要になることはない．半導体製造を例にとると，シリコン原子の直径がおよそ 0.2 nm であるのに対して，半導体用のウエハの直径は 0.3 m，その比はおよそ 10^{-9} となる．将来，プロセスがどのように微細化されても，また，より大きなウエハが用いられる可能性を考慮しても，10^{-10} を超える不確かさが波長標準に求められることは考えられない．光周波数計測システムは，将来必要とされる不確かさに対して完全にオーバースペックである．現実的な標準としては必要にして十分な不確かさが確保できれば，導入・維持に要する費用がより低廉であることが望まれる．

現在，日本国における計量法上の長さ標準は，ヨウ素安定化ヘリウムネオンレーザ装置（波長 633 nm）であり，メ

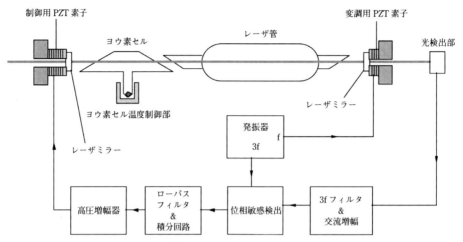

ヨウ素セル　　　　　　レーザ管　　　　　　　　　　　　　　　　　　光検出部

ヨウ素セル温度制御部

レーザミラー

レーザミラー

発振器
3f　　　f

高圧増幅器　←　ローパス
フィルタ
&
積分回路　←　位相敏感検出　←　3f フィルタ
&
交流増幅

図4　ヨウ素安定化ヘリウムネオンレーザの基本構造

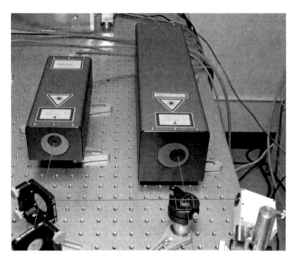

図5　光ビート周波数測定．ヨウ素安定化ヘリウムネオンレーザ(右側)と実用波長安定化レーザ(左側)のレーザ光を重ね合わせ，光検出器で光ビートを検出する．

ートルの定義そのものではない．ヨウ素安定化ヘリウムネオンレーザは，最も早い時期に研究開発された飽和吸収分光法を応用した分子吸収線波長安定化レーザである．**図4**は，ヨウ素安定化ヘリウムネオンレーザの基本的な構造である．

普通のヘリウムネオンレーザが，ヘリウムネオンのレーザチューブと共振器を構成する2枚のレーザ鏡を持つのに対して，ヨウ素安定化ヘリウムネオンレーザでは高純度のヨウ素を封入したヨウ素セルが加わる．レーザの発振周波数がヨウ素分子の共鳴周波数 ν より δ だけ高い場合，光の進む方向への速度成分 $V = c\cdot\delta/\nu$ を持つ分子に対しては，ドップラー効果により見かけの光周波数が共鳴周波数に一致するので吸収が起こる．レーザ共振機内には反対向きに進む2つの光が存在するので，±Vの光軸速度成分を持つヨウ素分子が吸収に寄与することになる．レーザ発振周波数とヨウ素分子の共鳴周波数の差 δ をさらに小さくして

両者が一致した場合，±Vの速度成分のヨウ素分子は速度0で重なる．速度成分が重なった結果，吸収に寄与するヨウ素分子の数は減少するので，吸収も減少する．レーザ周波数がヨウ素分子の共鳴周波数と一致したときに吸収が減少することを利用するこの分光法は，飽和吸収分光法と呼ばれる．ドップラー効果の影響のない速度0の分子を選択して分光することになるので，非常に高い分解能が実現できる．吸収の減少は，ヨウ素安定化ヘリウムネオンレーザの場合，レーザ出力の増加をもたらす．この出力増加の中心に波長を安定化することにより，高い安定度と優れた再現性が実現できる．

ヨウ素安定化ヘリウムネオンレーザの仕様，波長の値，不確かさは，各国の研究・波長の測定結果を基に，国際度量衡総会において，副次的なメートルの実現方法の1つとして勧告されている[2]．勧告されたヨウ素安定化ヘリウムネオンレーザの波長の不確かさは，2×10^{-11} であり，工業的な需要を将来にわたって満たすものである．副次的なメートルの実現方法としては，これ以外にも多くの分子・原子吸収線・波長安定化レーザが勧告されているが[2]，現在，国家標準として世界各国に用いられているのは，最も安価なヨウ素安定化ヘリウムネオンレーザである．

ヨウ素安定化ヘリウムネオンレーザが実質的な標準であるもう1つの理由は，校正器物が存在することである．標準としての地位は，その標準により校正される対象，すなわち校正器物の存在によって，はじめて確立される．現在，製品として存在する長さ測定用の波長安定化レーザはすべてヘリウムネオンレーザ(波長 633 nm)である．ヘリウムネオンレーザの発振幅は1 GHz 程度なので，任意のレーザの周波数差は1 GHz 以下となる．このように周波数差が電子的に測定可能な周波数である場合，光ビート周波数測定法を用いて容易に周波数差を測定することができる．**図5**は光ビート周波数測定を行うためのセットアップである．ヨウ素安定化ヘリウムネオンレーザ(標準器)からの光と実用波長安定化レーザ(校正器物)からの光を，簡単な光

図6 ユーザが組立・調整・メンテナンスを行うことを前提としたヨウ素安定化ヘリウムネオンレーザ.

学系を用いて，平行に重ね合わせる．重ね合わせた光を，1 GHz 程度の周波数帯域を持つフォトディテクターに入射すると，2台のレーザ周波数差の絶対値に相当する光ビート信号が検出される．このビート信号周波数は普通の周波数カウンタで測定することができる．実用波長安定化レーザの周波数（波長）は基準となるヨウ素安定化ヘリウムネオンレーザの周波数に，測定されたビート周波数を加える（あるいは引く）ことにより求められる．

4. 長さ標準の課題

不確かさに関してはまったく問題のないヨウ素安定化ヘリウムネオンレーザの直面する課題は継続性である．長さに限らず標準の必要性・重要性は論をまたないが，最上位標準器の量的需要が極めて限られたものであることも事実である．製品として考えたとき，その必要性・重要性に関わらず量的需要が限られるということは，継続性という観点からは大きな問題である．内外のいくつかの企業がヨウ素安定化ヘリウムネオンレーザを製品化してきたが，品質の維持・メンテナンスでは困難に直面している．

この課題の解決を目的として開発した最新のヨウ素安定化ヘリウムネオンレーザが，**図6** の Open Laser である[4]．このレーザは，一般の工業製品とは異なり，ユーザが組立・調整・メンテナンスを行うことを前提としている．すなわち，これらの作業が行いやすい構造を採用してあるが，重要なことはユーザが技術を保有するという点にある．最上位の標準は，技術的な要求は高く，しかし量的な需要は限られるので商業ベースにのせることは難しい．結果としてその維持，さらには製作までもがユーザに委ねられるのである．

参 考 文 献

1) 国際度量衡局のホームページ（http://www1.bipm.org）内のメートルの歴史に関する資料, http://www1.bipm.org/en/si/history-si/evolution_metre.html

2) T.J.Quinn: Practical realization of the definition of the metre, including recommended radiations of other optical frequency standards (2001), Metrologia **40** (2003) 103.（http://ej.iop.org/links/q32/86qT,Bw1HBGMJdZU0DF3Fg/me3216.pdf）.

3) S.T.Cundiff,Jun Ye, and J.L.Hall: Optical frequency synthesis based on mode-locked lasers, Rev.Sci.Instrum. **72** (2001) 3749.

4) 石川純: OPEN LASER・標準器開発の一つの試み, AIST TODAY 2004. 2 (2004) 38.（http://www.aist.go.jp/aist_j/aistinfo/aist_today/vol04_02/vol04_02_p38_41.pdf）

曲線曲面の入門

Introduction to Mathematical Representation of Curves and Surfaces / Masatake HIGASHI

豊田工業大学 **東 正毅**

1. は じ め に

　曲線曲面，特に自由曲線・曲面について，計算機での取り扱いについて解説する．自由曲線・曲面とは，楕円，双曲線などの円すい曲線や，球，楕円面などの2次曲面のように対応する数式が存在するものとは違い，自動車や家電製品の外形状のように，デザイナによる意匠曲面を表すものであり，定まった数式が存在しないものをいう．これらの製品は，プレス型や樹脂型などの金型により生産される．以前は，金型の加工は，樹脂や木型のモデルから倣い加工で製作されていた．これを，短期間で高精度に加工するため，NC（Numerical Control）加工が導入され，このためには，対象形状を数式できちんと表す必要があった．最近では，意匠設計段階でのCADシステムが実現され，企画から意匠設計，ボディ構造設計，プレス型設計，NC加工，ロボットによる溶接・組立まで，計算機の中の形状モデルをもとに一貫して設計生産活動が行われている．このためには，デザイナが意図した通りの形状を，いかに計算機が分かるように，すなわち，数学的に表現するかが重要となる．曲線，曲面に関する教科書は幾つかある[1～3]が，本稿では，初めて学ぶ人が曲線，曲面の表現法を直観的に理解できるよう，基本的な概念を中心に述べる．

2. パラメトリック表現式

　図1に示す楕円を数式で表すことを考えよう．高校までの数学では，この表現式は，

$$x^2 + 3y^2 + 2y - 1 = 0 \tag{1}$$

の形である．これは，変数 x, y に対する陰関数となっており，楕円の図形を描くには，x の値を与え，これに対する y の値を方程式を解いて求める必要がある．そこで，媒介変数 t を用いて座標値 (x, y) を $r(t) = (x, y)$ と直接表すことを考える．これをパラメトリック表現と呼ぶ．パラメータとして角度を考え三角関数を用いて表現することが考えられるが，適用曲線が限定されるので，一般的な表現式を示す．

$$r(t) = \frac{(1-t)^2 P_0 \pm (1-t)t P_1 + t^2 P_2}{(1-t)^2 \pm (1-t)t + t^2} \tag{2}$$

ここでの"±"は，"+"が x 軸より上側の図形であり，"−"が x 軸より下側の図形を示す．この表現式は，有理Bézier曲線と呼ばれるもので，後で述べる制御点に対する

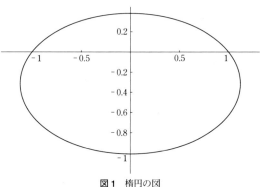

図1 楕円の図

重み関数を用いることで円すい曲線を表すことができる．この場合の制御点は，$P_0 = (-1, 0)$, $P_1 = (0, 1)$, $P_2 = (1, 0)$ である．前述の上下2つの曲線は，P_1 に対する重み $\omega = \pm 0.5$ の正負に対応している．このようなパラメトリック曲線式を用いると，図形の描画において方程式を解く必要がない，座標軸に対して多価となる形状も補間できる，表現力があり複雑形状を表せるなど多数の利点がある．

　パラメトリック曲線や曲面で対象形状を表すには，測定点やデザイナの示す指示点を通るように数式を定める必要がある．この作業を，点列補間（interpolation）と呼び，与えられた点を必ず通る「フィッティング（当てはめ）」と，その近傍を通る「近似（平滑化）」とに分かれる．いずれの場合にも，通過する点で座標値に対するパラメータが幾つになるかを入力する必要があり，適切な入力値を与えないと望ましい曲線が得られない．通常，点列を結ぶ弦の長さに比例した値をパラメータとして定める手法が使われている．

　与えられた点列を補間する式は幾つかあるが，最も簡単なものは点数に対応した高次の多項式を用いるLagrangeの式であり，以下となる．

$$r(t) = \sum_{i=0}^{n} L_i^n(t) P_i$$

$$L_i^n(t) = \frac{\prod_{j=0, j \neq i}^{n} (t - t_j)}{\prod_{j=0, j \neq i}^{n} (t_i - t_j)} \tag{3}$$

P_i は入力点であり，t_i はそれに対応するパラメータ値である．下段の i 番目の点に対する重み関数では，分子は，パラメータが $t = t_j$ となるときには関数値が0となるような項 $(t - t_j)$ を掛け算して n 次の関数となっており，t_i 以外の入

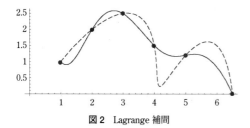

図 2　Lagrange 補間

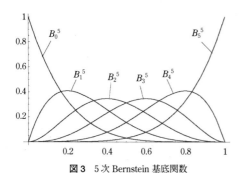

図 3　5 次 Bernstein 基底関数

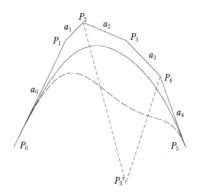

図 4　5 次 Bézier 曲線とその変形

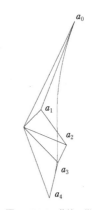

図 5　Bézier 曲線の微分

力点においては P_i の影響が出ないようになっている．分母は，$t = t_i$ となったときに関数値が 1 となるようにこのときの分子の式となっている．6 点の入力に対して，これを通るようにフィッティングした例が，**図 2** である．実線と破線は，2 種類の点列のパラメータ値（ノットベクトルと呼ぶ）に対する当てはめ結果を示す．それぞれのノットベクトルは，$|0, 1, 2, 3, 4, 5|$ および $|0, 0.5, 1, 2, 4, 5|$ である．このように，与えられた点列を通るように曲線を定めるには，パラメータ値をいくつにするかを決めねばならず，この図のような入力点，パラメータ値で当てはめると，曲線に大きなうねりや振動が発生する．

滑らかな曲線や曲面を生成するための技術は，大きく 2 つに分かれる．1 つは，Lagrange と同様，高次の多項式を使うが，制御点を用いることにより変動を押さえる Bézier 式であり，ほかの 1 つは，点列で表された個々の区間（セグメントと呼ぶ）を，低次の式で表し，これを滑らかに接続することにより，全体を表すスプライン式である．以下の節でこれらについて説明する．

3.　Bézier 曲線・曲面

3.1　Bézier 曲線

Bézier はフランスの自動車会社において，車の外形形状を表現する式を提案した．これは，複雑な意匠形状を高次の曲面で表現するものであり，現在でもヨーロッパの自動車会社を中心に使用されている．彼の提案した式は複雑であったので，実際には英国の Forrest の提案した式

$$r(t) = \sum_{i=0}^{n} B_i^n(t) P_i, \quad (0 \leq t \leq 1)$$

$$B_i^n(t) = {}_nC_i(1-t)^{n-i}t^i \tag{4}$$

が利用されている．制御点 P_i に対して，n 次の Bernstein

基底関数を重みとして掛け合わせて，曲線を補間する．5 次の場合には基底関数 $B_i^5(t)$ は**図 3** に示すようになり，6 個の関数はすべて正であり足しあわせると 1 となるので，曲線の補間点は制御点から生成される凸包の内部に存在し（凸内包性），制御辺の凹凸より曲線の凹凸の数が少なく（変動減少性），座標変換に対して式が不変であるなどの良い性質がある．したがって，Bézier 曲線は，制御多角形の形に対応した滑らかな形状となる．**図 4** に，5 次の Bézier 曲線の例を示す．制御点は 6 点（次数より 1 つ多い）であり，このうち P_3 の位置を P_3' に変えると，これに対応して破線で示すように曲線形状が変形される．さらに，この曲線の微分ベクトルは，次数が 1 下がった Bézier 曲線であり，制御多角形の辺ベクトルを用いて表現できる．微分式は，穂坂 [3] によるシフトオペレータ E を用いた Bézier 曲線の表現式より導くと分かりやすい．

$$r(t) = (1 - t + \mathrm{E}t)^n P_0$$

$$\mathrm{E}P_i = P_{i+1} \tag{5}$$

この式を，2 項展開すると式(4)となる．式(5)をシフトオペレータを定数として微分すると，

$$\frac{d}{dt}r(t) = n(1 - t + \mathrm{E}t)^{n-1}(\mathrm{E} - 1)P_0$$

$$= (1 - t + \mathrm{E}t)^{n-1}a_0 \tag{6}$$

となり，制御辺 a_i を新しい制御点とする $(n-1)$ 次の Bézier 曲線となる（**図 5** 参照）．したがって，両端点の接線

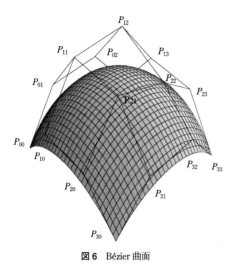

図6 Bézier 曲面

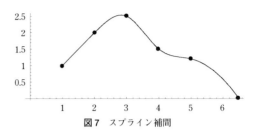

図7 スプライン補間
図7 スプライン補間

ベクトルは，両端の制御辺 a_0，a_{n-1} の n 倍であり，制御辺から簡単に定まる．同様に，微分を繰り返すと，新しい制御点は前の制御点に対し差分を繰り返し施したものとして計算される．

3.2 Bézier 曲面

Bézier 曲面は，Bézier 曲線におけるパラメータ t を，u，v の2次元に拡張したものとなる．すなわち制御点は，2次元に分布して添え字が P_{ij} のように2つとなり，制御点の数は，u 方向に n 次，v 方向に m 次の曲面では $(n+1) \times (m+1)$ 個となり，各制御点に対する重み関数も u 方向と v 方向を掛け合わせたものとなる．

$$s(u, v) = \sum_{i=0}^{n} \sum_{j=0}^{m} B_i^n(u) B_j^m(v) P_{ij} \tag{7}$$

この式により，パラメータ (u, v) の値に対応して，3次元空間の曲面上の点 $s(u, v)$ が決定される．

図6に，3次 Bézier 曲面の制御点とこれをつないだ制御多面体，および補間された曲面を示す．曲面では片方のパラメータを定めると，もう1つのパラメータを変数として曲線が曲面上に求められる．これをパラメータ線と呼ぶ．図6において，曲面上の網目状の曲線が両方向のパラメータ線である．ここで，$u=0$ や $u=1$ の場合には，境界線となり，4辺の境界線に対応する制御点はそのまま曲面の制御点となる．図6の3次曲面では全部で16点の制御点のうち，周囲の12点が境界線を表し，残りの4点が曲面情報を持っている．

曲面の微分は，片方のパラメータを一定とする偏微分により求めることで計算し，1階微分はパラメータ線の微分ベクトルとなる．曲面上の点での法線は，それぞれのパラメータの1階微分 $s_u(u, v)$，$s_v(u, v)$ の外積で計算し，曲率は2階微分を用いて法線を含む断面線の値から計算する．隣り合う曲面が滑らかに接続するには，法線ベクトルや曲率値が境界線に沿って両曲面間で連続となる必要がある．

Bézier 曲面により滑らかな曲面を生成するには，制御点を入力しグラフィック画面上で対話的に位置を制御して，

滑らかな制御多面体とすればよいが，入力点を通過するように制御多面体を決定するには別な方程式で定めなければならない．もし，点列に対応した次数の曲面式を決定する場合には，Lagrange 補間と同じ結果となり，Lagrange の式から Bézier 曲線，曲面への変換は簡単に実施できる．

4. スプライン曲線，曲面

4.1 スプライン補間

スプライン補間は，Bézier 式のように与えられた点列を入力点数に対応した高次の曲線として補間するのではなく，個々の区間を個別の曲線（セグメント）として低次の関数で補間を行い，これらの間を滑らかに接続することで表現するものである．通常使用されるのは3次式であり，cubic spline と呼ばれる．これは，自動車などの曲線を描画するときに使用されたスプライン定規をシミュレートしたものであり，弾性エネルギーが最小となるように点列を補間するものである．スプライン式は，個々のセグメント曲線の次数を n とすると，隣り合う曲線同士を $(n-1)$ 次以下の微分が連続となるように接続することに対応する．

n 個の入力点と対応するパラメータ値が与えられたとすると，$(n-1)$ 個の3次曲線を定めねばならない．未知数を入力点での接線ベクトルとすると n 個となり，セグメントの接続点で2階微分ベクトルが連続となることより，$(n-2)$ 個の方程式が成立し，2つの境界条件を与えると，連立方程式を解くことにより解が求まる．境界条件としては，両端での接線ベクトルを与えたり，2階微分ベクトルを0とすることがよく行われる．

図7に，図2の Lagrange 補間と同じ入力点に対するスプライン補間の結果を示す．入力データに対してユーザが予期したとおりの曲線が描かれており，Lagrange 補間と比べて好ましい結果が得られる．ただし，入力データの位置が適切でないと，曲線にこの図に示すような凹凸が発生する．入力データを滑らかにするために，個々の点を繰り返し移動するのは，大変面倒な作業となる．従来の手作業の線図描画では，スプライン定規を使ってこの作業が行われていた．そこで，穂坂[4]により，弾性梁に入力点からばねが接続されたモデルを考え弾性エネルギーとばねエネルギーの和を最小化することにより，曲線を近似する表現式が提案された．

$$V = \frac{1}{2} \sum_i k_i |(r(t_i) - P_i)|^2 + \frac{1}{2} EI \int \ddot{r}(t)^2 dt \tag{8}$$

$$\rightarrow \text{Min}$$

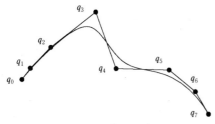

図8 B-スプライン補間

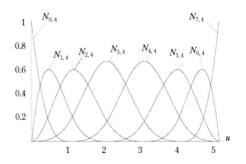

図9 B-Spline 基底関数

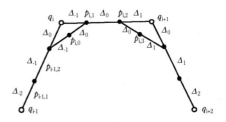

図10 B-スプライン制御点と Bézier 制御

ここで，k_i は入力点に対するばね定数であり，EI は梁の曲げ剛性を表す．

4.2 B-スプライン曲線，曲面

スプライン曲線に対して，Bézier 曲線と同様に制御点を用いて表したものが，B-スプライン曲線である．図8に図7の入力点に対する B-スプライン曲線の制御点と制御多角形を示す．重み関数は，B-Spline 基底関数となる．$(m-1)$ 次の基底関数 N_i^m はノットベクトルが等間隔でない場合には，式(9)に示すように再帰的に求めなければならない．B-Spline 基底関数は，Bernstein 基底関数と同様，すべて正で足し合わせると1となるので，生成される曲線は，制御点による制御性，凸内包性，変動減少性などのよい性質を持つ．

$$r(t) = \sum_{i=0}^{n} N_i^m(t) P_i$$

$$N_i^j(t) = (t - t_{i-1}) \frac{N_i^{j-1}(t)}{t_{i+j} - t_{i-1}} \\ + (t_{i+j} - t) \frac{N_i^{j-1}(t)}{t_{i+j} - t_i} \quad (9)$$

$$N_i^0(t) = \begin{cases} 1, & \text{if } t_i \leq t \leq t_{i+1} \\ 0, & \text{otherwise} \end{cases}$$

図8での制御点の数は，入力点数に2加えたものとなっている．端点（q_0，q_7）では，制御点は入力点に一致し，さらに，その隣の制御点（q_1，q_6）は，そのセグメントの Bézier 曲線の制御点と同じものとなる．上記以外の中間の制御点は，入力点に対応して曲線外に定められ，Bézier 曲線と同様に概略の曲線形状を表す制御多角形を構成する．端から3点までの制御点の重み関数を式(9)から求めるためには，ノットベクトルの両端のパラメータ値を，4個並べて多重ノットにすると計算できる．図9に8点の制御点での等間隔のパラメータに対する B-スプライン基底関数を示す．各制御点に対する影響範囲が，端点，端点から2点目，3点目，一般点に対し，それぞれで，1，2，3，4セグメントと変化している．このことは，前述の制御点の意味付けと対応している．

制御点の位置を滑らかに定めて曲線形状を決定すると，制御多角形に対応した滑らかな曲線となる．制御点の移動による曲線の変形範囲は，重み関数の影響範囲と対応し，Bézier 曲線と異なり局所的となる．入力点を通るような曲線を生成したい場合には，方程式を解かねばならない．この結果は，スプライン補間と同じものとなり，B-スプライン曲線はスプライン曲線を制御点を用いて表していることになる．スプライン曲線の個々のセグメントは，3次のパラメトリック曲線なので，Bézier 曲線で表現でき，Bézier の制御点から B-スプラインの制御点を幾何的に求めることができる．隣り合った Bézier 曲線は，2階微分連続で接続されているので，図10に示すように中央の制御辺を延長して交点を求めると，これが B-スプラインの制御点（q_i）となる．また，各辺の間の比はパラメータの大きさ（$\Delta_i = t_{i+1} - t_i$）の比となっている．したがって，B-スプライン制御辺を，3つのパラメータの大きさの比（$\Delta_{i-1} : \Delta_i : \Delta_{i+1}$）で順に i をずらしながら分割していくと，Bézier 制御点を得ることができる．

B-スプライン曲面を点列から求めるには，u 方向，v 方向の2方向について，スプライン補間を行う．例えば，u 方向の点列に対して曲線（パラメータ線群）を当てはめ，その結果の B-スプライン制御点について v 方向に当てはめを行えば，曲面の制御点が計算できる．

5. 曲 面 演 算

曲線，曲面を意匠設計システムの中で利用していくには，計算機の中に表現された曲面の数式が，どのように蓄えられているかがチェック（評価）でき，演算により新たな曲線や曲面を生成し，さらに，NC加工や組み立てのための出力の計算を行うことができなければならない．曲面の出力としては，図6に示すようなパラメータ線の描画や陰影図を表示し，グラフィック画面上で自由に回転して見ることにより概略形状を理解できる．意匠設計などで形状を厳密

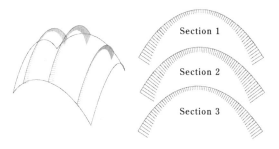

図11 断面線の曲率プロファイル

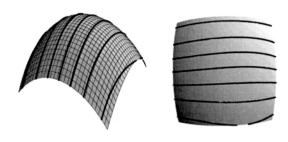

図12 シルエットパターン

に評価したい場合には，これだけでは不十分で断面線をとることや，自動車の設計で用いられているようなクレイモデル上の蛍光灯の反射映像線を表示して形状評価を行う．**図11**に図6の曲面に対する断面線とその曲率プロファイルを示し，**図12**に映像線（シルエット線）を示す．曲率プロファイルは曲線に沿って曲率半径(1/10)を表し，シルエット線は平行光線に対する輪郭線の変化を示し，蛍光灯のモデル上の映像を模擬したものである．図6や断面線形状のみでは分からない微妙な形状のひずみが，曲率プロファイルやシルエットパターンでは検出できる．

　曲面に関する計算は，多面体に関する計算のように線形ではなく高次の計算となるので，線形連立方程式から直接解を得ることができず，接平面などで局所的に平面に近似して解を求め，これを繰り返す収束計算による．例えば，3曲面の交点計算では，それぞれの曲面上の3点を初期値として，3つの接平面の交点を求め，そのパラメータ値より曲面上の点を求める．これを新たな初期値として交点計算を3点がトレランス以内で一致するまで繰り返す．また，曲面の映像線や曲率などは，2階微分や3階微分を計算することにより得ることができる．

6. ま と め

　本稿では，曲線，曲面の計算機内での処理法，特にその表現法について，その概念をつかむことを第一として解説した．そのため，厳密性にかける部分があることをご容赦願いたい．また，紙面の関係で基本的な表現式しか触れていない．この他に，境界線や曲線網から形状を表現するCoons式やGordon式など多様な表現式がある．また，ここで触れなかったNURBS(Non-Uniform Rational B-Spline)曲面は，B-スプライン曲面の制御点に重みをつけて有理式とし，パラメータのノット間隔を一様でなく任意とした表現式であり，多くの市販曲面システムが，その汎用性から標準的に装備している．しかし，重みをどう設定するかなど使いこなすのは難しい．

　高品質な意匠形状を設計するためには，基本的な表現式のみではデザイナの満足する曲面は得ることが難しく，曲率中心を表す縮閉線に基づいて滑らかな曲面を表現するような研究も行われている．一方，コンピュータグラフィックスの分野で，人物などの表現に多面体を繰り返し分割していく細分割曲面表現法が利用されており，この技術を意匠設計へ応用することが研究されている．これらの詳細については専門書を参照願いたい．

　本稿により，読者が曲線，曲面についての興味を抱き勉強するきっかけとなれば幸いである．

参 考 文 献

1) G. Farin: Curves and Surfaces for CAGD A Practical Guide, 4th ed., Academic Press, San Diego, CA (1996).
2) J. Hosschek and D. Lasser: Fundamentals of Computer Aided Geometric Design, A K Peters,Wellesley, MA (1993).
3) 穂坂 衛著，東 正毅他訳: CAD/CAM における曲線曲面のモデリング，東京電機大学出版局 (1996).
4) 穂坂 衛: 曲線，曲面の合成および平滑化理論，情報処理，**10**, 3 (1969) 121.

放電加工の基礎と将来展望 −I 基礎−

Fundamentals and Future in Electrical Discharge Machining - I Fundamentals - / Masanori KUNIEDA

東京農工大学　**国枝正典**

1. は じ め に

放電加工（Electrical Discharge Machining : EDM）は 1943 年に B.R. Lazarenko と N.I. Lazarenko の両氏[1] によって発明されたとされている．しかし，放電を最初に除去加工に利用したのは，1930 年代に米国 Elox 社の V.E. Matulaitis と H.V. Harding が開発した "Disintegrators" であったという[2]．その頃使用されはじめた超硬や高速度鋼などの高価な材料へのタップ立てが失敗したとき，折れたタップを工作物から取り除くために開発されたもので，振動する工具電極に直流電源を接続し，工作物との接触が途切れたときの大気中での断続放電を利用した装置であった．また，同時期に AEG 社は一対の電極間の高周波放電による熱の発生を間接的に用いてダイヤモンドを加工する装置を開発している[2]．一方，前述の両 Lazarenko 氏は**図1**に示すコンデンサ放電回路を用いて放電をパルス化し，放電のエネルギーやパルス幅を制御した．そして，現在に近い形態で精密加工を実現し，放電加工の基礎を確立した．

現在では金型加工やマイクロ加工を中心に広く用いられている放電加工であるが，その加工現象については，実は未解明な部分がかなり多い．定常アーク放電ですら物理学者を悩ます複雑な現象である．ましてや，放電の発生から消滅まで非常に短時間の過渡現象であること，非常に狭い極間での放電であること，液中の放電であること，電極材料の除去を伴うこと，などの理由で放電加工現象の観察や解析は極めて困難である．

それでも近年はコンピュータや計測・分析技術の発展に支えられ，これまで常識だと見なされていた加工現象に対する理解が改まっている．それと同時に，まったく新しいアイデアが出され，従来は不可能とされてきたことが可能

になったり，除去加工以外に新たな応用が見つかりつつある．そこで今号では，最新の研究成果を基に放電加工現象の解説を試みる．そして，次号において新しい現象の理解から生まれた革新的な技術を紹介する．

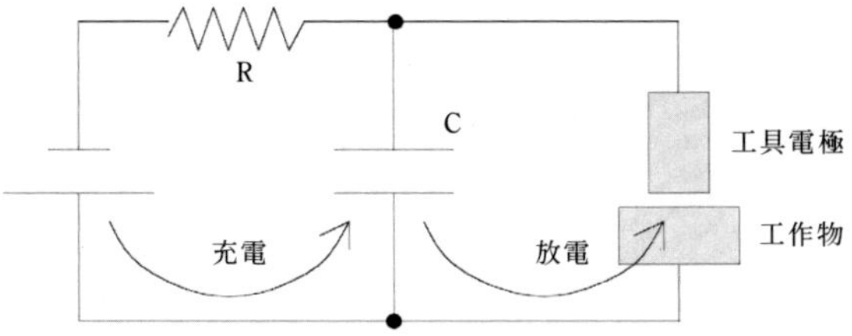

2. 加 工 原 理

2.1 加工法の概要

図2は放電加工の概念図である．油などの絶縁体の加工液中で数十 μm の極間距離を隔てて工具電極と工作物の間にパルス状にアーク放電を生じさせる．毎秒数千回～数万回の放電が生じるので，加工面全体で同時に放電しているように見えるが，実は1つのパルスで絶縁破壊が生じる場所はただ1か所であり，そこに放電電流が集中してアーク柱を形成する．アーク柱近傍の極間の模式図を**図3**に示す．アーク中心部で 6 000 ～ 7 000K に達する高温下[3] において工作物は短時間で溶融・蒸発し微小な放電痕が形成される．そして，加工層は加工液に接して再凝固し，微小な球となって加工液とともに極間から排出される．

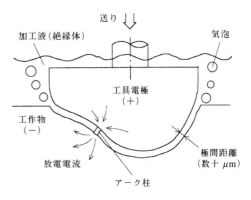

図2 放電点は1か所だけである

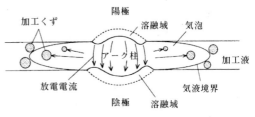

図3 単発放電現象

図1 コンデンサ放電回路
（充電と放電を交互に繰り返して放電がパルス化される）

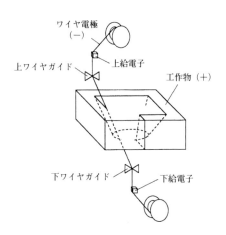

図4 ワイヤ放電加工

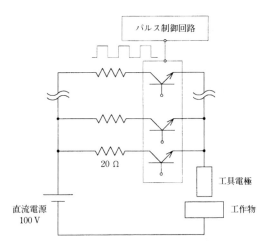

図5 トランジスタ放電回路

次のパルスは前のパルスの放電点の温度が十分低下し、絶縁が回復した後に印加される。前の放電点では放電痕の深さの分だけ極間距離が拡がっている。また、放電発生の引き金の役割を持っていると考えられる加工屑も放電点からは飛散してしまっている。従って、次のパルスで再び同じ位置に放電が生じる確率は小さく、他の極間距離が狭いか、あるいは加工屑濃度が高いところに放電点は移動する。こうしてパルス放電の繰り返しにより放電点が電極面上に一様に分散し、工具電極形状が工作物に転写される。

放電をパルス化し放電点を分散させることは加工の安定性にとって本質的に重要なことである。仮にパルス化せず連続的に電流を流した場合、最初に放電が生じた点での温度がいつまでも下がらないため絶縁が回復せず、放電点がほかの箇所に移動できない。従って、工具電極形状が転写できないばかりか、一箇所に集中して大きな熱的ダメージを残すだけの結果となる。

2.2 形彫り放電加工とワイヤ放電加工

放電加工には形彫り放電加工とワイヤ放電加工がある。形彫り放電加工は図2に示したように、切削などで成形した銅あるいはグラファイトの総形電極の形状をそのまま工作物に転写するか、あるいは単純な形状の工具電極をNCにより3次元的に動かし、その包絡面により所望の形状を得る。

図4に示すワイヤ放電加工は直径0.02～0.3 mmの黄銅（細径の場合はタングステン）ワイヤを電極として、糸鋸盤のように複雑な形状を切り抜く加工である。上下のワイヤガイドの相対位置を制御することによってワイヤを傾け、テーパカットや上下異形状加工も行なえる。細いワイヤに一挙に大電流を流すので、電流の立ち上がりを急峻にするためと、ジュール発熱によるワイヤの断線を防ぐため、ワイヤへの給電は上下2か所の給電子を用いて行なわれる。また、ワイヤの振動は加工精度を劣化させるので、ワイヤには断線しない程度に張力がかけられる。

ワイヤ放電加工の加工液にはイオン交換樹脂を通して導電率を低く調整した水が用いられる。水道水のままでは導電性があり過ぎて、電解作用ばかりが生じて放電が生じにくい。形彫り放電加工においても本来火災の危険性を考えると水加工液が望ましいのだが、仕上面粗さが油性加工液ほど良くなく工具電極消耗が大きいなどの理由で油を使用している。

2.3 用途と特徴

機械加工に比べて、熱的加工である放電加工の最大の特長は、導電性を持つ材料ならば硬さによらず加工できることである。また、加工可能な形状に制限が少ないことも大きな特長である。例えば、小径で長い工具を用いなければ加工できない複雑形状、隅部や溝、深穴などは、工具の剛性に限界があり機械加工は困難であるが、放電加工にとっては問題は少ない。同様に工作物が薄物であったり、長軸物の場合も放電加工が有利となる。さらに、機械加工と違い工具を回転する必要がないので、コーナRの小さな角穴や異形状を容易に加工できる。しかも、一般に放電加工の加工精度は非常に高く、形彫りもワイヤも±2 μm程度の精度は高精度機なら容易に得られる。また、仕上面粗さもRz 0.5 μm程度まで可能である。

一方で、最大の欠点は加工速度が小さいことである。従って、用途としては付加価値の高い加工、特に金型の製作に広く使用される。金型の成形面は形状が非常に複雑であり、金型材料には難削材が多い。さらに、成形品以上の寸法精度が金型には要求されるからである。また、最近は機械加工では加工が困難な部品の直接加工にも広く使用され、特にマイクロ加工への応用が注目されている。

3. 加 工 装 置

3.1 放電回路

大電流を高速にスイッチングできるパワートランジスタの進歩により、現在は図1のコンデンサ放電回路の使用は一部の仕上げ条件とマイクロ加工に限られ、一般には図5に示すトランジスタ放電回路が使用されている。電流制限抵抗とトランジスタの組合せが直流電源と極間の間に並列に多数つながれている。パルス放電はトランジスタのオン

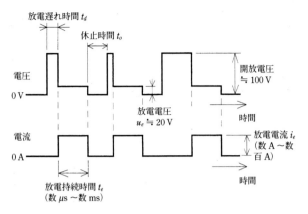

図6 極間電圧波形と電流波形

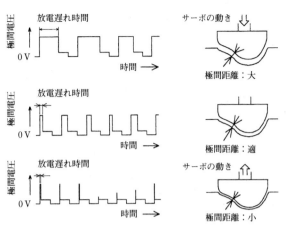

図7 サーボ送り制御の仕組み

オフによって制御され，放電電流は一度にオンするトランジスタの数で決まる．例えば，1つのトランジスタがオンになり，放電が生じたとする．そのとき極間の放電電圧 u_e は放電電流によらず約20Vとなる．よって，この場合は4Aの放電電流が得られることが分かる．この放電電圧が約20Vで一定である事実は，放電電流が大きいほどアーク柱の抵抗が減少すること（負性抵抗）を表し，アーク放電特有の現象である．電流が大きいほどアーク柱の電離度が高く，アーク柱直径が増大するからである．

図6は極間で測定される電圧波形と電流波形である．トランジスタがオンして極間に開放電圧（図5の場合は100V）が印加されるがすぐには放電は生じない．統計的にばらつく放電遅れ時間 t_d を経て絶縁破壊が生じる．極間距離が短く，加工屑濃度が高いほど絶縁耐力が低くなるので，放電遅れ時間は短くなる．従って，放電遅れ時間の平均値は極間の状態を反映している．絶縁破壊が生じるとトランジスタの数で設定された一定の電流値（放電電流 i_e）が流れる．トランジスタのオンオフを制御するパルス制御回路は，絶縁破壊の瞬間から放電持続時間 t_e と呼ばれる設定された時間だけトランジスタをオンにし，それが過ぎると強制的にオフにして放電を止める．この制御により放電毎に生じる放電痕の大きさは放電遅れ時間に関わらず一定に保たれる．そして，設定された休止時間 t_o 後に，再びトランジスタはオンになる．

1回の放電で極間に投入されるエネルギー q は次式で表される．

$$q = u_e \times i_e \times t_e \qquad (1)$$

従って，荒加工か仕上げ加工かを考えて放電電流や放電持続時間は作業者によって設定される．また2.1節で述べたように，休止時間中にプラズマが消滅し，絶縁が十分に回復する必要がある．従って，休止時間を十分長くとることが放電の安定性のためには必要である．しかし，短い方が加工速度にとっては有利なので，放電点の集中が生じない程度に作業者が調整する．あるいは最近の加工機であれば自動的に最適な値に制御してくれる．なお，i_e，t_e と加工特性（加工速度，表面粗さ，工具電極消耗）との関係は次号

で詳述する．

3.2 サーボ送り制御

切削と違って工具電極の送りは一定速度で行なわれるのではない．加工の進展と歩調を合わせて送りが行なわれ，放電頻度と極間距離が適切な値に保たれる．これをサーボ送り制御と称している．図7はサーボ送りの原理を示す．加工の進展に対して工具電極の送りが遅い場合，極間距離は拡がってしまう．極間距離が大きいと絶縁耐力が大きいので放電遅れ時間が長い電圧波形が続く．加工機の制御回路は極間電圧の平均値を作業者によって設定された基準サーボ電圧と常に比較している．極間距離が大きいと図から分かるように放電頻度が低下し，測定された平均電圧の方が基準サーボ電圧より大きくなるので，サーボ送り制御回路は工具電極の送りを速くする．逆に，工具電極の送りが速過ぎて極間距離が小さくなると，放電遅れ時間の非常に短い短絡気味の電圧波形が続き，極間平均電圧は基準サーボ電圧以下に低下する．この場合はサーボ送り制御回路が工具電極の後退を指令する．こうして加工屑の介在や放電痕の盛り上がりによる突発的な短絡状態からの回復も可能になるほか，放電面積が急激に変化する複雑な工具電極形状であっても安定して加工が行える．

4. 加工現象

4.1 放電位置の決定

放電は極間距離が一番狭い箇所で生じると説明される場合が多いが，それは必ずしも正しくはない．極間には加工屑がたくさん存在する．加工屑は導電体の球であり，その直径は荒加工と仕上げ加工の中間の加工条件で20〜30 μm である．これは極間距離の3分の1から2分の1である．しかも，加工屑は電界中で電気泳動し，極間を1秒間に数百回もの速さで往復運動し，電界に沿って数珠状に連なることが知られている[4]．従って，放電は加工屑を介して生じることが予想できる．

そこで，図8に示すように50mm角の平行平板電極の中央に直径5 μm の加工屑を置いて，どこに放電が生じる

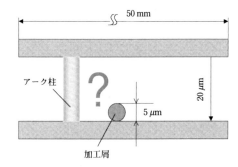

図8 いちばん短いギャップで放電が生じるとは限らない

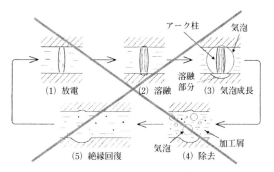

図9 アーク柱はもっと太く，気泡や加工屑も大きい

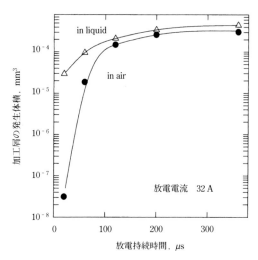

図10 加工液の除去作用への寄与は大きくない

かを調べてみた．ところが予想に反して，加工屑を置いた場所にはほとんど放電が生じないことが分かった[5]．この理由は，放電は確率的な現象であり，極間距離の広い場所であっても単位面積当たりの放電確率はゼロではないからである．加工屑がたった1個しかない場合は，電極面上で加工屑の占める面積は微小なので，単位面積当たりの放電確率と面積との積を計算すると，加工屑の置いてない場所で生じる確率の方が大きくなるのである．このように，放電位置は決定論的に決まるわけではないが，単位面積当たりで比較すれば，極間距離が狭く加工屑濃度の高いところに放電が生じる確率が高いことは間違いない．

4.2 単発放電現象

放電加工の解説書の中には図9のようにアーク柱が極間距離に比べて細く描かれ，加工屑はゴミのように小さく，小さな気泡が極間をぷかぷかと浮かんでいるスケッチをよく目にするが，これはあくまで概念図であり実際とはまったく違う．前出の図3に示すように，アーク柱はむしろ極間距離より太く，気泡直径は1回の放電で数mm，つまり極間距離の数十倍にまで拡がる．そして，加工屑の大きさは極間距離や表面あらさと同じオーダである．実際の加工では1秒間に数千回以上の頻度で放電が生じているのだから，極間のほとんどは気泡で満たされ，加工屑がゴロゴロとしている．そんな環境の中で放電が生じることを忘れてはならない．

放電点では電極材料や加工液が蒸発し，分子の解離や原子の電離が生じるので体積が急激に増加する．これがアーク柱を囲んで気泡を形成し，気泡は周りの加工液の慣性や

粘性に抗して膨張する．その際の気泡中の圧力は極めて高く，気液境界は速度25 m/sで膨張する[6]．このような高い圧力の発生や，流体の高速な運動が溶融部の除去を促進すると考えられ，除去作用の上から加工液の役割は大きいと考えられてきた．

また，溶融・蒸発した電極材料は加工液の冷却作用により電極表面に再付着することなく凝固し，球形の加工屑となって加工液とともに排出される．そして，加工液は電極表面に接し，熱伝達により電極表面を冷却して加工を安定にする．従って，加工液は加工屑の排出作用や極間の冷却作用についても重要な役割を果たしている．

そこで極間が加工液で満たされている場合と，大気中の場合とで単発放電により生じる加工屑の数と粒径分布を比較してみた[7]．その結果，図10に示すように放電持続時間が短いときは液中の方が発生する加工屑の体積が多く粒径も大きいが，長くなると体積も粒径分布も変わらないことが分かった．この理由は，1回の放電により生じる気泡体積は意外に大きく，上述のように放電点から気液境界はあっという間に遠ざかってしまい，加工液が除去作用に関与できるのは放電発生直後だけだからである．この単発放電実験は極間が加工液で満たされた状態で行ったから，実際の放電加工のように気泡がたくさん存在する極間では，むしろ大気中での結果に近いと考えられる．さらに，ここでの重要な発見は，大気中ではせっかく除去された加工屑が溶融状態のままほとんど電極面上に再付着してしまうことであった．つまり，加工液は除去作用そのものより，むしろ冷却や加工屑の排出に大きな役割を果たしていることが分かった．

4.3 放電位置の分散と加工安定性

一般に，加工が安定に進んでいるときは放電点が分散し，放電点位置の分布はランダムに見える．図11は加工深さの進展にともなう放電点分布の推移を測定した結果である[8]．横軸は放電順にサンプルした回数，縦軸は工具電極

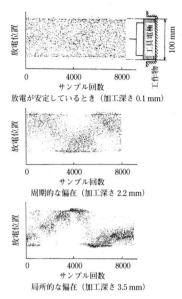

図11 加工深さの進展と放電点分布の推移の観察

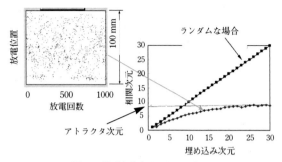

図12 放電点分布はカオスである

を正面から見たときの放電点の位置を示し，各点が1つの放電点を示す．工具電極への給電線を分割し，それぞれを工具電極の両端に接続する．そして，それぞれの給電線を流れる電流の比を測定することによって放電位置が測定できる．

加工深さが浅く加工が安定しているときは放電点はランダムに分布し，前後の放電点の間に相関はあまり見られない．しかし，加工深さが深くなると次第に放電点は偏在するようになる．そして，最終的には一か所に集中し加工の続行が不可能となり，工作物表面には熱的に大きな損傷が生じる．

偏在や集中現象の発生は極間の絶縁耐力が局所的に低下することに起因するが，その絶縁耐力の低下に至る原因は2つ考えられる．

1つは熱的な原因であり，休止時間中のプラズマの消沈が不完全なために生じる．放電終了後，プラズマ温度は2〜3μ秒で2000 K以下に下がり絶縁が回復することが明らかになっている[3) 9)]．しかし，何らかの原因で放電点が集中した場合，その近傍の電極表面温度が上昇しプラズマが消沈し難くなり，さらに集中を助長する悪循環に陥る．

もう1つは加工屑の影響である．加工屑は導電体であり，放電は加工屑を介して生じる．従って，極間の加工屑濃度が高い箇所は極間距離が広いところであっても絶縁耐力が低下し，そのような箇所に放電が偏在することによって加工屑が生産され，ますます加工屑濃度が増加するという悪循環が生じる．こうして放電が偏在し局所的に極間距離を増大させるので，加工精度の低下の原因ともなり好ましくない．

結局，図11に示すように加工深さとともに不安定となるのは，加工液の流入が困難となり極間が冷却され難くなることと，生成した加工屑が排出され難くなることが原因

である．従って，不安定になると自動的にパルスの休止時間を伸ばしたり，工具電極を周期的に引き上げてポンプ作用で加工屑を排出させるような適応制御が採用されている．また，可能であれば工具電極にあけた穴から加工液を噴流したり，加工間隙に周囲から加工液を噴流し，加工屑の排出を促進する工夫が行われている．

なお，加工が安定なときの放電点分布は一見ランダムであると書いた．しかし，実は放電点分布はカオスである[10)]．カオスは，比較的簡単な規則に支配された複雑，不規則な運動を指す．放電点も確率論的に決定されるものの，極間距離が狭く加工屑濃度が高い箇所で放電の発生確率が高いことから，完全にランダムな現象ではない．放電位置座標の時系列データから連続した m 個のデータを抽出して m 次元（埋め込み次元 m）のベクトルを作る．任意の2つのベクトルの組合せから相関積分を計算し，その値がベクトル間の距離の d_m 乗であればその指数が相関次元 d_m である．このとき m に対する d_m の収束値（アトラクタ次元）を求めると，図12に示すようにランダム現象とは明らかに異なり8次元程度の現象であることが分かった．一見ランダムに見える放電点分布が低次元のダイナミックスで記述でき，カオスであることを示している．そして，このアトラクタ次元は加工が不安定になるほど低下する．

（次号に続く…）

参 考 文 献

1) Lazarenko SU-Pat 70010/IPC B23p/Priority: 3.4.1943.
2) Prof. Bernd Schumacher からの個人的情報提供による.
3) 橋本浩明, 国枝正典: 分光分析による放電加工アークプラズマの温度変化の観察, 電気加工学会誌, **31**, 68, (1997) 33-40.
4) 石田尚志, 国枝正典: 放電加工の極間における加工くず粒子の柱状化現象の解明, 電気加工学会誌, **32**, 71, (1998) 37-46.
5) M. Kunieda and T. Nakashima: Factors Determining Discharge Location in EDM, IJEM, No.3, (1998) 53-58.
6) 池田光知: 単発放電により細隙に発生した気泡の挙動について第1報, 電気加工学会誌, **6**, 11, (1972)12-26.
7) 吉田政弘, 国枝正典: 単発放電における加工くずの飛散の観察, 電気加工学会誌, **30**, 64, (1997) 27-36.
8) 小島弘之, 国枝正典: 形彫り放電加工における放電点分布の観察, 精密工学会誌, **57**, 9, (1991) 1603-1608.
9) 早川伸哉, 小島弘之, 国枝正典, 西脇信彦: 放電加工における加工安定性とプラズマ消沈の関係, 精密工学会誌, **62**, 5, (1996) 686-690.
10) 韓 福柱, 国枝正典: カオスを用いた放電加工の放電点分布の解析, 電気加工学会誌, **35**, 79,(2001) 16-23.

は じ め て の 精 密 工 学

放電加工の基礎と将来展望 −Ⅱ 将来展望−

Fundamentals and Future in Electrical Discharge Machining - Ⅱ Future Prospect - / Masanori KUNIEDA

東京農工大学 **国枝正典**

5. 加工条件の選び方

5.1 放電条件と加工特性[11]

放電加工の性能を評価するにあたって最も重要な特性は，**図13**に示す加工速度，表面粗さ，工具電極消耗率の3特性である．工具電極消耗率は工作物除去体積に対する工具電極の消耗体積の比で定義され，加工精度に直接影響を及ぼす特性値である．3特性のうち，任意の2つの組合せを満足させる放電電流波形は図中に示すような波形である．しかし，残念ながら3つのすべての加工特性を満足させる電流波形は存在しない．

例えば，放電電流，放電持続時間ともに大きなパルスを用いると加工速度を大きくできる．また，放電持続時間が長い場合は加工油中のカーボンが陽極である工具電極表面上に付着し工具電極を消耗から守るので消耗率が低く抑えられる[12)~14)]．しかし，パルス当たりの放電痕が大きいので表面粗さは良くない．従って，荒加工条件として用いられる．

一方，放電持続時間は長く保って放電電流を小さくすると，やはりカーボンは付着するので消耗を低く抑えることができる．しかも表面粗さが良くなる．しかし，アーク柱の電流密度が低いので熱流束（W/m^2）が小さい．従って，同じパルスのエネルギーで比較すると，ピーク電流が高くてパルス幅が短い場合に比べエネルギー効率が悪い．すなわち，工作物が溶融蒸発する領域が少なく，ほとんどが熱伝導で工作物内に逃げてしまう．よって，パルス当たりの除去量が少ない．しかも，放電持続時間が長いと単位時間当たりの放電回数を増やせない．従って，両方の理由で加

工速度は非常に小さい．よって，仕上げ加工に適している．

最後に，放電持続時間を短くして放電電流を大きくすると，パルス当たりの放電痕は小さく表面粗さは良好である．パルス当たりの除去量が小さいといっても，熱流束が大きいのでエネルギー効率は良く，同じエネルギーならば放電持続時間が長く放電電流が小さいパルスより除去量は大きい．しかも，単位時間当たりの放電回数を増やせるので加工速度が大きい．しかし，放電持続時間が短いためカーボンの保護作用がなく消耗率が大きくなる．従って，工具電極の消耗が問題とならないワイヤ放電加工では形彫り放電加工に比べて極端に放電持続時間の短い波形，例えば1μ秒の放電持続時間に数百Aの放電電流を流す様な波形を用いる．

5.2 工具電極消耗率の決定要因

5.2.1 極性の影響（エネルギー配分とカーボンの付着）

本来陽極へのエネルギー配分（30~40%）の方が陰極への配分（20~30%）より大きい[12)]．それにもかかわらず，形彫り放電加工では放電持続時間の設定が特に短い場合を除いて工具電極を陽極にして加工する．この理由は，前述のように油性加工液を使用した放電加工では油が分解してカーボンが陽極表面に付着し，陽極を消耗から防護するからであると考えられている．そして，このカーボンの付着が放電持続時間が長いほど多いことが，放電持続時間が長い条件下では工具電極を陽極にした方が消耗が少ない理由と考えられている．逆に，放電持続時間が短い仕上げ加工やマイクロ加工，あるいは加工液が水なのでカーボンの付着があり得ないワイヤ放電加工の場合は，エネルギー配分通り工具電極を陰極にして加工する．

5.2.2 電極材料の熱物性値の影響

放電加工の加工作用は熱的であるから，工具電極や工作物材料の熱物性値が除去量に及ぼす影響は大きい．アーク柱からの熱流束が同じ場合，熱伝導率が大きいほど電極表面温度は低くなる．従って，熱伝導率が大きいほど加工されにくいので工具電極材料に適していることが分かる．また，材料内の温度分布が同じであっても，表面温度が融点や沸点に到達していなければその点の材料は除去されない．従って，熱伝導率が等しくても，融点や沸点の高い材料は除去され難いことが分かる．単発放電のアーク柱にさらされた材料内部の熱伝導解析を行うと，銅は炭素鋼より融点が低いにもかかわらず，**図14**に示すように融点を超

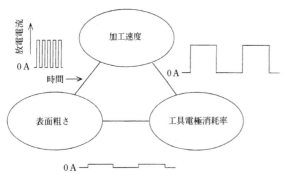

図13 放電加工における主要な加工特性とそれらを満足するための放電電流波形

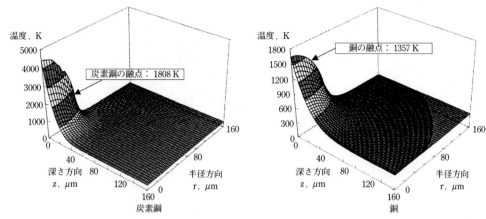

図14 単発放電時の陰極内温度分布の計算結果(放電電流 30 A, 放電開始後 10 μs)

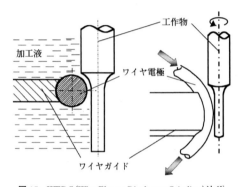

図15 WEDG(Wire Electro-Discharge Grinding)法 [15)]

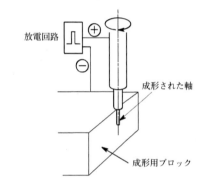

図16 ブロック電極を用いた微細軸の機上放電成形

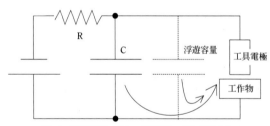

図17 浮遊容量に溜まった電荷も一緒に放電する

えている領域がかなり狭い計算結果となる．これは熱伝導率の影響の方が融点の違いの影響よりも大きいことを示す．こうして銅の工具電極を用いて炭素鋼を加工する場合に，前項の極性の影響との相乗効果により消耗率が数％未満の加工が可能となる．

6. 微細化への挑戦

6.1 WEDG 法に見るマイクロ加工の要点

放電加工はエンジンの燃料噴射ノズル，繊維の成形ノズル，電子部品，光ファイバ関連部品，微細ギヤ，ならびにそれらの成形金型などの微細加工に広く用いられている．特に，増沢ら [15)] の開発による WEDG 法は，図15 に示すようにワイヤガイド上を走行するワイヤ電極を用いて旋盤のようにして細軸を放電加工する方法であり，数 μm の微細軸や微細穴の加工が熟練を要することなく簡単に行える．増沢らは以下の 5 項目に示すマイクロ加工の特殊性を明らかにし，WEDG 法の開発によってそれらを解決した．

(1) 機上電極成形

ほかの装置で製作した工具電極をマイクロ放電加工機に持ってきてチャッキングしてもセンタずれが必ず生じる．しかし，WEDG 法では機上で工具電極を放電成形し，そのまま極性を反転させ，成形した軸を工具電極として穴加工を行ったり，輪郭加工を行ったりするので芯ずれの問題がない．

(2) 工具電極消耗

図16 に示すようにブロック電極を用いても微細軸の機上成形は行えるが，ブロック電極の消耗が加工精度に影響する．一方，WEDG ではワイヤ電極を使用するので工具電極の消耗の問題がない．また，ワイヤがガイド溝に支持されているので，ワイヤ放電加工の場合のようなワイヤ振動による精度低下がない．

(3) 加工反力

放電加工といえども加工反力はゼロではない．ブロック電極を用いると微細軸の先端にも放電が生じるので加工した微細軸が振動する．しかし，WEDG の場合は成形された微細軸の根元でのみ放電が生じるので，細くなった部分に曲げモーメントがかからない．

(4) コンデンサ放電回路

マイクロ放電加工では図1(前号)あるいは図17 に示す，発明当時のコンデンサ放電回路がいまだに使用されてお

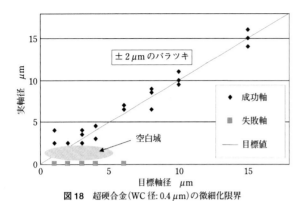

図18 超硬合金(WC径: 0.4 μm)の微細化限界

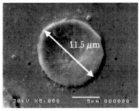
(a) 荒加工(3300 pF)

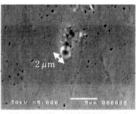
(b) 仕上げ加工(浮遊容量のみ)

図19 陽極(タングステン)上に形成されたマイクロ放電加工の単発放電痕

(a)素材軸に分布する残留応力の影響

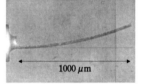
(b)放電加工による残留応力の影響

図20 残留応力の影響(タングステン, 3300 pF)

り，普通の加工に一般的に用いられる前号の図5に示したトランジスタ放電回路は使用されていない．この理由は，放電の発生を検出する回路，検出信号を受け取ってからパワートランジスタをオフにするための制御信号を作る回路，そしてパワートランジスタ自体に遅れ時間があるため，実際に電流がゼロになるまでに数十nsを要する．従って，放電持続時間をマイクロ加工に必要な数十あるいは数ns以下の一定の値に制御することが困難だからである．

(5) 浮遊容量

図17のコンデンサ放電回路では，加工がマイクロになるほどコンデンサの容量を小さくしなければならない．しかし，現実の加工機では，プラス側とマイナス側の配線間，電極ホルダと加工テーブル間，工具電極と工作物間などに浮遊容量が存在し，そこに充電された電荷が，回路に接続された本来のコンデンサの電荷とともに極間に放電される．従って，マイクロの領域ほど浮遊容量が支配的となるので，配線をなるべく短くしたり，ホルダやテーブルを絶縁体で作ったりするなどの工夫が必要である．また，最も小さい放電エネルギーで加工するときは，回路にコンデンサを接続せずに浮遊容量だけで加工を行う．WEDGでは，ブロック電極を用いる方法に比べ，工具電極と工作物との対向面積が小さく，極間の浮遊容量が小さいことも微細化にとって有利な点である．

さらに，増沢らはWEDGにより成形した治具，エンドミル，パンチ，振動子などを工具として用い，同じWEDG装置の中で組立[16]，切削[17]，打ち抜き[18]，超音波加工[19]などを試み，WEDG法を中心にあらゆる加工や組立てを1つの加工機内で行うことの有効性を示している．

6.2 微細化を妨げる要因

放電加工で得られる微細軸の最小径はどれくらいなのであろうか．筆者ら[20]がWEDGを用い，目標とした軸径と実際に得られた軸径との関係を調べた結果を図18に示す．図中の失敗軸とは，成形の途中で折れたりして意図した長さの軸が得られなかった場合を示す．また，目標軸径に対して実際に得られた軸径のバラツキは±2 μmである．注目すべきは，2.3 μm以下の領域が空白であり成功例が見られないことである．その原因が加工機の位置決め精度や熱変形，主軸の回転精度，あるいはワイヤ電極の直径のバラツキにあるとすれば，加工を繰り返すうちに空白域を埋める成功例が必ず出現するはずである．しかし，何度も加工を繰返したが空白が埋まることはなかった。したがって，放電加工のマイクロ化の限界を決める原因はほかにあると考えられる．

6.2.1 放電痕の大きさ

図19(a)は，3300 pFのコンデンサを用いた場合にタングステンの工作物上に形成された，マイクロ放電加工における荒加工の単発放電痕である．また，図19(b)はコンデンサを取り付けずに浮遊容量のみで放電した場合である．最小の放電エネルギーでも放電痕直径が2 μmあり，放電痕の大きさが微細化の限界にとって影響が大きいことが予想できる．5.2節で述べたようにエネルギー配分は陽極の方が大きいので，マイクロ加工では工作物を陽極として加工する．図19も工作物が陽極の場合である．加工速度を犠牲にすれば，極性を逆にして工作物を陰極とすれば直径1 μmの単発放電痕が得られる[21]．

また，図17のコンデンサ放電回路の場合，1回の放電のエネルギーは$1/2(CV^2)$である．従って，電源電圧を低くすると放電痕が小さくなり，加工反力も小さいので微細化に有効である．そこで，江頭ら[22]は電源電圧を20 Vにまで下げる実験を行い，1 μm径の軸径を達成している．

6.2.2 残留応力の影響

素材軸を主軸のスピンドルにチャックするとき，必ずしも回転中心が素材軸のセンタと一致しない．従って，一般に微細軸は素材軸のセンタからずれた位置に形成される．一方で，タングステンなどの線材は引抜き加工で製作されるため，塑性変形による残留応力が存在し，軸方向応力が半径方向に不均一に分布している．このような素材軸に対してセンタからずれた位置に微細軸が形成されると，図20(a)に示すように屈曲が生じることが報告されている[23]．また，素材に残留応力が存在しない場合でも，放電加工によって新たに加工表面上に生じる引張り残留応力の影響で，

図21 Si_3N_4 のワイヤ放電加工例(Tani T., et al.[35])

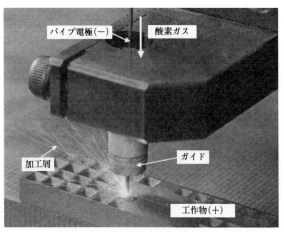

パイプ電極(-) 酸素ガス ガイド 加工屑 工作物(+)

図22 気中放電加工による形状創成加工

図20(b)に示すように微細軸が屈曲する[23]．WEDG 法を用いて仕上げ加工条件で軸径 100 μm まで加工した後，軸の回転を止めて側面に切込み 80 μm で荒加工を行い，肉厚 20 μm の梁を形成した結果である．

6.2.3 材料組織の影響

超硬合金はタングステンカーバイド(WC)の微粒子をコバルトをバインダとして焼結して製造される．そこで，超硬合金を微細加工する場合，WC 粒子径が最小軸径に及ぼす影響について調べた．その結果，WC 粒子径を 2 μm から 0.4 μm にすると得られる最小径が 3 μm から 2.3 μm に減少した[24]．

また，Almond ら[25] は素材組織に内在する欠陥がマイクロ放電加工に及ぼす影響を調べ，Han ら[21] はマイクロ放電加工によって生じる加工変質層について調べている．また，川上ら[26] は多結晶タングステンと単結晶タングステンでマイクロ加工の加工特性を比較し，単結晶の方が微細化の限界は拡がるが，加工速度に結晶方位の影響が現れると報告している．

7. 極間の化学反応とその応用

7.1 極間の化学現象

放電加工は熱加工に分類される．しかし，化学的な作用が存在することも認識すべきである．古くから放電現象は金属微粉末を製造するのに使用された[27] とのことであるが，現在でも RESA 法[28]（The Reactive-Electrode Submerged-Arc Method）と呼ばれ，電極材料と周辺の溶液を反応させ，超微粒子を製造する方法として研究が続けられている．また，ダイヤモンドライクカーボン[29] やカーボンナノチューブ[30] がアーク放電によって生成されることは良く知られている．

放電加工においても，加工油が分解したカーボン被膜が陽極面上に生成することによって低消耗加工が成り立っている[12]〜[14] ことは前述の通りである．また，水溶性加工液中に酸素を導入すると加工速度が向上する例[31] や，後述の気中放電加工[32] において酸素を用いると加工速度が大きいこと，さらに，油中の加工より水中加工の方が加工速度が大きいこと[33] なども極間での化学反応の重要性を示す例であろう．以下に化学反応を積極的に利用した画期的な放電加工技術を紹介する．

7.2 絶縁体の放電加工

導電性の材料しか加工できないと考えられてきた放電加工だが，福澤ら[34] [35] によって絶縁体のセラミックスでも加工可能な方法が見い出された．その原理は，加工したいセラミックスの上に金属板を密着させるか，あるいは TiN 薄膜を蒸着し，最初は金属板と工具電極との間に放電を生じさせる．そうすると，放電により加工油が熱分解することによって導電性のカーボン皮膜が生成されるので，金属板が除去され尽くした後でもセラミックス表面の導電性が保たれる．こうして除去と同時にカーボンが堆積し，放電が持続することによって加工が進行する．図21 は Si_3N_4 のワイヤ放電加工の例[35] である．

7.3 気中放電加工

放電加工では加工液の使用が不可欠と考えられてきた．しかし，従来の液中での放電加工において，極間隙のどれだけを加工液が満たしているかを宮島ら[36] や Imai ら[37] は調べ，そのほとんどは気泡で満たされていると推論した．実際，Tanimura ら[38] は加工液の供給はミスト程度で十分であることを示し，ミスト中でも液中と同等の加工特性が得られることを報告している．また，Karasawa ら[39] は工作物を加工槽中に浸漬せずに，放電部に加工液をかけ流して加工する方が加工くずの排出が促進されて加工速度が大きいことを示している．いずれも加工作用そのものに極間を十分満たすほどの加工液は必要ないことを示している．

また，前号で4.2節で述べたように，吉田ら[7] は単発放電において発生する加工くずの総体積を液中と，液体のまったく存在しない気中とで比較した結果，両者に大きな違いがないことを示した．この結果はレーザ切断が空気中で行われることを考えれば驚きではない．しかし，実際に液体のまったくない気中で加工しようとすると，せっかく除去された加工屑が固まらないうちに工具電極の表面に再付

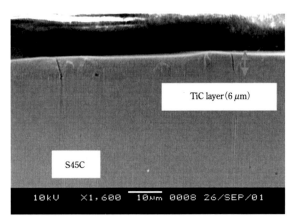

図 23 TiC 半焼結体電極を用いた TiC 被膜のコーティング（Mohri N., et al. [42]）

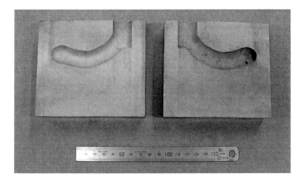

図 24 曲り穴の加工例（Goto A., et al. [45]）

着する．従って，加工屑として排出されないので加工はまったく進まない．

そこで筆者らは**図 22** に示す気中放電加工 [32] を考案した．薄肉のパイプ電極からガスを噴出させ，加工液を用いずに放電加工を行う方法である．高速ガス噴流の作用により，溶融した加工屑が工具電極に再付着する前にギャップの外に排出される．また，高速ガス噴流が熱伝達を促進し，ギャップが冷却されることにより加工が安定化する．ガスには酸素を用い工作物の酸化反応を援用することにより，単純形状電極を用いた形状創成加工においては液中加工以上の加工速度が得られる．また，気中加工は工具電極の消耗が少ない，加工変質層が少ない，加工反力が小さいためワイヤ放電加工ではワイヤ振動が少なく真直度の高い加工が可能である [40] などの利点を有している．

8. 新しい応用

8.1 除去加工以外への応用

除去加工の 1 つに分類される放電加工であるが，毛利ら [41][42] によって除去加工以外の応用分野に活路が開かれた．Ti など硬質の化合物を形成する金属，あるいはそれらの圧粉体を工具電極として用い，工具電極と工作物の間にパルス放電を発生させると，工作物表面に**図 23** に示すように硬質膜が形成されることを原理とした新しい表面処理技術である．簡単に速く極めて硬度の高い硬質膜を，しかも強固に形成できることが特長で，切削工具や金型へ応用し大きな寿命延長の効果が確認されている．また，焼結体などの消耗しやすい材料を工具電極に用いたり，消耗しやすい放電条件を選んだりすると，膜厚を限りなく増大させることができる．従って，付着加工として用いて構造物を 3 次元造形することもできる [42][43]．

ワイヤ放電加工においては加工液に水を使用するため，ワイヤ電極と工作物の間には放電による電流のほかに電解による漏洩電流が流れる．南ら [44] はこの現象に注目し，ワイヤ放電加工中の電解作用によってチタンの工作物表面に形成される陽極酸化皮膜により，切断と同時に加工面に任意色の着色を可能にする技術を開発した．光の干渉によ

って発色するので，酸化皮膜の膜厚によって色が変化する．従って，ワイヤの送り速度を変えるか，あるいは加工電圧を変化させるなどして連続して色調を変化させ得る．

8.2 曲り穴加工

射出成形やダイカストにおいては金型は熱交換器の役割を果たしている．従って，成形サイクルの短縮や，成形精度向上のためには金型の温度制御が欠かせない．そのために冷却用の水路を成形面近くに自在に配置することが要求されるが，機械加工では曲り穴加工の実現は困難である．そこで，最近になって放電加工による曲り穴加工の試み [45][46] がなされ，例えば**図 24** [45] に示すように実用に耐え得る段階に到っている．

9. ま と め

放電加工の極間現象は，非常に狭い空間で生じ，非常に短い時間の過渡現象であり，熱平衡状態にはなく，気体・液体・固体の 3 相間の変態があり，化学反応が存在し，物質移動（除去）があり，境界移動を伴うので，放電現象の中でも最も観察や解析が困難な現象であると思われる．従って，完全な現象の解明には長い道のりがあるが，各種表面分析装置，顕微鏡，高速度ビデオ，数値解析ソフトなどが身近に使用できるようになり，着実に解明は進んでいる．また，未知の部分が多いからこそ，絶縁体の加工や表面処理，付着加工，着色加工，気中加工，曲り穴加工のような革新的な技術が今後も継続して生まれてくるものと確信している．

参 考 文 献

11) 日本機械学会編: 生産加工の原理, 日刊工業新聞社, (1998).

12) H. Xia, M. Kunieda and N. Nishiwaki: Removal Amount Difference between Anode and Cathode in EDM Process, IJEM, 1, (1996) 45-52.

13) 鈴木政幸, 毛利尚武, 恒川好樹, 斎藤長男: 放電加工における電極低消耗の研究 (第 4 報), 電気加工学会誌, **29**, 60, (1995) 1-10.

14) 小林輝紀, 国枝正典: 放電加工アークプラズマ内蒸気密度の分光測定による工具電極消耗率の決定メカニズムの解明, 電気加工学会誌, **36**, 82, (2002) 11-17.

15) T. Masuzawa, M. Fujino and K. Kobayashi: Wire Electro-Discharge Grinding for Micro-Machining, Annals of the CIRP, **34**, 1, (1985)

431-434.

16) H. H. Langen, T. Masuzawa and M. Fujino: Modular Method for Microparts Machining and Assembly with Self-Alignment, Annals of the CIRP, **44**, 1, (1995) 173-176.

17) M. Fujino, N. Okamoto, T. Masuzawa: Development of Multi-Purpose Microprocessing Machine, Proc. of ISEM XI, (1995) 613-620.

18) T. Masuzawa, M. Yamamoto and M. Fujino: A Micro-punching System using Wire-EDG and EDM, Proc. of ISEM IX, (1989) 86-90.

19) K. Egashira, T. Masuzawa, M. Fujino and X.-Q. Sun: Application of USM to Micromachining by On-the-machine Tool Fabrication, IJEM 2, (1997) 31-36.

20) 川上太一, 国枝正典, 韓福柱: マイクロ放電加工における微細化限界の決定因子の解明, 電気加工技術, **28**, 89, (2004) 1-8.

21) F. Han, Y. Yamada, T. Kawakami and M. Kunieda: Investigations on Feasibility of Sub-micrometer Order Manufacturing Using Micro-EDM, ASPE 2003 Annual Meeting, **30**, (2003) 551-554.

22) 江頭　快, 水谷勝己, 低電源電圧による放電加工, 電気加工学会誌, **37**, 85, (2003) 18-23.

23) 川上太一, 韓福柱, 山崎　実, 国枝正典: マイクロ放電加工における残留応力の影響について, 2003 年度精密工学会秋季大会講演論文集, (2003) 592.

24) 川上太一, 国枝正典: 材料組織がマイクロ放電加工における微細化限界に及ぼす影響, 2004 年度精密工学会秋季大会講演論文集, (2004) 581-582.

25) Almond H., Allen D. and Logan P.: Examination of the Internal Profiles of Micro-Electrodischarge Machined Holes and the Detection of Material Defects, IJEM, 5, (2000) 29-34.

26) 川上太一, 国枝正典: マイクロ放電加工における微細化を妨げる因子の解明, 電気加工学会全国大会, (2004)講演論文集, (2004) 15-18.

27) R. Zsigmondy, Zur Erkenntis der Kolloide, Fisher Verlag, Jena, 1905.

28) A. Kumar and R. Roy: RESA-A Wholly new process for fine oxide powder preparation, J. Mater. Res. **3**, 6, (1988) 1373-1377.

29) 滝川浩史, 武富浩一, 榊原建樹: 真空アーク蒸着法を用いたダイヤモンドライクカーボン膜の生成とその表面形状, 電学論 A, **113**, 9, (1993) 654-659.

30) S. Iijima: Helical Microtubules of Graphitic Carbon, Nature, **354**, 7, (1991) 56-58.

31) M. Kunieda and S. Furuoya: Improvement of EDM Efficiency by Supplying Oxygen Gas into Gap, Annals of the CIRP, **40**, 1, (1991) 215-218.

32) 国枝正典, 吉田政弘: 気中放電加工, 精密工学会誌, **64**, 12, (1998) 1735-1738.

33) 虞　戦波, 国枝正典, 水中放電加工の除去速度に関する研究, 電気加工学会誌, **33**, 72, (1999) 28-36,.

34) 福澤　康, 谷　貴幸, 岩根英二, 毛利尚武: 放電加工機を用いた絶縁性材料の加工, 電気加工学会誌, **29**, 60, (1995) 11-21.

35) Tani T., Fukuzawa Y., Mohri N., Saito N. and Okada M.: Journal of Materials Processing Technology, **149**, (2004) 124-128.

36) 宮島譲治, 国枝正典, 増沢隆久: 放電加工間隙の気泡挙動の観察, 昭和 62 年度精密工学会春季大会講演論文集, (1987) 723-724.

37) Y. Imai, M. Hiroi and M. Nakano: Measurement of ratio of area occupied by bubbles using ultrasonic waves, ISEM **13**, (2001) 109-116.

38) T. Tanimura, K. Isuzugawa, I. Fujita, A. Iwamoto and T. Kamitani: Development of EDM in the Mist, Proc. IJEM 9, (1989) 313-316.

39) T. Karasawa and M. Kunieda: EDM Capability with Poured Dielectric Fluids without a Tab, Bull. JSPE, **24**, 3, (1990) 217-218.

40) M. Kunieda and C. Furudate: High Precision Finish Cutting by Dry WEDM, Annals of the CIRP, **50**, 1, (2001) 121-124.

41) 毛利尚武, 齋藤長男, 恒川好樹, 籾山英教, 宮川昭彦: 放電加工による表面処理, 精密工学会誌, **59**, 4, (1993) 93-98.

42) N. Mohri, Y. Fukusima, Y. Fukuzawa, T. Tani and N. Saito: Layer Generation Process on Work-Piece in Electrical Discharge Machining, Annals of the CIRP, **52**, 1, (2003) 157-160.

43) S. Hayakawa, I. R. Ori, F. Itoigawa, T. Nakamura and T. Matsubara: Fabrication of Microstructure using EDM Deposition, ISEM 13, (2001) 783-793.

44) 南　久, 増井清徳, 塚原秀和, 萩野秀樹: 放電加工によるチタン合金の着色仕上げ, 電気加工学会誌, **32**, 70, (1998) 32-39.

45) A. Goto, K. Watanabe and A. Takeuchi: A Method to Machine a Curved Tunnel with EDM, IJEM, 7, (2002).

46) T. Ishida, S. Kogure, Y. Miyake and Y. Takeuchi: J. Materials Processing Technology, **149**, 157-164.

もう一度復習したい寸法公差・はめあい

Review of Size Tolerance and System of Fits / Taro NAKAMURA

中央大学　中村太郎

1.　は じ め に

　これまでの「はじめての精密工学」は，様々な最先端技術についてやさしく解説し，専門外の研究者や学生に興味を持ってもらうような内容が主でした．今回は少し趣向をかえて，精密機械設計において重要でありながら，しばらく使わないと意外と忘れてしまいがちな「機械の公差」について，復習を交えながらやさしく解説していきます．第一回目は「寸法公差とはめあい」について述べていきます．

2.　寸法公差　―誤差をあらかじめ指定する

2.1　寸法の許容限界

　直径30mmの軸を加工するときに，正確に30mmの軸を加工することは困難で，30.008 mmや29.992 mmなど，わずかな誤差が生じる可能性があります．しかしながら，この誤差が実用上許される範囲内であれば何ら支障はきたしません．精密加工の場合，加工にかかる時間と費用は重要な課題のひとつなので，機能上差し支えない範囲で，誤差の許容範囲を指定しておく必要があります．

　このように寸法の許容限界を指定する方式を寸法公差方式といいます．図1に寸法公差に関する穴と軸を示します．この図より，代表的な7つの名称を示します．後述のはめあいを語るうえで，非常に重要な用語です．

　・基準寸法……加工の基準となる寸法
　・最大許容寸法……許される寸法の最大値 ｝許容限界
　・最小許容寸法……許される寸法の最小値 ｝寸法
　・寸法公差＝最大許容寸法－最小許容寸法
　・上の寸法許容差＝最大許容寸法－基準寸法
　・下の寸法許容差＝最小許容寸法－基準寸法
　・公差域……最大許容寸法と最小許容寸法に囲まれた領域

　例えば，図2のように基準寸法50.000mmの穴に対して最大許容寸法が50.025mm，最小許容寸法が50.009mmとします．このときの寸法公差は

50.025mm 最大許容寸法	－	50.009mm 最小許容寸法	＝	0.016mm 寸法公差

同様にして上下の寸法許容差は，

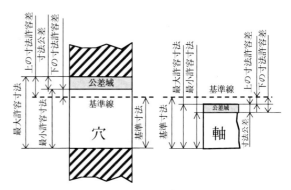

図1　穴と軸の寸法公差について

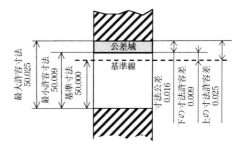

図2　基準寸法 50 000 の穴における公差
（寸法公差 0.016 の公差域が基準線から 0.009 上方に位置している）

50.025mm 最大許容寸法	－	50.000mm 基準寸法	＝	0.025mm 上の寸法許容差
50.009mm 最小許容寸法	－	50.000mm 基準寸法	＝	0.009mm 下の寸法許容差

となります．また，この寸法公差は基準寸法より0.009 mm外側に公差域が位置していることがわかります．図面でよくみる“H7”などのはめあいの公差域クラスはこの「公差域の位置」と「寸法公差」との組合せによって表されています．

　余談ですが，ある工作機械メーカの方から聞いた話で，寸法公差を指定して機械部品の加工を依頼すると，日本人とドイツ人だけは上下の寸法許容差のぴったり真ん中を狙って加工するそうです．日本人のものづくり魂を如実に示した話だと思います．

2.2　普通公差

　それでは，図面における寸法にはすべて寸法公差を記入

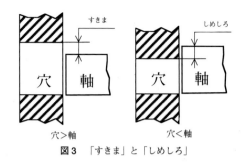

図3 「すきま」と「しめしろ」

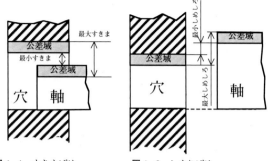

図4-1 すきまばめ 　図4-2 しまりばめ

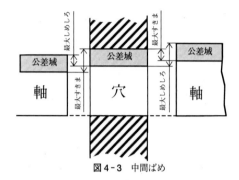

図4-3 中間ばめ

しなければならないのでしょうか？　もちろん記入する必要はありません．厳密に加工しなければならない箇所はそれぞれ公差を指定する必要がありますが，そのほかの箇所はJIS（JIS B 0405）によって規格化された普通公差によって指定されます．この規格は板金成型・金属加工によって製作した部品に適用できます．

3. はめあい ―穴と軸の関係はいかに？

穴と軸が互いに組合される関係を「はめあい」といいます．この「はめあい」は上述の寸法公差を巧みに利用して機械部品の結合や相対運動に役立っています．

3.1 はめあいの種類

図3に示すように，はめあいは穴と軸の寸法差によって「すきま」や「しめしろ」ができます．はめあいには「すきま」や「しめしろ」の程度によって，以下の3種類に分類することができます．

3.1.1 すきまばめ

図4-1に示すように，大きな穴に小さな軸を通す場合，必ず隙間が生じます．このようなはめあいの関係を「すきまばめ」といいます．すべり軸受と軸の関係やタンスの引出しなど，主に機械部品の摺動部に使用されます．

それぞれに公差を与えたときに，穴が最も小さく軸が最も大きい場合の隙間を最小すきま，その逆で穴が最も大きく軸が最も小さいときには最大すきまといいます．前述の用語を用いると下記のようになります．

最小すきま＝穴の最小許容寸法－軸の最大許容寸法
最大すきま＝穴の最大許容寸法－軸の最小許容寸法

3.1.2 しまりばめ

図4-2に示すように，小さな穴に大きな軸を通す場合のはめあいを「しまりばめ」といいます．車輪と軸の関係やワインの瓶とコルクの栓の関係・桶底と桶の関係など，穴と軸を永久または半永久的に固定する場合に用います．すきまばめと違い「しめしろ」が存在し，以下に表されるようような「最大しめしろ」と「最小しめしろ」が存在します．

最小しめしろ＝軸の最小許容寸法－穴の最大許容寸法
最大しめしろ＝軸の最大許容寸法－穴の最小許容寸法

ちなみにどのようにして穴に軸をはめるのかといいますと，コルクのように弾性要素を有していたり，しめしろが小さいときには圧力をかけて軸を穴に通す圧力法を用いたりします．また熱膨張を利用して穴を加熱して広がったすきに，軸を挿入する焼きばめ法があります．

3.1.3 中間ばめ

それでは，図4-3のような公差域が与えられた場合はどうでしょう？　この場合，穴と軸の加工具合によって，「すきま」ができたり「しめしろ」ができたりします．このような状態のはめあいを「中間ばめ」といいます．この中間ばめは，穴と軸どうしが積極的に摺動することは嫌うけれど，しまりばめに伴う部品の変形のリスクは伴いたくない場合などに使用されます．例えば，玉軸受と軸の関係は，あまりしめしろが多いと軸が変形してしまい具合が悪くなりますし，すきまが多いと穴と軸で滑ってしまうことから，中間ばめを用いることが多いようです．

3.2 IT基本公差 ―公差域の規格

2-1項で述べた通り，"H7"などのはめあいに利用される記号は「公差域の位置」と「寸法公差」で構成されており，これらに関する規格に触れる必要があります．まず「寸法公差」の規格を見てみましょう．JISでは，穴や軸の基準寸法を幾つかの区分に分けて，これらに対応した寸法公差を定めています（JIS B 0401）．

この寸法公差を「IT基本公差」といいます．表1にIT基本公差の公差等級の一部を示します．穴と軸のはめあいに関する公差等級では，穴はIT6〜10，軸はIT5〜9が

表1　基準寸法に対するIT公差等級の数値（一部）

JIS B 0401 - 1 : 1988 による

基準寸法[mm]	公差等級					
	IT5	IT6	IT7	IT8	IT9	IT10
10 越え　18 以下	8	11	18	27	43	70
18 越え　30 以下	9	13	21	33	52	84
30 越え　50 以下	11	16	25	39	62	100
50 越え　80 以下	13	19	30	46	74	120
80 越え　120 以下	15	22	35	54	87	140
120 越え　180 以下	18	25	40	63	100	160

単位　$\mu\mathrm{m}=0.001\mathrm{mm}$

多く用いられます．また，この公差等級の数値がそのまま"H7"の"7"の数値として用いられます．

3.3　穴と軸の公差記号　—公差域の"位置"の規格

次に「公差域の位置」に関する規格（JIS B 0401）について見てみましょう．容易に察することができますが，この規格は"H7"の"H"の記号に委ねられます．図5に穴と軸の公差域の位置と記号を示します．穴の公差域の位置は大文字，軸は小文字で表示されます．また"H"は穴の最小許容寸法と基準寸法が一致し，"h"は軸の最大許容寸法が基準寸法に一致します．この図はあくまでも公差域の相対的な位置関係を示した図となるので，基準寸法によってそれぞれ異なった値をとります（これは3.4項で説明いたします）．ちなみに，図5のアルファベットには"i"や"l""o"などの文字が抜けています．これらの文字は，使用するときにほかの寸法や文字と間違えやすいことから使用を避けています．

3.4　公差域クラスの表示法と実際の寸法許容差

まず，公差域クラスの表示方法について説明します．以下に例として穴の表示例を示します．

[穴の表示例]

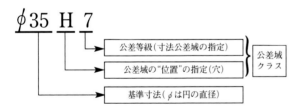

これより，寸法公差は「基準寸法＋公差域の位置＋公差等級」によって表されます．特に"H7"などの「公差域の位置＋公差等級」の記号を「公差域クラス」といいます．もちろんこの「公差域クラス」は基準寸法によって寸法許容差が変化します．表2に例として穴の寸法許容差の表の一部を示します．この表から，あてはまる基準寸法の公差域クラスの実寸法を把握することができます（この表では具体例として φ35H7 の寸法許容差を求める場合について示しています）．必要がある場合には下記のように寸法公差記号のほかに寸法許容差を括弧で付け加えて表示するこ

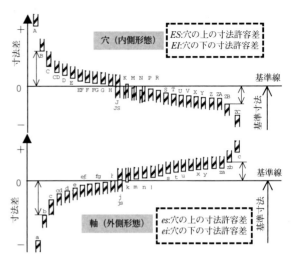

図5　穴と軸の公差域の位置と記号　JIS B 0401 − 1 : 1988 による

表2　穴の公差域クラスに対する寸法許容差（一部）
（φ35H の寸法許容差を求める場合）

寸法の区分 (mm)		G		H			JS		K	
越え	以下	6	7	6	7	8	6	7	6	7
10	18	+17 +6	+24 +6	+11 0	+18 0	+27 0	±5.5	±9	+2 -9	+6 -12
18	30	+20 +7	+28 +7	+13 0	+21 0	+33 0	±6.5	±10	+2 -11	+6 -15
30	50	+25 +9	+34 +9	+16 0	+25 0	+39 0	±8	±12	+3 -13	+7 -13
50	80	+29 +10	+40 +10	+19 0	+30 0	+46 0	±9.5	±15	+4 -15	+9 -21

単位　$\mu\mathrm{m}=0.001\mathrm{mm}$

ともできます．

[穴の表示例]

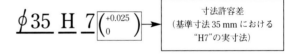

寸法許容差
（基準寸法 35 mm における
"H7"の実寸法）

3.5　はめあい方式の種類

やっとここからはめあい方式についてお話することができます．3.1節で述べた「すきまばめ」などのはめあいの種類は，穴と軸の適切な公差域クラスの選択によって決定されます．しかしながら，公差域クラスの種類は多岐にわたっており，これらの基準から適切なはめあいを選択することは非常に困難です．そこで，穴か軸のどちらかを固定させて，相手の公差域クラスを変化させることを考えます．穴を基準とする「穴基準のはめあい」と軸を基準とする「軸基準のはめあい」の2種類があります．

3.5.1　穴基準のはめあい

文字通り，ある穴の公差域クラスを基準として，いろいろな公差域クラスの軸を組合せることによって「すきま」や「しめしろ」を与える方式です．このはめあい方式は基準穴として穴の下の寸法許容差が0となるような"H"の

表3-1　多く用いられる穴基準のはめあい
JIS B 0401-1：1988 による

基準穴	軸の公差域のクラス						
	すきまばめ		中間ばめ			しまりばめ	
H6	g5	h5	js5	k5	m5		
	g6	h6	js6	k6	m6	n6*	p6*
H7	g6	h6	js6	k6	m6	n6	p6*
		h7	js7				
H8		h7					
		h8					

※これらのはめあいは，寸法の区分によっては例外を生じる

表3-2　多く用いられる軸基準のはめあい
JIS B 0401-1：1988 による

基準軸	穴の公差域のクラス						
	すきまばめ		中間ばめ			しまりばめ	
h6	G6	H6	JS6	K6	M6	N6*	P6
	G7	H7	JS6	K6	M6	N6	P6*
h7		H7	JS7	K7	M7	N7	N7*
		H8					
h8		H8					
		H9					

※これらのはめあいは，寸法の区分によっては例外を生じる

穴を用います．この場合，軸のはめあい具合と公差域の位置の関係はほぼ以下のような目安となっています．

- d：がたがたのすきまばめ　　　　　（d9：MC 0.167）
- e：油膜が十分できる程度のすきまばめ（e7：MC 0.100）
- g：ほぼ漏れがない程度のすきまばめ（d9：MC 0.005）
- h：しっくりばめ　　　　（h6：MC 0.041, MI 0.000）
- k：割りに緩いたたきこみ（k6：MC 0.023, MI 0.018）
- m：相当硬いたたきこみ　（m6：MC 0.016, MI 0.025）
- p：焼きばめ　　　　　　　　　　（p6：MI 0.042）

なお，括弧内は参考までに ϕ35H7 時の適切な公差等級とそのときの最大しめしろ（MI）または最大すきま（MC）を示しています（数字の単位は mm）．また，常用する穴基準のはめあいが JIS（JIS B 0401）によって規定されているので，表3-1 にその一部を示します．

3.5.2　軸基準のはめあい

軸基準のはめあいは，ある軸の公差域クラスを基準として，いろいろな公差域クラスの穴を組み合わせることによって「すきま」や「しめしろ」を与える方式です．このはめあい方式は基準軸として軸の上の寸法許容差が 0 となるような "h" の穴を用います．穴基準のはめあいと同様，常用する軸基準のはめあいが JIS（JIS B 0401）によって規定されているので，表3-2 にその一部を示します．

3.5.3　穴基準と軸基準，どちらを選ぶ？

穴基準と軸基準どちらを選ぶかは，その機械部品の加工・組立・費用などを考慮して決定する必要があります．

　まず，穴基準のはめあいは，一般的に軸基準よりも有利な点が多いといわれております．その主な理由として，軸よりも穴のほうが加工精度を上げることが難しいため，加工しにくい穴を基準として，比較的加工しやすい軸を組合せることによって種々のはめあい方式を与えることができるからです．また，穴の寸法公差を計測するための穴用限界ゲージや穴を加工するためのリーマの数が少なくてすむことから，費用の面でも経済的であるといえます．

　一方，軸基準は，同一軸上に複数のはめあい方式が交互に連続する場合などに用いられます．例えば，すきまばめとしまりばめが交互に配置されている場合，すきまばめと

なる部分の表面を傷つけずに組み立てるためには，軸に段を設ける必要があり加工費用がかかります．しかしながら，軸基準の場合，軸に段を設ける必要がないので，加工費が軽減されて有利な場合があります．

4.　お わ り に

　ある電機メーカに勤めていた方が，「新人の部下が配属されたら，彼らを試すために，まずはめあいの設計をやってもらうことにしている．」とおっしゃっていました．機械を専門とする者にとっては案外適切な力試しになるかもしれません．また，「力に対して抵抗力のある物体の組合せで，各部分は所定の相対運動を行う物体」が機械の定義であるとすると，部品同士の微妙な寸法差を利用して種々の形態を作り出す「はめあい」は，精密機械設計の "妙" を味わうことができる機能の1つといえると思います．本稿がこのような精密機械設計を本格的に勉強（復習）するきっかけとなれば幸いです．

　なお，本稿を仕上げるにあたって全体にわたり参考にした著書を以下に示します．いずれの著書も機械製図についてわかりやすく書かれており，特に初心者の方は是非参考にしてほしいと思います．

　次号では「幾何公差」について解説していきます．

（次号に続く…）

参 考 文 献

1) 小町弘 著：「機械図面のよみ方・かき方」，オーム社出版局.
2) 林洋次 監修：「最新機械製図」　実教出版.
3) 実践教育訓練研究会 編：「ものづくりのための機械製図」，工業調査会.
4) 坂本卓 著：「製図学入門」，日刊工業新聞社.
5) 湯浅達治・大内増矩 著：「はじめて学ぶ機械設計製図」
6) 中里為成 著：「機械製図のおはなし」，日本規格協会.

また，本文の図例および表は次の JIS 規格に準拠して作成しました.

・JIS B 0401-1: 1998 寸法公差およびはめあいの方式−第1部：公差, 寸法公差及びはめあいの基礎.
・JIS B 0401-1: 1998 寸法公差およびはめあいの方式−第2部：穴及び軸の公差等級並びに寸法許容差の表.
・JIS B 0405: 1991　普通公差−第1部：個々の公差の指示がない長さ寸法及び角度寸法に対する公差.

もう一度復習したい幾何公差

Review of Geometrical Tolerance / Taro NAKAMURA

中央大学　**中村太郎**

1. は じ め に

これまでの「はじめての精密工学」は，様々な最先端技術についてやさしく解説し，専門外の研究者や学生に興味を持ってもらうような内容が主でした．今回は前回に引き続き，精密機械設計において重要でありながら，しばらく使わないと意外と忘れてしまいがちな「機械設計に関する公差」について，復習を交えながらやさしく解説していきます．第二回目のテーマは「幾何公差」です．

まず，幾何公差の基本的な知識について述べた後，幾何公差と寸法公差の関係(最大実体公差方式 等)について解説していきます．

2. 幾何公差とは　─寸法公差だけで表せますか？

図1(a)に，円の直径に寸法公差を持った軸を示します．寸法公差だけで表した場合，この円がどれくらい「まんまるい」円なのかわかるでしょうか？当然，図1(b)のように，真円に限りなく近くて直径に公差を持った円かもしれません．しかしながら，同図(c)や(d)のように，この公差の領域内で最大限に歪んでしまっていたり，軸の中心線がずれたりしてしまった円かもしれません．このような「まんまるさ」をはじめとした幾何学的な形状は，寸法公差だけでは規定することができません．そこでこのような形状等に関する公差として「幾何公差」が用いられます．幾何公

寸法公差域　╴╴╴╴基準寸法形状

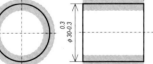

35

φ30-0.3

0.3

(a) 寸法公差を持った軸（基準）　(b) 公差を持った真円

(c) 公差域内でゆがんだ円　(d) 中心軸がずれている円

図1　寸法公差を持った軸

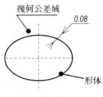

幾何公差域

0.08

形体

(a) 真円度（単独形体）

幾何公差域を規定する平行平板

0.3

形体

データム平面

(b) 平行度（関連形体）

図2　幾何公差の種類

差とは形状や姿勢，位置および振れなどの基準からのずれを許容する値を指します．

2.1　幾何公差についての用語とその種類

2.1.1　幾何公差に関する用語

ここで，幾何公差で使用する用語について説明します．

・幾何偏差：

　　形状・姿勢・位置および振れの基準からのずれ．

・形体：

　　幾何偏差の対象となる線，軸線，面，中心線など．

・データム：

　　後述する関連形体の幾何公差を指示するときに基準となる直線，軸線，平面など(怪獣の名前みたいですが重要な用語です)．

2.1.2　幾何公差の種類

幾何公差は大きく分けて以下のような2種類の形体を対象とします．

・単独形体の幾何公差：

　　真円や平面など，ほかの線や面に関係なく，ある理想的な形状に対して単独で公差を指示するもの．

　　(例)　真円度・・・ある円形形体が真円(理想的な形状)からどれくらいずれているかを示す大きさ(**図2**(a)参照)．

　　←これは単独で指定できますね．

・関連形体の幾何公差：

　　平行や直角など，対象物のほかの線や面を幾何学的な基準(データム)と定めて，相対的な公差を指示するもの．

　　(例)平行度(平面の場合)・・・ある平面が，基準となる平面(データム平面)に対してどれくらい平行であるかを示す大きさ(図2(b)参照)．

　　←これは基準となる面が必要となりますね．

表1 主な幾何公差の種類・記号・定義

	公差の種類		記号	偏差の定義
単独形体	形状公差	真直度公差	—	直線形体の幾何学的直線からの狂いの大きさ
		平面度公差	▱	平面形体の幾何学的平面からの狂いの大きさ
		真円度公差	○	円形形体の幾何学的円からの狂いの大きさ
		円筒度公差	⌭	円筒形体の幾何学的円筒からの狂いの大きさ
関連形体	姿勢公差	平行度公差	∥	データム直線(または平面)に対して平行な幾何学的直線(平面)からの平行であるべき直線形体または平面形体の狂いの大きさ
		直角度公差	⊥	データム直線(または平面)に対して直角な幾何学的直線(平面)からの直角であるべき直線形体または平面形体の狂いの大きさ
		傾斜度公差	∠	データム直線(または平面)に対して角度を持つ幾何学的直線(平面)からのその角度の角度を持つべき直線形体または平面形体の狂いの大きさ
	位置公差	位置度公差	⊕	データムまたは他の形体に関連して定められた位置からの点、直線形体又は平面形体の狂いの大きさ
		対称度公差	⩵	データム軸直線又はデータム中心平面に関して互いに対象であるべき形体の対称位置からの狂いの大きさ

JIS B 0021 : 1998, JIS B 0621 : 1984 による

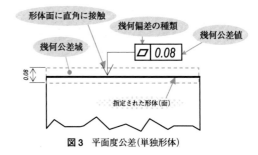

図3 平面度公差(単独形体)

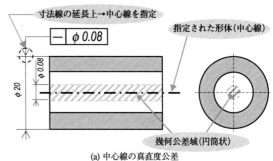

(a) 中心線の真直度公差

(b) 幾何公差域内の詳細

図4 真直度公差(単独形体)

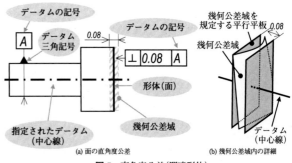

(a) 面の直角度公差

(b) 幾何公差域内の詳細

図5 直角度公差(関連形体)

さらに，JIS(JIS B 0021, JIS B 0621)では，上述した真円度や平行度をはじめとして，19種類もの幾何偏差について分類しております．なお，これらの幾何偏差の種類はそれぞれJISによって定められた記号によって表示されます．**表1**に幾何公差の種類と記号および幾何偏差の定義の一部を示します．

2.2 幾何公差の表示方法と解釈

次に幾何公差の表示方法について説明します．**図3〜5**に幾つかの幾何公差の記入例を示します．

2.2.1 単独形体の幾何公差の表し方

図3，4に単独形体の幾何公差を示します．この図の枠で囲まれた指示記号に着目して下さい．このように幾何公差は長方形の枠を幾つかに仕切って，「幾何偏差の種類(表1参照)」「幾何公差値」と左から順に記入していきます．さらに，この公差で規制される形体を指示する方法は，形体の外形線(母線)を示す場合，形体の外形線上や寸法補助線上(寸法線の位置は明確に避ける)に指示線を垂直にあてます．なお，図4(a)のように寸法線の延長線上に指示線をあてた場合，形体の軸線や中心平面を指すことになります．以下に，図3，4のそれぞれの指示の中身を具体的に示します．

・図3：平面度公差

指定された面は，0.08 mmだけ離れた平行二平面の間に存在しなければならない(以下，灰色斜線部が幾何公差域)．

・図4：中心線の真直度公差

指定された円筒の軸線(中心線)は直径0.08 mmの円筒公差域の中に存在しなければならない(図4(b)も参照)．

2.2.2 関連形体の幾何公差の表し方

図5に関連形体の幾何公差を示します．関連形体の幾何公差の場合，形体の基準となるデータムの指示が必要となります．この場合には図5(a)のように，さらに右に記入枠を設けて「データムを指示する文字記号(英字の大文字)」を記入します．また，この文字によって指示されるデータムの記号は，Ａのように文字を正方形で囲み，これにデータムであることを示す三角形 ▲(データム三角記号)を用いて指示します．さらにデータムも幾何公差の指示と同様に，寸法線の延長線上に指示線をあてた場合，形体の軸線や中心平面を指すことになります．以下に，図5(a)の指示の中身を具体的に示します．

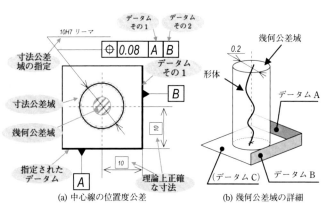

(a) 中心線の位置度公差 　　(b) 幾何公差域の詳細

図6　位置度公差（関連形体）

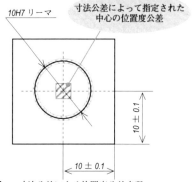

図7　寸法公差による位置度公差表現

・図5：中心線との直角度公差

　　指定された面は，データムにより指示された軸直線（中心線）に直角で，0.08 mm だけ離れた平行平面内に存在しなければならない（図5(b)も参照）．

2.2.3　位置度公差などを指示する場合の表し方

　　図6に位置度公差を指示する場合の表し方について示します．この場合，基本的には図5と同様ですが，データムが複数にわたって指示されていることが分かります．この場合，図6(a)のようにデータムを指示する文字記号を優先する順番に左から列挙していきます．また，位置度公差を形体に指定する場合，中心距離は寸法許容差を与えない「理論的に正確な寸法」で示され，その寸法を 10 のように枠で囲んで示します．以下に図6に関する指示の中身を示します（「理論的に正確」とは，普通公差などの一般的に与えられた寸法公差に影響を受けないという意味です）．

・図6：縦，横，高さによって指定される位置度公差

　　指定された穴の軸線は，データムにより指示された面であるA，Bに関して，理論的に正確な位置にある直径 φ 0.2 mm の円筒公差域の中に存在しなければならない（灰色は穴の寸法公差域，図6(b)も参照）．

　　ちなみに，この「位置度公差」は，図7のように寸法公差のみで表すことも可能です．この時その公差域は図に示すような正方形となります．しかしながら，この寸法公差に加えて，位置度や同軸度等の幾何公差が指示されている場合，指示があいまいになり不適当です．このような場合には，図6のような幾何公差を優先させて表示します．なお，位置度公差で指定した場合の公差域は円形となり，同等の寸法で指示された寸法公差による公差域よりも大きくなります．

2.3　普通幾何公差

　　もちろん，寸法の普通公差と同様に「幾何公差の普通公差」も存在します．厳密に加工しなければならない箇所はそれぞれ公差を指定する必要がありますが，その他の箇所はJIS（JIS B 0419）によって規格化された幾何公差の普通公差によって指定されます．例えば，図面には以下のように指示することができます．

（例）個々に公差の指示がない公差は　JIS B 0419 - mK とする．

　　なお，ここで「m」は寸法公差の等級，「K」は幾何公差の等級です．寸法公差と幾何公差双方の普通公差を併記するときには，幾何公差の規格番号を指示します（参考：寸法の普通公差の規格番号は JIS B 0405 など）．

3.　幾何公差と寸法公差の関係　―お互い譲り合って

　　寸法公差と幾何公差の関係は，特に真直度や位置度において重要な意味を持ってきます．基本的なコンセプトは「独立の原則を守りながらもお互い譲り合って効率よく行きましょう」ということです．これはどんな意味なのでしょうか？　話を進めていきましょう．

3.1　独立の原則

　　寸法公差と幾何公差はそれぞれ違った検査方法によって測定されるため，まったく別の種類の公差であると考える必要があります．例えば，図1の軸を例にとると，軸の寸法公差は限界ゲージ等で検査されるので，(a)～(d)はすべて合格となるでしょう．しかし，幾何公差では真円度や同軸度を真円度測定機等で検査するため，指定された公差の程度によっては合格しない可能性もあります．従って，寸法公差と幾何公差は，基本的に関連性はありません．これを「独立の原則」といいます．

3.2　最大実体公差方式

　　前述のように基本的には寸法公差と幾何公差は互いに関係なく適用します．しかしながら，寸法公差と幾何公差，双方の仕上がりの程度によってお互いの公差域を譲り合わせてみたらどうでしょう．このような考え方を「最大実体公差方式」といい，記号 Ⓜ によって図面上に表します．以下に2つの具体例を示します．

3.2.1　具体例1　単独部品（軸の寸法公差と直角度公差）

　　では，具体的な例で考えて見ましょう．図8(a)に最大許容寸法が φ 20 mm，最小許容寸法が φ 19.8 mm の寸法公差を持った軸を示します．もしこの軸が公差域の範囲内で φ 19.8 mm に仕上がったとすると，誤差の許容範囲として

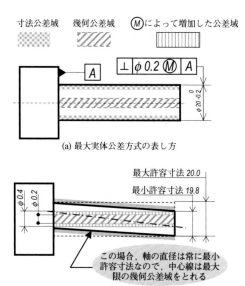

寸法公差域　幾何公差域　Ⓜによって増加した公差域

(a) 最大実体公差方式の表し方

最大許容寸法 20.0
最小許容寸法 19.8

この場合，軸の直径は常に最小許容寸法なので，中心線は最大限の幾何公差域をとれる

(b) 最大実体公差方式適用時
図8　最大実体公差方式の適用例1

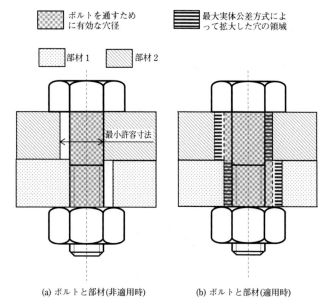

ボルトを通すために有効な穴径　　最大実体公差方式によって拡大した穴の領域

部材1　　部材2

最小許容寸法

(a) ボルトと部材(非適用時)　　(b) ボルトと部材(適用時)
図9　最大実体公差方式の適用例2

残り 0.2 mm 分だけ公差域に余裕ができたことになります．この分を例えば，図8(b)のように中心線の直角度公差などの幾何公差に譲ってあげるわけです．そうすると，もともと持っていた直角度公差の持分である 0.2 mm の公差域にボーナスとして，寸法公差からもらった 0.2 mm が追加され，0.4 mm 分の公差域まで許容することができるようになります．以上の関係は穴の場合にも適用されます．これらの場合，図のように公差域記入枠の中に記号Ⓜを記入します．

3.2.2　具体例2　組立部品(軸・穴の寸法公差と位置度公差)

次の例として，2つの部品を通しボルトで締結する場合を示します．**図9**に通しボルトと2つの部品の締結状態を示します．図9(a)のように穴の寸法公差が最小許容寸法(寸法公差域内で一番小さい穴)で，幾何公差である位置度公差が最もずれている場合，組立の際にボルトを通すための有効な穴径(灰色部)は最小となります．したがって，ボルトと部材の間には隙間が存在せず，組み立てにくい構造になってしまいます．しかしながら，このような位置度公差の状態でも，図9(b)のように穴を寸法公差内で大きくすれば(横線部)，ボルトを通すための有効穴径に余裕ができ，幾何公差のずれを補うことができます．

以上のように，寸法の仕上がり具合でできた余裕分を幾何公差に与え(もちろん逆もあります)，機能上問題がなければ，加工も容易になり不良率も低下して部品の互換性や経済効果を極度に高めることができます．しかしながら，何でもかんでも適用してよいというわけではないようです．本方式を適用するには，「サイズ寸法が指示されており，軸線もしくは中心平面を持った形体」のみに限られているなど，幾つかの適用条件をクリアしなければなりませ

ん．また，運動機構，歯車中心，ねじ穴，しまりばめなどのように，本方式を与えることによって，機能上問題が生じるときには，これを適用してはいけないことになっています．

4．お わ り に

内容をかなり端折ってお話しました．寸法公差や幾何公差には様々なパターンがあり，ここでは解説しきれないことがいっぱいあります．また，この分野は(この分野に限らず？)JIS の規範である ISO による標準化も年々変化しつつあり，データムの表し方や独立の原則等の原理規格など，「以前と変わった」もしくは「これから変わるかもしれない」規格が多くあります．

この度，2回にわたって解説させていただいた，「寸法公差・はめあい」や「幾何公差・最大実体公差方式」は実際に人が設計の段階から検討し深く関わっていかないと適用は難しい設計手法であるといわれております．そのような意味でも，本稿を機会にして機械製図の公差について少しでも興味を持っていただければ幸いです．

今回使用した JIS 規格について

・JIS B 0621:1984：幾何偏差の定義及び表示
・JIS B 0021:1998：製品の幾何特性仕様(GPS)－幾何公差表示方式－形状，姿勢，位置及び振れの公差表示方式
・JIS B 0419:1991：普通公差－第2部：個々に公差の指示がない形体に関する幾何公差
・JIS B 0022:1984：幾何公差のためのデータム
・JIS B 0023:1996：製図－幾何公差表示方式－最大実体公差方式及び最小実体公差方式
・JIS B 0024:1988：製図－公差表示方式の基本原則－
・JIS B 0025:1988：製図－幾何公差表示方式－位置度公差方式

はじめての精密工学

特異な量 "角度" とその標準

The Peculiar Quantity "Angle" and the Standards / Tadashi MASUDA

静岡理工科大学　益田　正

1. は じ め に

　長さの分野ではナノメータなど微細な世界が話題になっているが，角度も同様，微細な世界でのセンサ開発や計測が行われている．しかし，角度の応用は，一般には微細な世界だけではなく，例えば，車体，航空機，建物，橋梁の計測，天体観測など，対象が大きくなるほど長さが使えないこともあって，角度計測の独断場になる．また，リニヤモータに比べて，回転モータが多く使われているように，微小角から無限の角度まで同じセンサが使えることも大きな利点として，角度センサや角度計測の需要は多い．

　筆者は角度の研究に取り組んで約30年，角度センサの一種であるロータリエンコーダの校正，高精度化，応用などの研究に従事してきた．長年，角度という量に接してきて，角度は，長さや質量，時間など，ほかの量にはない特徴があり，これが角度特有の世界を作っていることを認識させられた．また最近，日本独自の技術で世界をリードするような高性能な角度の国家標準が確立され，これを基に，角度の標準器を世に供給できる体制が整うなど，角度の世界で非常に大きな前進があった．

　本稿では角度に直接携わっていない方々，あるいはこれからこの分野の仕事に携わろうと考えている方々に，角度という特異な量とその校正，日本の角度標準について紹介したい．

2. 問　　　題

　ほかの量に対して角度が特異な量であることを理解していただくために，はじめに物差し，分銅の校正と円周目盛板の校正を比較する．

　360 mmの物差しがある．0 mmの目盛を誤差0として，この90 mmの目盛自身の真の90 mmからの誤差を知るにはどうすればよいか．誰でも思いつくのは，誤差のわかった物差しと比較測定すればよいと考える．正解である．それでは，誤差のわかったものが入手できない場合には，どうしたらよいか．誤差のわかったものがなくては，誤差を求めることなどできる訳がないと答える．正解である．同様に，表示値90 gの分銅の誤差を知る場合も，90 gの標準がなければできない．それでは，同じように90度間隔

に目盛を持つ円周目盛板の場合はどうであろうか．誰でも，90度の誤差のわかった目盛板や標準器を持ってきて，これとの比較測定をすればよいと考える．確かに，簡単な一番良い方法である．ではこの90度の誤差のわかった標準器が入手できない場合にはどうすればよいだろうか．物差しや分銅の場合と同様，それはできないだろうと考える人もいると思う．私自身も角度の校正の投稿論文に際して，校閲者から同じような質問をいただいた経験もある．ところが，唯一角度の場合に限って，標準がなくとも誤差が求められるのである．

　その方法の種を明かせば簡単で，以下のようである．図1のような90度間隔に4つの目盛を持った円周目盛板を校正する場合，約90度の間隔に角度読み取り顕微鏡A，Bを配置する．目盛板の各目盛間角度をθ_1度，θ_2度，θ_3度，θ_4度，顕微鏡A，B間角度をγ度とおく．まず，顕微鏡Aに0度の目盛をあわせ，90度の目盛のずれ角度を顕微鏡Bで読み取り，δ_1度とする．次に目盛板を回して，顕微鏡Aに90度の目盛を合わせる．そして，顕微鏡Bで180度の目盛とのずれ角度を読み取り，δ_2度とする．この測定作業をさらに2回繰り返して，δ_3，δ_4度を得る．得られた測定値δ_iは以下のようになる．

$$\left. \begin{array}{l} \delta_1 = \theta_1 - \gamma,\ \delta_2 = \theta_2 - \gamma \\ \delta_3 = \theta_3 - \gamma,\ \delta_4 = \theta_4 - \gamma \end{array} \right\} \text{————}(1)$$

　θ_1，θ_2，θ_3，θ_4，γの5個の未知数を求めるには，方程

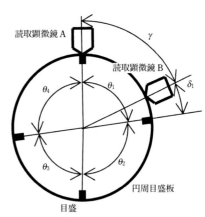

図1　簡易な自己校正法

式が4つで不足である. しかし, 角度の場合はもうひとつ式がある. 1回転するともとに戻ることである. すなわち, 目盛間角度すべてを加算すると360度である.

$$\theta_1 + \theta_2 + \theta_3 + \theta_4 = 360 \quad\quad\quad (2)$$

以上の5つの方程式より, 顕微鏡間隔 γ が式 (3) のように求まる.

$$\gamma = 90 - \frac{1}{4}\sum_{i=1}^{4}\delta_i \quad\quad\quad (3)$$

この γ を式 (1) に代入すると個々の目盛間隔 θ_1, θ_2, θ_3, θ_4 が求められる.

$$\theta_1 = \delta_1 + \gamma, \ \theta_2 = \delta_2 + \gamma, \ \ , \ \ \quad\quad (4)$$

この過程で90度という標準を一切使うことなしに, 90度の目盛の誤差が求められている.

3. "角度" は唯一の無次元量

前章でおわかりの方も多いと思うが, 角度の場合は, 360度という誤差のない理想的な標準が身近に存在する. これを利用して, より高精度な標準を使わずに校正する方法を自己校正法[1] と呼び, 角度特有の校正法として, 幾つかの方法が提案されている. 角度以外の標準で誤差のないものはない. 例えば前章の物差しの校正の例で, 90 mm の誤差のわかったものといっても, その誤差は正確にはわからない. その誤差はより高精度なもの, 例えばブロックゲージで校正されているが, そのブロックゲージの誤差も正確にはわからない. これを繰り返すと長さの単位の定義に達するが, その定義にあいまいさがある. 長さの1メートルは, 1秒の299792458分の1の時間に光が真空中を伝わる行程の長さと定義されているが, 実際には時間, 真空度, 温度などのあいまいさがあり, 完全な1メートルは得られない. しかし, 角度の単位1 rad (ラジアン) は円の半径に等しい円弧に対する中心角と幾何学的に定義され, 定義自身にあいまいさがない.

すべての単位は, 国際単位系で「長さ」,「時間」,「質量」,「電流」,「温度」,「光度」,「物質量」の7つの基本単位とそれらの乗除算で表される組立単位からなると定義されている. 角度は長さの比で表せるとして, 組立単位に属している. 一般に組立単位は基本単位の定義の影響を受ける. 例えば, 速さは [長さ] を [時間] で除した組立単位であり, 長さや時間の定義のあいまいさの影響を受ける. しかし, 角度は [長さ] を [長さ] で除した無次元単位であり, 長さの単位1 m が, 1.1 m であろうが, 1.2 m であろうが, その比なので角度の単位1 rad には影響がない. そして, 多くの組立単位の中で, 唯一, 平面角の rad, と立体角の sr (ステラジアン) のみが無次元単位である. 角度は便宜上, 組立単位に属してはいるが, 基本単位の影響を受けず, 基本単位から独立した特異な量ということができる. すな

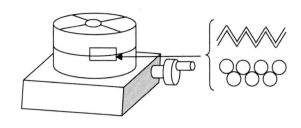

図2 精密割出盤
高精度な三角歯やボールで回転台と固定台が噛合っており, 回転時には回転台を持ち上げて, 任意の角度まで回転させる

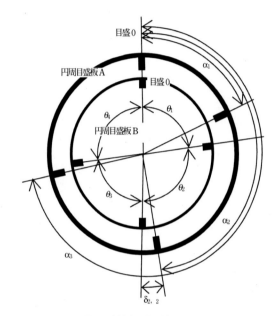

図3 高精度な自己校正法

わち, 唯一角度のみが誤差の入る余地のない理想的な単位として定義され, かつ, 身近に絶対的な基準が存在する.

角度の単位は rad のほかに, 従来から使用してきた, 度分秒を使ってもよく, 1度 (1°) = 60分 (′) = 3600秒 (″) と表す.

4. 角度標準の校正

1 rad が理想的に定義されていても現実には実用的な標準器が必要で, これら標準器を基準にして, 各種の角度測定器が校正される. 角度の標準器として, サインバー, 直角定規, 角度ゲージなどは長さの標準とつなげて校正される. 一方, 360度を対象とする円周目盛板や精密割出盤 (図2), ポリゴン鏡 (図6) などの標準器を校正する場合は, これ以上高精度なものは入手が難しいため, 前述したように360度を使った自己校正法が使われる.

第2節で述べた自己校正法で0度目盛を基準とした角位置 α_i は式 (5) のように求められるが, 目盛数 i が多くなると測定値 δ の測定誤差が累積する.

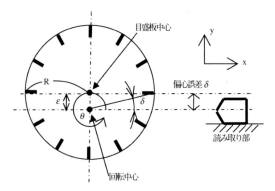

図4 目盛板の中心と回転中心のずれ

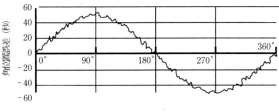

図5 偏心誤差

$$\alpha_1 = \theta_1 = \delta_1 - \gamma$$
$$\alpha_2 = \theta_1 + \theta_2 = \delta_1 + \delta_2 + 2\gamma \qquad (5)$$

そこで，高精度な校正を必要とする場合にはもうひとつの自己校正法[1]が使われる．図3のような約90度間隔に目盛を持つ目盛板Aを校正する例で説明する．もうひとつの同じ目盛数の目盛板Bを用意し，同軸に置く．Aの0度目盛を基準に各目盛の角度を α_1，α_2，α_3 と置き，目盛板Bの各目盛間隔を θ_1，θ_2，θ_3，θ_4 と置く．例えば，α_2 の角度を求める場合，まず0度目盛同士を合わせて，α_2 と目盛板Bの180度の目盛との相対角位置誤差 $\delta_{2,2}$ を測定する．次に，Aの0度目盛に目盛板Bの90度の目盛が重なるように目盛板Bを回転させて，α_2 と目盛板Bの270度の目盛との相対角位置誤差 $\delta_{2,3}$ を測定する．同様に $\delta_{2,4}$ と $\delta_{2,1}$ を測定する．すると各相対角位置誤差 $\delta_{2,i}$ は式（6）のようになる．ただし，i = 1，2，3，4

$$\left. \begin{array}{l} \delta_{2,2} = \alpha_2 - (\theta_1 + \theta_2), \quad \delta_{2,3} = \alpha_2 - (\theta_2 + \theta_3) \\ \delta_{2,4} = \alpha_2 - (\theta_3 + \theta_4), \quad \delta_{2,1} = \alpha_2 - (\theta_4 + \theta_1) \end{array} \right\} (6)$$

これらを加えると以下のようになる．

$$\delta_{2,2} + \delta_{2,3} + \delta_{2,4} + \delta_{2,1}$$
$$= 4\alpha_2 - 2(\theta_2 + \theta_3 + \theta_4 + \theta_1)$$

この右辺第2項は720度であるので，以下のように α_2 が求められる．

$$\alpha_2 = 180 + \frac{1}{4} \sum_{k=1}^{4} \delta_{2,k} \qquad (7)$$

ほかの目盛の誤差 α_1，α_3 も同様にして求められる．

この方法も前章と同様，標準器を使わずに誤差を求める

ことができる．この自己校正法は第2節のものと違って，各目盛の0度目盛からの値が直接求められ，測定誤差の累積はない．この方法は測定値 δ の誤差が平均化され高精度な校正値を得ることができるため，標準器の校正に用いられる．しかし，ひとつの目盛を校正するために目盛数分の測定値が必要で，全目盛数Nを校正するには，N^2 個の測定値を必要とする．このため，目盛数が多くなると，測定時間を要し，環境変化による目盛自身の変形などドリフトの影響も避けられない．

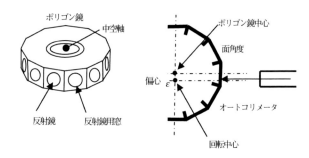

図6 ポリゴン鏡は偏心誤差の影響なし

5. 偏 心 誤 差

歯車，エンジン，モータなど回転するものには避けられない偏心誤差がある．角度測定においても重要な項目である．誤差のない目盛板であってもわずかの偏心で大きな誤差が発生する．半径Rの目盛板が，図4のように回転中心に対して機械的な偏心誤差 ε をもって取り付けられていたとする．読み取り部から見た場合，x方向の中心ずれは誤差にはならないが，y方向の中心ずれは誤差となる．そして，目盛板の回転角 θ とともに次式のような1回転を1周期とする正弦波状の誤差 $\Delta\delta$ を生じる．

$$\Delta\delta = \frac{\varepsilon}{R} \sin\theta \qquad (8)$$

これを偏心誤差[2]という．

例えば，直径80 mmの目盛板で機械的な偏心誤差が10 μm あった場合，図5のように，±50秒の正弦波状の誤差が目盛の誤差に加わる．

この偏心誤差は標準器などの校正を行う場合には重要な項目で，回転方向に剛性が高く，軸の偏心や倒れに柔軟なカップリングを使って連結することによってずいぶん減らすことができる．大幅に減らすためには，誤差読み取り部を180度対向の位置に取り付け，その2つの読みを平均する．180度対向の位置では符号が逆の偏心誤差が生じるため，平均することで消去できる．この方法によって，1次成分だけでなく，目盛板の持つ誤差の1，3，5，7などの奇数次フーリエ成分も消去され，さらに，回転軸の非繰り返し誤差の影響も消去できるなど，大きなメリットがある．ここで3次フーリエ成分誤差とは1回転で3周期の正弦波

状の誤差のことをいう.

目盛板を例に説明してきたが,非常に使い易い標準器としてポリゴン鏡がある.図6に示すように,光の反射面が12面などを持つ角柱状のもので,各面の角度が表示値に対して誤差が5秒程度までに仕上げられている.目盛板のように角度を目盛線で表すものを線角度,ポリゴン鏡のように角度を面で表すものを面角度という.面角度を測定するにはオートコリメータが使われる.オートコリメータは平行光を測定対象面にあて,その反射光をオートコリメータ内で結像させ,ずれ角を読み取るものである.面角度の最大のメリットは,図6右側に示すように偏心誤差を与えても,反射光の角度は変わらず,誤差は生じない.前述の$\phi 80$ mmの目盛板を±5秒以内とするためには,機械的な偏心誤差を1 μm以内に取り付けねばならず,一般的には難しい.このように,厳密な偏心調整を必要としないポリゴン鏡は,非常に使い易い標準器として使われてきた.

6. 標準を使わないそのほかの校正法

平面度や真直度も角度の校正に分類されるかは意見が分かれると思うが,標準を使わない校正法の例として紹介する.

6.1 3面すり合わせ法

高精度な平面度を持つ定盤を製作したい.このとき,3つの同じような定盤A,B,Cを用意し,AとBをすり合わせながら,あたる部分を削り落としてゆく.次にBとCとで同じことを行い,次にAとCとで同じことを行う.これを繰り返して,3つが互いに凹凸がなくなれば,3面とも完全な平面になる.図7に示すように,最終的な3つの定盤の平面の形状をそれぞれ,δ_A (x, y),δ_B (x, y),δ_C (x, y) とすると,3組の2面同士で面が合うということは以下の3つの式が成り立つということである.そして,この3式が同時に成立するのはどのδも0のときである.この方法も標準平面を用いない方法である.

$$\delta_A(x, y) + \delta_B(x, y) = 0$$
$$\delta_B(x, y) + \delta_C(x, y) = 0$$
$$\delta_C(x, y) + \delta_A(x, y) = 0$$

仮にA,Bの2面だけですり合わせると,上記第1式のみ成立し,$\delta_A = -\delta_B$で,$\delta_A = \delta_B = 0$とはならない.

6.2 真直度の測定(反転法)

高精度な真直度を測定するためには,変位計を動かす案内の誤差も無視できない.図8のように真直度y_1 (x) を測りたい面がある.その面に沿って変位計を動かす案内を用意して,まず,案内基準に測定面の変位を計り,測定値δ_1 (x) を得る.次に測定試料を反転させて配置し,同様に同じ案内を基準に変位δ_2 (x) を得る.y_0 (x) を変位計の案内の真直度として,これらの関係は以下のように表せる.

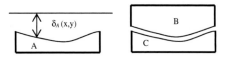

図7 3面すり合わせ法

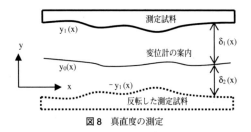

図8 真直度の測定

$$\delta_1(x) = y_1(x) - y_0(x), \delta_2(x) = -y_1(x) - y_0(x)$$

この2式から,案内のy_0 (x) を消去すると,測定対象の真直度y_1 (x) が式(9)のように求められる.ちなみに案内の真直度も式(10)のように求められる.

$$y_1(x) = \frac{1}{2}(\delta_1(x) - \delta_2(x)) \quad\text{———————(9)}$$

$$y_0(x) = -\frac{1}{2}(\delta_1(x) + \delta_2(x)) \quad\text{———————(10)}$$

この方法も真直度の標準を使わない方法である.

7. 角度の校正の特徴

第2章,3章に紹介したものも含めて,自己校正法の精度は再現性で決まる.物差しの各目盛がたとえ1 mmの誤差を持っていても,その目盛の再現性が1 μmあれば,1 μmの精度までの校正値が得られるというものである.従って,再現性の良い角度測定機器が開発されれば,角度の校正精度がさらに高精度化される可能性がある.

角度の測定においては,長さにおけるレーザのような自動測定に適した高精度高分解能な標準が利用できないため,標準作りや測定の自動化が遅れている.しかし,角度には利点も多い.長さの標準を高精度に維持することは厳密な温度管理が要求される.これに比べ,角度は原理的に温度に依存しないため,厳密な温度管理が不要である.また,長さの場合,測定には直線運動が必要で,回転モータを使う場合にはねじなどの直線運動への変換機構も必要となる.これに比べて,角度測定には,多くの回転モータが直結で使え,回転停止を繰り返すことなく連続回転させ,安定な回転を得ることもできる.また,軸受として,高精度な回転形空気軸受もあり,高精度な回転軸が得やすい.さらには回転軸の振れを非繰り返し誤差をも含めてキャンセルする方法もあり,見かけ上,超高精度な回転軸を得ることも可能である.

図9　産総研のポリゴン鏡自動校正装置

図10　産総研のオートコリメータ校正装置

8.　角　度　標　準

　以上のような角度特有の利点を生かした角度の最高の標準はどうなっているであろうか.

　産業技術総合研究所では従来からポリゴン鏡の校正の研究を続けてきている. 最新のポリゴン鏡校正装置[3]を図9に示す. 720 分割の高精度な割出盤が2つ内蔵され, 上部にはポリゴン鏡も搭載され, 第3章の自己校正法などが自動で行われる. 国際比較も行われ, ほぼ± 0.1 秒の精度で一致していることが確認されている.

　また, ポリゴン鏡や反射鏡と組合せて使う, 微小角度の測定に欠かせないオートコリメータがある. 産総研では図10 にあるような微小角度の校正装置を開発し, 2002 年 4 月から国家標準として, 1000 秒の測定範囲で± 0.1 秒の精度で依頼試験を始めている. この装置はピエゾアクチェエータで任意の基準の微小角度を作る割出装置と, その基準角度を測定するレーザ干渉計からなる. 基準角度は割出装置上の低熱膨張材を使ったアームの両端の変位を, レーザ干渉計を使って測定する. この時, 重要なアームの半径は 1 回転させて計測された角度が 360 度になるように決められる.

　また, ロータリエンコーダは現在では機器の自動化に欠かせないセンサとして, 工作機械やロボットの位置や速度の制御に使われている. その日本最高の精度のものは1回転あたり 10 万以上の目盛を持ち, 精度は約± 0.5 秒, 世界最高のものは 3 万以上の目盛を持ち, 精度は約± 0.1 秒と従来の機械的な標準と遜色のない精度を持っている. しかしながら, 最近まで, 角度標準として, ポリゴン鏡や精密割出盤などしかなかったため, 校正できる目盛数は極端に少なかった. 例えば, 数万目盛の内の 12 点の測定でメーカが精度保証を行い, ユーザもそれを受け入れざるを得ない状況であった. また, ドイツ国立研究所 PTB (Physikalisch Technischen Bundesanstalt) でも古くからエンコーダの国家標準を設備して, 精度± 0.15 秒を実現し, 各種のエンコーダの詳細な精度評価を行っていた. しかし,

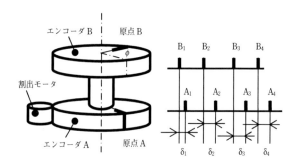

図11　等分割平均法

内蔵する基準エンコーダの 162000 目盛の内の 72 点についての校正しか厳密には行われていない. この原因は, 従来の自己校正法が目盛数の多いものには実用上適用できないからであった. このような状況の中, 多数の目盛を校正できる実用的な校正法が筆者らによって開発された. マルチ再生ヘッド法[4]と等分割平均法[5]である. いずれも標準を必要としない自己校正法で, 多数の目盛の校正値を曲線に見立て, そのフーリエ成分をグループごとに検出し, 合成して校正値を求める方法である.

　等分割平均法は2つのエンコーダを用い, エンコーダの相対角を変えて誤差のフーリエ成分を求める方法である. その校正装置は図 11 のように, 2 つのエンコーダ A, B と割出機構からなる. それぞれのエンコーダ誤差を $A(\theta)$, $B(\theta)$ として, 相対角 ϕ にセットして, その相対角位置誤差 $\delta(\theta, \phi)$ を測定すると式 (11) のようになる. θ は回転角を表す.

$$\delta(\theta, \phi) = A(\theta) - B(\theta + \phi) \text{————— (11)}$$

2π を K 等分する相対角 ϕ で測定して得た, K 個の $\delta(\theta, \phi)$ を平均すると式 (12) を得る. ただし, 右辺第 2 項は式 (14) 以降で述べる.

$$\frac{1}{K}\sum_{k=1}^{K-1}\delta(\theta, 2\pi k/K) = A(\theta) - \xi_K(\theta) \text{————— (12)}$$

ここで，任意の関数はフーリエ成分で表せるので，エンコーダBを式（13）のようにおく．iはフーリエ成分次数，Nは目盛数，B_i，α_iはi次フーリエ成分の誤差の振幅と位相角を表す．

$$B(\theta) = \sum_{i=1}^{N/2-1}B_i \sin(i\theta + \alpha_i) \text{————— (13)}$$

式（13）を式（12）の右辺第2項に代入すると以下となる．

$$\xi_K(\theta) = \sum_{m=1}^{N/2K-1}B_{Km}\sin(Km\theta + \alpha_{Km}) \text{————— (14)}$$

この$\xi_K(\theta)$はエンコーダBが持つフーリエ成分のKmの倍数次成分を表す．例えば，K＝9の場合，9，18，27，，，と9の倍数次成分すべてを含む．逆に，式（12）の左辺はエンコーダAの誤差から，エンコーダBの9の倍数次成分のみ抜けたものである．ここで，もし仮に9の倍数次成分が無視できるエンコーダBを使えば，式（12）から式（15）のようにエンコーダAの校正値AC（θ）が求められる．

$$A_C(\theta) = \frac{1}{K}\sum_{k=0}^{K-1}\delta(\theta, 2\pi k/K) \text{————— (15)}$$

エンコーダBの誤差フーリエ成分に合わせて適切なKを選ぶか，この方法をいくつか組み合わせる[5]と，実用上十分な精度のエンコーダ誤差A，従ってBも求められる．この方法を採用した校正装置[6]（**図12**）が産総研に設置され，内蔵の基準エンコーダが精度±0.02秒で校正できることが確認された．この装置が2002年4月に正式に日本の国家標準となり，112500目盛までを，不確かさ0.06秒（精度±0.06秒）で依頼試験を開始している．ただし，この不確かさの大部分は被校正エンコーダの取付け取り外しの誤差である．

一方，海外ではドイツを除いて，エンコーダ用の角度標準はまだ設置されていない．最近，ドイツのPTBでは，10億7000万パルスを出力する基準エンコーダを内蔵した一段と高精度な校正装置[7]を開発した．内蔵の基準エンコーダの校正精度は±0.005秒と非常に高精度である．ただし，第2，3章の自己校正法の域を出ず，厳密な校正目盛数は128点である．また，装置は，基準エンコーダの精度を維持するために，20±0.01℃と徹底した温度管理のクリーンルーム内に設置されている．これに比し，日本の国家標準は，内蔵の基準エンコーダを高精度に維持する必要がなく，簡易な温度管理のもとで全目盛の高精度な校正を実現している．また，最近ドイツと日本で国際比較を行っているが，精度も相互に遜色のないことを確認しつつある．従

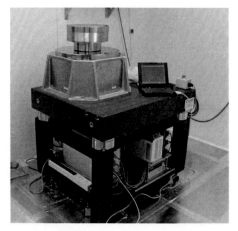

図12　産総研のロータリエンコーダの校正装置

って，日本の国家標準は全目盛の校正，簡易な温度環境，短時間測定など実用性においても非常に優れている．

9.　トレーサビリティ体系

トレーサビリティ体系とは，計測機器がより高精度な標準によって，次々に校正され，国家標準にまでつながる体系のことで，末端の計測器も国家としての精度保証が可能になるものである．ロータリエンコーダのトレーサビリティ体系が，2003年2月に経済産業省から官報に告示された．このトレーサビリティ体系は，階層構造を持ち，産総研の国家標準を頂点に，この装置で校正されたロータリエンコーダ（特定二次標準）を持つ認定事業者が，国に代わって校正事業を行う．今後，認定事業者が順次立ち上がり，トレーサビリティ体系が整備されていくであろう．

10.　お わ り に

角度が特異な量であることを述べ，ほかの量とは異なる独自の校正法と角度標準の現状を紹介した．特に最近のロータリエンコーダの国家標準とトレーサビリティ体系は日本独自のものであり，世界標準へ向けて発進することになる．今後の動きに注視いただきたい．

本稿を終わるにあたり，産総研の計測標準研究部門の方々に情報提供いただいたことに謝意を表します．

参 考 文 献

1) 豊山晃：角度の標準器とその校正法, 精密機械, **44**, 5(1978) 539.
2) 谷口修著：最新機械工学シリーズ計測工学, 森北出版
3) 益田正：角度標準の動向, 光学, **32**, 2(2003) 82.
4) 益田正，梶谷誠：角度検出器の精密自動校正システムの開発, 精密工学会誌, **52**, 10(1986)1732.
5) T.Masuda: High Accuracy Calibration System for Angular Encoders, J. of Robotics and Mechatronics, **5**, 5(1993) 448.
6) 渡部司ほか："ロータリエンコーダの高精度校正装置の開発（第一報），精密工学会誌, **67**, 7 (2001) 1091.
7) P.Probst:The new PTB angle comparator,Meas. Sci.Thechnol., 9(1998) 1059.

ハイテク技術を支える研磨加工

An Outline of Lapping & Polishing Methods supporting High Technologies / Toshio KASAI

東京電機大学　河西敏雄

　人間は他の動物と異なり，様々な素材に手を加えて必要な道具を作ることを特徴としていることは誰もが知るところである．現在では，道具作りのために数多くの加工法が生み出されてきており，それらのなかには超精密加工に類する高度のものがあり，研磨加工はそれらのひとつである．今回の「はじめての精密工学」では，ハイテクを縁の下で支える研磨加工を採り上げる．

1. 研磨は身近な精密加工法のひとつ

　通常のガラスレンズなどは研磨で直接的に製作されている．一方，プラスチックレンズになると研磨された金型で成型されるので間接的に製作されたことになる．また，具体的な製品名はなくても部品製造過程の面取りや型合わせ微調整などでも利用されていて無視できない研磨法もある．最初に研磨製品について概観してみる．

　ごく身近にある眼鏡，カメラ，双眼鏡，虫めがねなどのガラスレンズは可視光を透過しても結像が歪むことがないようにラッピングやポリシングからなる光学研磨によって精度良く仕上げられてきた．

　このような硬脆材料を対象にした研磨技術は，改善が進み，現在では，光学部品に限ることなくオプトメカトロニクス分野の様々な高度部品の製作で用いる重要な技術に成長している．例えば，水晶発振子・フィルタ基板の平面研磨では，140 MHz といった高周波に応じることができるように結晶方位の指定と板厚 35 μm の基板の薄片化，加工変質層の僅少化を可能にしている．超 LSI 用のシリコンウエハは，ϕ12 in におよぶ大口径のインゴットから細い鋼線を多重に張ったマルチワイヤ工具を用いたラッピング切断で切り出され，続く両面ラッピングとメカノケミカルポリシング（Mechano-chemical Polishing, Chem. Mechanical Polishing）を経て高精度平面，無擾乱，無汚染に仕上げられる．この研磨技術は半導体レーザや発光ダイオードなどに使う化合物半導体基板の研磨にも活かされている．

　さらに大口径の工作物になると，すばる望遠鏡をはじめとする反射型天体望遠鏡の主鏡の研磨がある．多くの場合，低熱膨張ガラス円板を所定の非球面形状の鏡面に仕上げている．また，シンクロトロン放射光用の X 線反射鏡についても，X 線波長が可視光波長の 1/100 以下になるので，可視光で鏡面に見えても X 線では曇り面である可能性があり，ここでも高品質でかつ高精度の非球面研磨が行われる．

　レーザは，キャビティ成立のための高精度の平行平面確保が必須であり，固体レーザシステムやガスレーザシステムともに研磨に負うところが大きい．また，光通信，光情報処理，エネルギー，医療，材料加工・処理，計測・評価などの分野のレーザ応用における各種の光学部品も研磨なくして実現できない．

　このような研磨技術の粋を集め，最高の研磨技術をもって仕上げているものが半導体デバイス製造に用いるステッパーレンズ系である．エキシマレーザの短波長寄りの遠紫外光によって 100 nm 以下の微細パターン形成を行うことに応えるべく，素材の超高純度石英や蛍石のレンズを扱っている．

　硬脆材料のなかで特に硬質なダイヤモンド，ルビー，サファイヤ，超硬などは，超精密（鏡面）切削用のバイト，硬さ測定用圧子，リード線圧接用ポイントなどに研磨で仕上げられる．また，これらの素材を含む宝石・貴石類からなる様々な宝飾品，さらには半貴石類の置物などに対する研磨では，上記の光学研磨に似た研磨法のほかにバフ研磨やバレル研磨などが適用される．

　成型金型については，プラスチックレンズ用の場合，素材にガラス，セラミックス，超硬，金型鋼などが用いられ，これらもガラスレンズに優っても劣ることのない高精度・高品質に研磨で仕上げられる．また，テレビ・ラジオ・パソコン・プリンター・CD や DVD レコーダ，携帯電話などの筐体製作用金型，自動車に至っては，ボディ用の分割金型，内装プラスチック部品の金型等の金属研磨が行われる．さらにボディ塗装面の仕上げ研磨，エンジンのシリンダ内面のホーニングなどがある．

　金属材料の研磨では，ゲージブロックや栓ゲージをはじめとする測定具やジグの高精度研磨，台所の包丁，大工道具，旋削用バイト，伝統工芸品の日本刀など刃物の砥石研磨，ベアリング鋼球やパチンコボールなどのバレル研磨，めっき下地やめっき後の仕上げ研磨，建材用のステンレス鋼の鏡面研磨など限りがない．このほか有機物材料の研磨として，漆などの塗り物，プラスチック，木製品などの仕上げ研磨があり，手足の爪の手入れにおいてさえも研磨が行われる．

　研磨は本当に身近な加工法であり、技術的難易度にはピンからキリまである。硬いダイヤモンドから軟らかい漆ま

で加工対象になり、それだけに様々な製造業において独自に技術展開が行われてきた。なかには技術用語の「研磨」が別加工の「研削」と明確に区別されずに曖昧のまま現在に至っているところもある。例えば、金属加工現場の作業者が俗っぽい表現で「ひとなめ研磨する」と言って実際には何と研削を行っている。残念なことに通常の国語辞典においてもこれらの加工の区別が明確にされていない。

精密加工技術の分野では、所定の平面や球面などの形状精度と表面粗さやうねりなどの微小凹凸を確保する基本的な考え方でこれらを明確に区別している。「研磨」は工具面の表面状態を工作物面に加圧して擦り合わせて形状反転を行うので「圧力転写形加工」に分類される。一方、工具の切り込みと工具や工作物の運動によって加工精度や表面粗さが決まる「切削や研削」などは「運動転写形加工」である。このような考え方が「研磨」と「研削」の特徴付けや切り分けのひとつの根拠になっていて、工具に砥石を用いても「圧力転写形加工」であれば「研磨」であり、「運動転写形加工」であれば「研削」ということになる。

2. 工作物と工具面を擦り合わせる様々な研磨法

研磨の歴史は古く、古代遺跡の出土品のなかに研磨されたものが幾つも見られる。古代人は、生活行動のなかでものを互いに擦り合わせると汚れが取れること、凹凸が小さくなること、滑らかになることなどを経験したと思う。素材の色模様や光沢が現れるところに行き着き装飾品を手に入れ、刃物を鋭利に研げることも知り、鏡も作れるようになった。

西洋では、紀元前の水晶レンズが出土しており、早くからレンズが存在した記録がある。ガラスレンズの研磨は透明ガラスの入手が可能になってから始まり、13世紀にガラスの眼鏡レンズが使用されている。ガリレオ（1564年-1642年）は屈折式望遠鏡を、ニュートン（1642年-1727年）は反射式望遠鏡を自作した。それぞれガラスおよび銅合金を対象に今日でも通じる光学研磨が行われたようである[1]。

現在では、研磨対象になる素材、製品機能、形態、精度、品質などが多岐にわたり、研磨法や研磨資材である研磨砥粒、研磨液、研磨工具なども数多く提案されてきた。ここでは研磨を代表するラッピング、ポリシングを中心に説明する。

図1は、研磨の基本を示すものである。粗面研磨のラッピングや砥石研磨、鏡面研磨のポリシングのいずれも工作物と工具を擦りあわせる研磨操作が行われ、ラッピングを人手のみで行うならば、ハンドラッピング、研磨機によるならば機械ラッピングということになる。

2.1 ガラス研磨

ガラスレンズなどのラッピングでは、おもにアルミナ（Al_2O_3）系の #1000 砥粒（平均粒径：12.0 μm）を水に分散させた研磨剤と工具の鋳鉄ラップが用いられる。砥粒の

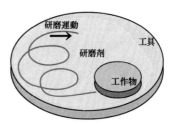

図1　研磨の基本操作

押し込み、転動、引っ掻きによって工作物表面に微小破砕が生じて切り屑を生成する。その痕跡が表面粗さであり、その値は、通常のガラス素材で 2〜3 μmRz、概して曇り面を示す。微小破砕の影響を受けた加工変質層深さは、表面粗さ Rz 値の 7〜10 倍である。なお、最近のレンズの量産現場では、鋳鉄ラップの磨耗による短時間の精度劣化や研磨剤管理の煩雑さを避け、レンズ相当の曲面をもつラップ面に φ5〜20 mm のペレット状の小片ダイヤモンド砥石を敷きつめた工具を用い、水を供給して加工を進める砥石研磨が主流になっている[2]。

一方、ガラスの光学ポリシングでは、酸化セリウムの微細砥粒（粒径：0.5〜2 μm）を水に分散させた研磨剤と工具の硬質発泡ポリウレタンパッドが用いられる。微細砥粒はパッドに穏やかに抱えられて引っ掻くので、破砕を伴うことなく鏡面に仕上げる。その表面粗さは、多くの場合、10〜30 nmRz になる。さらに微細な表面粗さが要求される場合、液中研磨が有効であり、そこでは比較的深い容器を用いる。十分な量の研磨剤中の上層部に工作物と工具を設置すると、研磨剤中を浮上する微細な砥粒で研磨を行うことが可能になり、研磨剤の緩衝効果、冷却効果と合わせて表面粗さが1桁小さくなって高品質研磨が期待できる[3]。なお、ポリシング用の砥粒には古くは酸化スズやベンガラが、工具材料にはピッチやセラック含浸フエルトなどが用いられた。また、研磨したガラスの表面に砥粒から生じる遷移金属イオン汚染を避け、より微小な表面粗さを必要とするような場合に高純度のシリカ砥粒の研磨剤が用いられることもある。研磨圧力や工作物と工具の相対速度の標準的な値は、ラッピング、ポリシングの双方とも 0.1〜0.2 kPa、10〜30 m/min である。

2.2 光学結晶・誘電体結晶の研磨

工作物の性質や要求される加工品質・精度に見合った砥粒など研磨資材の選択が必要になる。例えば、水晶はガラスと同様に主組成が SiO_2 であるが、やや硬くて強固であることもあって、ラッピングでは微細破砕が効率的に行われる SiC 砥粒が用いられることが多い。ポリシングでは酸化セリウム砥粒の研磨剤が使用される。$LiTaO_3$ や $LiNbO_3$ はへき開性が顕著であり、ポリシングで傷つきやすいので、ガラス研磨に用いる酸化セリウム砥粒の研磨剤は不向きである。慣らし運転で微細化しやすいベンガラ、微細なシリカ砥粒、酸化チタン砥粒などの研磨剤が適する[4]。軟質結晶の TeO_2 や蛍石などの研磨では、#4000 砥粒（平均粒

径：3 μm）によるラッピング，微細なシリカ砥粒による
ポリシング が用いられる．厳しい加工品質と形状精度の要
求に応えるため，最終的な鏡面仕上げになるとポリシング
パッド材にピッチやワックスを採用することもあり，研磨
条件も複雑になる[4]．結晶方位の指定，スクラッチや表面
粗さ生成メカニズムなど考慮した砥粒など研磨資材の選
択，（超）純水，クリーン環境の採用などが必要になり，
光学研磨から超精密化に向けて大きく飛躍した．

2.3 シリコンウエハ研磨

シリコンウエハは，φ12 in，厚さ1 mm以下の薄板工作
物である．アルミナ系 #1000 砥粒と鋳鉄ラップを用いる両
面同時ラッピングを行い，ラッピングによる加工変質層や
汚染物質をエッチングで完全に除去する．ラッピングにお
ける表面粗さ2 μmRz はエッチングによって1/10の0.2
μmRz になり，この後のメカノケミカルポリシングを有利
にしている[5]．最終工程のポリシングでは，粒子径10 nm
前後のpH調整されたコロイダルシリカ研磨剤と軟質発泡
ポリウレタンパッドを用い，表面粗さ1～2 nm Rz ときわ
めて高品質の鏡面に仕上げる．ただし，この研磨条件では
前処理のエッチングによる凹凸を完全に除くのに時間を要
するので，砥粒径，加工液pH，ポリシングパッドの硬さ
などを変えた加工量が大きいメカノケミカルポリシングを
2段階あるいは3段階と組み込んで，多量のウエハ研磨の
時間短縮に対応している[6]．

2.4 金属研磨

金属研磨では，工作物が純金属だけでなく様々な合金も
あるので研磨条件も多岐にわたる．特に砥粒の分散に単純
な水を用いると研磨面が短時間に錆びることを心配し，防
錆作用を持つ陰イオン性界面活性剤を水に添加することが
ある．市販の水溶性研削液を転用しても効果があり，油性
研磨剤を用いることも少なくない．界面活性剤を添加した
研磨液を用いてラッピングを行うと研磨面の残留砥粒の洗
浄までも良好に終えることができ，そのうえ加工量の数倍
増加が期待できる．しかし，工具の鋳鉄ラップの摩耗量も
同様に増加することも知っておく必要がある．なお，金属
材料の粗面研磨としては砥石研磨，サンドペーパ研磨など
も有効である．

簡易な鏡面研磨法の金相学的ポリシングは，鉄鋼などの
金属組織の検鏡のために回転するフェルトパッドに Cr_2O_3
砥粒を水に分散した研磨剤を供給し，手で工作物を押しつ
けて研磨する方法である．研磨剤をダイヤモンドペースト
に換え，パッド面に指先で塗り付けておき，水を供給して
研磨する場合もある．フェルトパッドに限ることなく，ポ
リウレタンパッドやPET繊維の不織布パッドなども市場
に準備されている．

化学研磨は，エッチングで鏡面になる薬品の水溶液を研
磨剤同様に供給しつつ，工作物とポリシングパッドを擦り
あわせて粗面を鏡面に仕上げていく研磨法である．すべて
の金属に適用できるものでなく反応生成物が容易に取り除

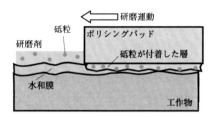

図2 ポリシングにおける材料除去メカニズムモデル

けることが条件になる．

工作物が金属材料であれば導電性を有するので，研磨剤
として電解液を供給し，陽極酸化条件にして工作物に被覆
した酸化膜や水和膜をポリシングパッドで擦り取るのが電
解研磨であり，皮膜が硬いとき電解液中の遊離砥粒や軟質
砥石状パッドで擦り取る電解砥粒研磨がある．一例として
ステンレス鋼 SUS304 の電解砥粒研磨で，$NaNO_3$ の20 %
水溶液，電流密度100 mA/cm² 以下とアルミナ #2500 砥粒
で好結果を得ている[7]．

3. 研磨における加工のメカニズムの探求と 新研磨法の提案

1960年代の始めの頃に米国で超精密加工の必要性が生
まれた．特に光学部品の超精密鏡面切削が検討される一方
で，研磨に関してもさらに先端を目指した研究が進められ
た．そのひとつがシリコンウエハのコロイダルシリカと軟
質発泡ポリウレタンパッドによるメカノケミカルポリシン
グ技術である．シリコンデバイスのプレーナ技術による
IC化やLSI化に向け，高品質・高精度のウエハ面が提供
できる超精密研磨のひとつになった．メカノケミカルポリ
シングの材料除去は，研磨中にシリコンウエハ面に水和膜
が形成され，ポリシングパッドによって擦り取られること
の繰り返しによって進むと解釈されている．研磨における
機械的作用が水和膜除去だけと考えれば，ウエハ面の加工
変質層深さは僅かに原子数層に留まるといえる．これが契
機になり，従来の様々な研磨の材料除去メカニズムや新た
な研磨原理が検討されるようになった．それらについて簡
単に説明する．

図2に示すようなポリシングにおける水和膜などの形
成・除去については，現在ではシリコンに限らずガラスや
ほかの材料でも厚さの違いこそあれ疑いがないところにあ
る[8]．工作物材料と適切な研磨剤による研磨中の水和膜形
成，ポリシングパッド面の微小凹凸と研磨剤が一体化した
研磨能力などが上手くかみ合うとシリコンウエハのメカノ
ケミカルポリシングと同様な高品質研磨が可能になる．

しかし，単純に工作物と工具を擦り合う間にも機械的作
用と化学作用が複合した現象が生じている．工作物と工具
の間の接触状況には，図3のように直接接触から非接触ま
でが考えられ[9]，現実にそれを利用した特徴ある研磨が提
案されてきた．

光学研磨では，工具のポリシングパッドに研磨剤の逃げ

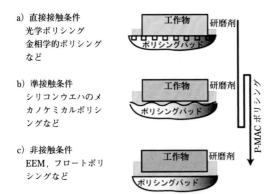

a) 直接接触条件
光学ポリシング
金相学的ポリシング
など

b) 準接触条件
シリコンウエハのメカノケミカルポリシングなど

c) 非接触条件
EEM，フロートポリシングなど

図3 工作物と工具の接触状態

場であり，供給の場である溝が付けてあるので，工作物と工具は直接接触条件で研磨が進められている．直接接触条件の典型的な研磨として，ダイヤモンドの研磨を挙げることができる．多くの場合，鋳鉄円板工具のスカイフを，その面にダイヤモンドペーストを塗布して周速にして1000 m/minほどの高速回転にてダイヤモンドを押し付けて研磨する．適切な結晶方位面を所定の方向に擦過すると発熱を伴い材料除去が進み，黒鉛と見られる切り屑がダイヤモンドの周辺に観察される．

乾式メカノケミカルポリシングでは，乾燥状態で工作物のサファイヤ，工具の石英ガラスが10 nm台大きさのシリカ砥粒の間で研磨が進められた．研磨における発熱でサファイヤとシリカ砥粒の間に化学反応が生じ，軟質な鉱物のムライト（$3Al_2O_3・2SiO_2$）を生成して材料除去が進行する研磨法である．この研磨原理はほかの素材の研磨にも応用が拡がっている．加工量がダイヤモンド砥粒を用いたときより大きく，表面粗さも良好である[10]．

反応生成物の生成・除去を代表する電解研磨や電解砥粒研磨については先に述べたので，再び硬脆材料で化学的に非常に安定なサファイヤを例に挙げる．サファイヤを200℃を越える高温水蒸気に曝すと水和膜を生じる．それを木材やカーボンのような耐熱工具で擦り取ることで研磨を進めることができ，ハイドレーションポリシングと名付けている[11]．

工作物と工具面が直接接触と非接触の中間の準接触状態に位置する研磨は，これまでたびたび説明してきたシリコンウエハのメカノケミカルポリシングが該当する．研磨剤を介した軟質なポリシングパッドにある凸部の機械的作用は，水和膜を擦り取る程度であると考えれば納得がいくと思う．

さらに，工作物と工具面の非接触状態については，研磨剤が存在する両者の相対運動の際のハイドロプレーン現象が利用できる．フロートポリシングでは，高精度の工具回転のために流体軸受けの主軸をもち，鋭利なダイヤモンドバイトと高精度直動スライドで金属錫工具面を鏡面切削できる研磨機を用いる．十分な量の研磨剤供給で回転中にお

いても工具面を覆う状態にして工作物を押し付けて研磨を行う．ハイドロプレーン現象で両者の非接触状態が維持される[12]．材料除去は，両者間の研磨剤がキャビテーションを起こし，砥粒が工作物に衝突することによって進むものと思われる．

EEM（Elastic Emission Machining）は，バネで柔軟に支持されたウレタンゴムボールやローラを工具にし，研磨剤中に浸漬して工作物に接した状態で回転させると工具に連れ回る研磨剤層が形成され，研磨剤中の比重が大きい砥粒が遠心力で工作物に浅い角度で斜めに衝突することで加工を行う[13]．

こうしてみると工作物と工具の直接接触から非接触のすべての条件による研磨が可能である．機械的作用が大きい前者の状態の研磨では概して加工量が大きく，後者の研磨では小さい．また，加工変質層深さは後者が小さく高品質の研磨面が得られる．

P-MAC（Progressive-Mechanical and Chemical）ポリシングは，研磨中にこれらの条件を積極的に変化させることを狙って名付けた研磨法であって，先に述べた化学研磨条件の下で両者の接触条件を変えていくことを特徴とする．GaAsウエハ研磨では，鏡面エッチングの可能なBr-メタノール研磨液（剤）を用い，加工されないガラスやサファイヤをダミー材料にしてウエハ面と同一高さに揃えて研磨を始める．研磨の進行とともにウエハとダミイ材料の間に加工量差が生じ，工作物と工具間の接触状態が順次変化していく．当初は，接触状態の凹凸除去のために研磨液中に微細砥粒を混入したが，砥粒の機械的作用よりも穏やかなポリシングパッドの摩擦で十分な働きがあることが判明し，現在では砥粒を使用していない[9]．

4. 研磨における加工精度

ガラスレンズが鏡面に仕上がっても，透過光を所定の焦点位置に絞ることができなければ商品価値がない．シリコンウエハは，仮に無擾乱鏡面に仕上がっていても端だれが大きく，また，平面度が劣ると超LSIの微細パタン形成に使えない．このように多くの製品は，所定の精度に仕上げることによって必要とする機能，性能が得られており，それらの高度化が進められている．研磨加工が圧力転写加工であることは既に述べた．工具の平面などの形状精度が工作物に反転するので，摩耗や塑性変形しやすいポリシングパッドの扱いに工夫が行われる．工具に軟質なピッチを用いるレンズ研磨では，これまでに加工の途次の工作物の形状を観察・測定し，工具の状態を判断し，工作物と工具の相対運動の位置条件を調整して研磨を進めつつ工具面の形状を修正する方法が採られてきた．言うまでもなく工具面が所定の形状に修正できた時，工作物はそれに見合った精度に仕上がっている．一方，工具修正に時間を要し，ときには不可能と判断されたときには，別に用意した標準面に工具面をすり合わせるなど工具修正作業をすませて再び研

図4　金相学的ポリシングの工作物と工具の関係

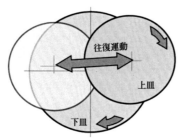

図5　レンズ研磨機の工作物と工具の関係

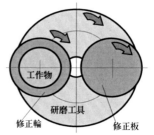

図6　修正輪形研磨機の工作物と工具の関係

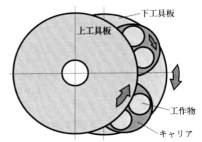

図7　両面同時研磨機の工作物と工具の関係

磨に移行している．このほかオプチカルフラットの製作の最終研磨で，予めオプチカルフラット級に加工しておいた工具プレートにピッチやテフロンを均一厚さに塗り付け，その工具によって端だれがない極めて高い平面度を仕上げている[14]．また，先に述べたフロートポリシングも超精密鏡面切削で得た錫工具面の精度を工作物に反転していくひとつの例である．

　研磨では，工具面の形状精度が崩れない工具を準備することが理想的である．上述のガラスレンズなどのラッピングに換わるペレット状のダイヤモンド砥石を用いる砥石研磨は，これに応える研磨技術といえる．ポリシングにおいてもポリシングパッド用の材料として様々な素材が検討され，現在では，耐摩耗性に優れる発泡ポリウレタンパッド類の使用が主流になっている．特に硬質発泡ポリウレタンパッドの形状精度確保には，ダイヤモンド砥石を用いるドレッシングが大きな役割を果たしている．

　なお，現実には工具の摩耗変形は避けがたい．研磨機については，研磨を行いつつ修正機能を持たせる修正輪形研磨機も多く使用されており，これについては後で再び触れる．

5.　研磨機械と研磨加工理論

　研磨における工作物と工具の擦り合わせは，お互いに満遍なく，均一に全方向から行うことを理想とし，これまでに様々な研磨装置が作られてきた．人手だけによる両者の擦り合いは，粗面から鏡面に仕上げていくのに何日も要することもあって，最初の道具利用に「ろくろ」のようなものを用いたと思われる．現在では，モータを動力源にした回転工具板に工作物を手で押し付け往復運動を与える図4のような金相学的ポリシングや荒ずり機がある．また，工

作物の往復運動を回転運動からクランク機構で可能にした図5のような研磨運動のレンズ研磨機が光学部品工場で広く使用されてきた[2]．また，工具と工作物の双方を偏心位置で単純な回転を行うだけの図6のような修正輪型研磨機なども平面研磨を中心に利用されている[4]．これらは工作物の片面を対象にした研磨機である．シリコンウエハ，水晶発振子基板，ガラスマスク基板など両面同時研磨機も上記の研磨機など工作物と工具の関係がよく似ていて，図7のような歯車キャリヤ内に収めた板状工作物の上下を工具で挟み付けるようにしてそれぞれに回転を与えて研磨を行う．工作物が歯車キャリヤによって自転と公転していて上下の工具が停止状態の2ウエイ方式，片方の工具が回転する3ウエイ方式，上下工具が互いに逆回転する4ウエイ方式の両面研磨機ということになる．いずれにおいても多数個の板状工作物の両面を同時に加工し，平行平面に仕上げることができる特徴を持つ[15]．

　これまでの多くは平面研磨や球面研磨を前提にしたものであったが，非球面研磨になると様々な工夫が必要になる．前加工をNC研削した場合，砥石を研磨工具に置き換えた電算機援用研磨が考えられる．また，電算機援用研磨として，工作物の非球面形状を測定して理想値と実測値の違いを算出し，小円軌跡の研磨運動する小片工具が工作物上を走査する際に滞留時間調整で修正研磨を行うものもある[16]．

　運動転写型の加工の切削や研削では，理論的扱いでは運動解析が意味を持つ．圧力転写型の加工の研磨になると運動解析に加えて圧力解析も必要になる．お互いに擦り合う工作物と工具の形状，工具摩耗，圧力による変形量などが明確になれば，研磨開始と同時に研磨圧力の状態が把握できる．フエルトポリシングパッドを用いるポリシングの加工量が工作物と工具の相対速度，圧力，時間に比例するこ

とは，Preston の 1927 年の論文に記載されている [17]．筆者らは，加工量のみならず工具摩耗量についても同様な比例関係があり，それらの比例定数 η（μm・km^{-1}/Pa）の単位を研磨の走行距離と圧力の単位を残して表すことを提案した [18]．ただし，これらの比例関係は，研磨剤の供給が円滑に行われ，かつ，温度変化がない条件で成立するものである．さらに，工具表面の弾性変形定数 ζ（μm/Pa）を用いて研磨における平面度変化を求める基本的な理論式を求めた [4]．現実には，研磨機の違いにより温度上昇に微妙な相違があるので，これらの定数の変化を考慮して理論計算を進めなければならない．

6. 研磨の新たな応用分野

ラッピング，ポリシングを中心に研磨について解説を行ってきた．高品質，高精度の仕上げが可能であった光学研磨は，光学部品加工に留まらず，オプトメカトロニクス部品で総称される様々な先端部品研磨に利用されるようになった．研磨における材料除去メカニズムの解明，精度確保のための研磨装置・ジグや研磨資材の開発，高精度の測定・評価機器などに支えられてきた．特に近年話題になっている半導体デバイス加工用のステッパーレンズ製作に関しては，技能の塊であるといわれるが，研磨技術として既に確立されていてその詳細が伏せられているというのが実情のようである．また，半導体デバイスウエハの CMP も新たな技術上の問題を抱えていて解決が急がれている．当初の CMP のための研磨は，デバイス加工を終えた凹凸を有するウエハの全面にガラス層間絶縁膜を形成し，それを平滑に研磨して微細回路パタン形成を容易にすることであった．従来までのデバイス外のワイヤ結線を，その層間絶縁膜上に再びリソグラフィ技術によって微細配線回路にして 4〜8 層と多層に積み上げ，配線長さを大幅短縮してデバイス動作の高速化を可能にした．最近のパソコンの高速化はこの技術の恩恵によるものである．当学会の「プラナリゼーション CMP とその応用技術専門委員会」で活発な調査・研究が行われており，CMP のさらなる詳細説明についてはこのあとの新たな担当者に譲ることにしたい．

参 考 文 献

1) F.Twyman 著, 富岡正重, 山田幸五郎共訳: プリズムおよびレンズ工作法の研究, 宗高書房, (1962) 12.
2) 中村宣夫: I - 4, 研削・研磨, 光学素子加工技術 '93, 日本オプトメカトロニクス協会, (1993) 58.
3) R.W.Dietz, J.M.Bennett: Bowl Feed Technique for Producing Supersmooth Optical Surfaces, 5, 5, (1966) 881.
4) 河西敏雄: 高精度平面形状加工に関する研究, 電通研成果報告第 13634 号, (1979) 137.
5) 河西敏雄: シリコン基板の加工技術と加工表面品質, 表面科学, 21, 11, (2000) 7.
6) 土肥俊郎: 詳説半導体 CMP 技術, 工業調査会, (2001) 22.
7) 清宮紘一: 電解砥粒鏡面仕上げ方法および装置, 砥粒加工学会誌, 37, 4, (1993) 219.
8) N.J.Brown: Some Speculations on the Mechanisms of Abrasives Grinding and Polishing, Precision Engineering, 9, (1987) 129.
9) T.Kasai, F.Matsumoto, A.Kobayashi: Newly Developed Fully Automatic Polishing Machines for Obtainable Super-smooth Surfaces of Compound Semiconductor Wafers, Annals of CIRP, 37, 1, (1988) 537.
10) 安永暢男, 小原明, 樽見昇: 磨耗における界面固相反応の結果とその精密加工への応用に関する研究, 電総研報告, 776, (1977) 109.
11) 奥富衛: 2.4. III-3, ハイドレーション加工, ファインセラミックス利用技術集成, サイエンスフォーラム, (1982) 179.
12) Y.Numba: Mechanism of Float Polishing, Technical Digest at Topical Meeting on Science of Polishing, OSA(1984,4) Tub-A2.
13) 森勇蔵: Elastic Emission Machining とその表面, 精密機械, 46, 6, (1980) 659.
14) G.Otte: An Improved Method for the Production of Optically Flat Surfaces, J.Sci.Instrum., 42, (1965) 911.
15) 市川浩一郎: 超精密ラッピング・ポリシングマシン, 超精密生産技術大系第 2 巻実用技術, (1994) 228.
16) D.J.Bajuk: Computer Controlled Generation of Rotationally Symetric Aspheric Surfaces Optical Eng., 15, 5, (1976) 401.
17) F.W.Preston: The theory and design of plate glass polishing machines, J. Society of Glass Tech., (1927) 214.
18) 河西敏雄, 織岡貞二郎: フエルト研磨皿によるガラスの高速仕上研磨（第 5 報）—ガラスの仕上研磨法の研究, 精密機械, 33, 5, (1967) 306.

精密工学

半導体デバイスプロセスにおける CMP

CMP in Semiconductor Device Process / Masaharu KINOSHITA

ニッタ・ハース（株）　**木下正治**

1. CMP の登場

研磨は旧くて新しい技術である．半導体 IC をはじめ多くの電子デバイスが身の回りで使われているが，いずれも研磨によって平坦化された各種の基板材料の上にデバイスが形成されている．その中でも CMP（Chemical Mechanical Polishing,化学的機械加工）と呼ばれる技術は今や半導体のデバイスプロセスになくてはならない平坦化プロセスとなっている．

CMP がはじめて注目されたのは，1991 年 6 月の VMIC における IBM からの論文であった[1]．ここでは層間絶縁膜 CMP とデュアルダマシンプロセス（Dual Damascene Process）による金属配線の基本概念が提案されている．この基本プロセスはデバイスの集積度向上，多層配線のさらなる多層化でプロセスが複雑になってきてはいるものの 10 年以上たった今でも変わっておらず，CMP を用いた普遍的なプロセスとして提案された意義は高い．

もともとシリコンウエハの研磨ではメカノケミカルポリシング（Mechano-Chemical Polishing）という言葉が使われており，CMP も基本的にはこれと同様の概念であるが，現在では半導体のデバイスプロセスに適用された研磨を CMP といっている．従って，CMP の定義は研磨剤（研磨スラリー）に酸やアルカリの溶液を用い，酸化膜や金属膜の表面に化学反応を与えながら，研磨パッドによって機械的に除去していく研磨プロセスと言える[2]．また，半導体デバイスの分野では CMP を Chemical Mechanical Planarization の略称としても用いており，デバイスプロセスでの平坦化に重きをおいた呼び方である．なお，CMP

に関する専門用語については文献 2)を参照していただくと良い．

2. 半導体デバイスと CMP プロセス

半導体デバイスを作るにはシリコンウエハの上にトランジスタ，抵抗，容量，配線などの微細なパターンを形成していく．プロセス途中のウエハの微小領域を見てみると，例えば図 1 のような微小な凹凸形状からなっている．ここに見える台形のパターンはトランジスタが形成されるアクティブ領域であり，素子分離工程（STI：Shallow Trench Isolation）の途中である．図 2 に STI 工程の概略を示す．シリコン基板の上に窒化膜，酸化膜を成膜し露光工程，エッチングを経て素子分離溝を形成する．この溝に絶縁用の酸化膜を埋め込み，余剰の酸化膜を研磨して平坦化を行う．この研磨が CMP である．最後に窒化膜を剥離して，アクティブ領域にトランジスタを形成する．

現在 CMP による平坦化が用いられているプロセスは図 3 に示すように層間絶縁膜の平坦化(ILD CMP)、素子分離プロセス（STI CMP），タングステンプラグ形成（W CMP），Cu 配線形成(Cu CMP)がある．それぞれの概要と課題を以下に述べる．

2.1 ILD CMP とスクラッチ

層間絶縁膜は配線間の絶縁を取るために入れられる膜でこの膜の平坦化を ILD CMP という．マイクロスクラッチの低減が課題である．スクラッチがあるとその上に金属配線を形成した場合にショートを起こす恐れがある．ここでは，研磨スラリーとしてはヒュームドシリカ微粉を用いた

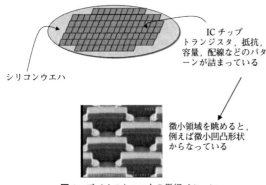

図 1　デバイスウエハ上の微細パターン

IC チップ
トランジスタ，抵抗，容量，配線などのパターンが詰まっている

シリコンウエハ

微小領域を眺めると，例えば微小凹凸形状からなっている

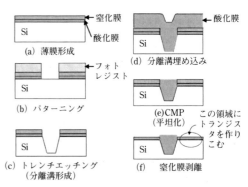

図 2　STI の形成プロセス

(a) 薄膜形成
窒化膜
酸化膜

(b) パターニング
フォトレジスト

(c) トレンチエッチング（分離溝形成）

(d) 分離溝埋め込み
酸化膜

(e)CMP（平坦化）

(f) 窒化膜剥離
この領域にトランジスタを作りこむ

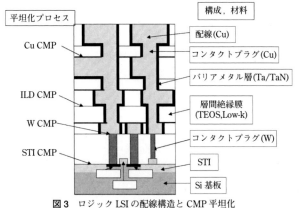

図3 ロジック LSI の配線構造と CMP 平坦化

（図3 ラベル）
平坦化プロセス
Cu CMP
ILD CMP
W CMP
STI CMP

構成，材料
配線(Cu)
コンタクトプラグ(Cu)
バリアメタル層(Ta/TaN)
層間絶縁膜(TEOS,Low-k)
コンタクトプラグ(W)
STI
Si 基板

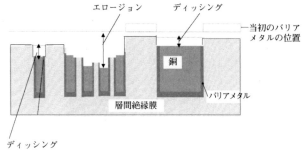

図4 Cu CMP におけるディッシング，エロージョン

（図4 ラベル）
エロージョン
ディッシング
当初のバリアメタルの位置
銅
層間絶縁膜
バリアメタル
ディッシング

アルカリ性のものが主に用いられる．特にマイクロスクラッチ対策として，ヒュームドシリカの粒径分布の中で 0.5 μm 以下の粒径の比率を抑えるような工夫がなされている[3].

2.2 STI CMP と研磨選択性

STI CMP は図2に示すプロセスであり，酸化膜を研磨して窒化膜で止めなくてはならない．このため，窒化膜に対して酸化膜の研磨選択比が高いセリアスラリーが用いられる．さらに，界面活性剤やほかの添加剤を配合調整することにより，パターンの粗密に無関係に凸部を選択的に研磨し，凹部の研磨を抑制するようなプロセスが確立されている[4].

2.3 W CMP とスクラッチ

W は配線と電極間の垂直プラグ形成に使われる．タングステンは硬い材料であり，また難加工材料であるため，表面を酸化した後その酸化膜を CMP で除去することが一般的に行われる．また，研磨砥粒としてもアルミナのような高硬度のものが用いられてきたが，研磨表面に多くのスクラッチが入ってしまうため，ヒュームドシリカを用いるようになってきた．

2.4 Cu CMP

2.4.1 Cu の配線構造

Cu は Al に代わる低抵抗配線材料として，ロジック LSI の微細化とともに使われるようになり，特に多層配線では今後不可欠なものとなっている．銅（Cu）はドライエッチングで高速に精度良くパターニングすることができないことから，Cu 配線の形成にはダマシン（象嵌）構造を用いている．すなわち，層間絶縁膜に配線用の溝を形成しそこにメッキによって Cu 膜を埋め込む．このプロセスを2回繰り返すと配線とプラグを同時に形成することができ，これをデュアルダマシン構造といっている．さらに，Cu は拡散係数の大きい重金属であり，デバイス中に拡散していくと IC の特性劣化を引き起こすため，拡散を抑止するバリアメタル層を Cu 膜の下地に敷き込む．一般的なバリアメタルとしては Ta/TaN を用いる．従って，Cu 配線層の断面は Cu/バリアメタル/酸化膜という3層構造になっている．このため，Cu CMP 工程は通常2ステップの研磨

が行われる．まず，余剰 Cu 膜の CMP，次にバリアメタルの CMP を行う．このように Cu CMP では Cu，バリアメタル，酸化膜の3種類の膜を研磨していくため，研磨スラリーも Cu 用とバリアメタル用の2種類を用いる．

2.4.2 ディッシング、エロージョンの抑制

Cu CMP での一番の課題は図4に示すようにディッシング，エロージョンの抑制である．ディッシングは CMP によって Cu 配線表面が皿状に窪んで削れてしまう現象であり，エロージョンは Cu 配線が密集しているところ全体が CMP 後に他の部分よりも大きく窪んでしまう現象である．Cu 配線膜にディッシングやエロージョンがあるとその上に順次形成していくプラグ，配線にショートや断線が生じる．Cu CMP ではディッシング，エロージョンを最小にしていくため，次のような研磨ステップが取られる．まず，余剰の Cu を高速に研磨してバリアメタル層の上数 100 nm の厚さのところで止める（Cu Bulk CMP）．このときはウエハ全面に渡って平坦な面が得られている．次に研磨レートを低くして残りの Cu 層を研磨し，バリアメタル層が現れるまで研磨する（Cu Clearing）．このときには，ウエハ表面微小凹凸，うねりなどに起因する Cu の研磨残りがまったくなくなるようにオーバ研磨を行う．従って，Cu 埋め込み層にディッシングが入るが，これを極力小さくなるようにする．そして最後にバリアメタル層を研磨して，Cu の埋め込み配線のみが酸化膜面に形成されるようにする（Barrier Metal CMP）．このときも Cu のディッシングが極力小さくなり，また，酸化膜の削れ量も小さくなるようにする．従って，研磨スラリーに対してこれら3種類の膜質に対する選択比を持たせる工夫が必要となる．一般的には余剰 Cu を除去する研磨スラリーは Cu の研磨選択比がバリアメタル，酸化膜に対して高いことが求められる．一方，バリアメタルに対しては，Cu：バリアメタル：酸化膜＝0〜1：1：1となるような構成にしている．バリアメタルの CMP では Cu のディッシングを極力小さくすることが必要なため，このような選択比となる．

2.4.3 Low-k 絶縁膜の CMP 研磨耐性

Cu 配線はデバイスの信号遅延を抑制するために導入されたが，層間絶縁膜に誘電率の低い Low-k 絶縁膜を必要とする．しかし，Cu 配線と Low-k 絶縁膜との組合せは

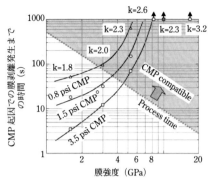

図5 Low-k膜の剥離時間と膜強度（Kondo[5]）

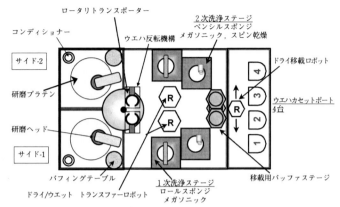

図7 CMP量産機の例（Ebara FREX200 平面図）

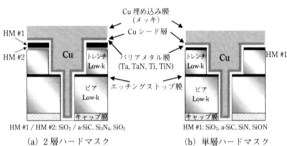

HM #1 / HM #2: SiO_2 / a-SiC, Si_3N_4, SiO_2　　　HM #1: SiO_2, a-SiC, SiN, SiON

(a) 2層ハードマスク　　　　(b) 単層ハードマスク

図6 Cu/Low-K配線概念図

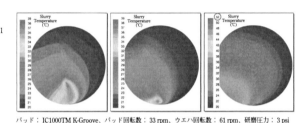

パッド：IC1000TM K-Groove，パッド回転数：33 rpm，ウエハ回転数：61 rpm，研磨圧力：3 psi

(a) 粗い表面組織　　(b) 中程度の表面組織　　(c) 細かい表面組織

図8　パッドのコンディショニングとウエハ下でのスラリー温度分布
　　　（赤い点が高温部）
　　　（G.Muldowney[13]）

さらに新たな課題を CMP にもたらす．Low-k 膜は誘電率が3以下の層間絶縁膜の総称であり，その膜質としても CVD で成膜する CDO（Carbon Doped Oxide），スピン塗布後キュアして形成する無機系 SOG（Spin on Glass），有機系 SOG，さらには膜中に空孔を含んだ有機多孔質膜までバラエティに富んでいる．一般的な特徴としては，膜の機械強度が低いということが挙げられる．図5は膜強度と研磨耐性をプロットしたもので，k 値（誘電率）が低くなるにしたがって，CMP 中に剥離するまでの時間が短くなっている．また，研磨圧力を通常の 3.5 psi から低くしていくと，剥離までの時間は長くなる．一般的には 8 Gpa 以下の膜強度が CMP の研磨耐性として求められる[5]．この結果，Low-k 膜を単体として使うことは CDO 膜以外はなかなか難しい．このため，膜強度の向上に対して材質面ならびに応用面で対策が取られている．図6は Cu/Low-k 膜のインテグレーションの一例であるが，Low-k 膜の上に Cap 膜として研磨耐性の強いハードマスク膜をつけている．

3. CMP 装置の進歩

CMP を構成する要素を挙げると，研磨装置，研磨パッド，研磨スラリーとコンディショナーになる．研磨装置はウエハ保持機構，研磨定盤を複数配備し（マルチヘッド，マルチプラテン機構），研磨終点検出のような，in-situ モニタリング，洗浄機を組み込んだ一体システムとなっており，層間絶縁膜，STI，メタルのすべての CMP に対応できる．代表的な装置の例を図7に示す．カセットにウエハ

をセットすれば，装置内で研磨，洗浄を行いドライインードライアウトで処理できる．CMP 装置が半導体の製造装置として完成されていくには多くの課題を解決していかなくてはならなかった．研磨機の剛性，軽量化，振動・発塵対策，酸・アルカリ等からの防食，多機能ロボット，ウエハチャッキング機構，研磨終点検出，スラリー循環供給システム，ウエハ後洗浄機構，クリーン化技術，システム制御など多岐に渡っている．この内 CMP の性能に特に重要となるのが，ウエハチャック機構と終点検出方法の開発である．

ウエハチャッキングはシリコンウエハの研磨でも重要な要素であるが，CMP では 1 μm 以下の研磨量で平坦化を実現しなくてはならないため，ウエハの研磨面を研磨パッドにいかに均一に当てるかがポイントになる．現在はウエハ全面に背圧を掛けながら，さらに局所的な圧力分布が出せるような2重の加圧方式が採用されている．また，リテーナの加圧機構もウエハ平坦化に影響する[6]．

研磨終点検出の方法には渦電流，温度，差動トランス，振動解析，超音波センサ，トルク電流，容量，光干渉などの各種方法が考案されている．一般的な方法で精度が高いのは光学的な検出方法である．光源にはレーザ光源を用い，研磨表面からの反射強度の変化，あるいは研磨薄膜の膜厚変化による光干渉などを利用する[7]．光を使う場合には研磨プラテンと研磨パッドに光を透過する窓を開けることが

必要になる.

CMP での研磨圧力は 3 psi 以上が一般的であるが，Cu 配線と Low−k 絶縁膜の組合せでは，Low-k 膜の機械的強度が低いため研磨圧力を 1 psi 以下にすることが求められている．このため，低研磨圧力制御，real time profile monitor などの新たな機能を組み込んだ装置の実用化が進んでいる[8]．さらに，今後は Cu 配線を用いたデバイスの普及が加速すれば，Cu の電解研磨を取り入れた CMP 装置が必要になる可能性がある．既に，電解研磨 CMP の技術開発については基本的な性能は達成されており，Cu−ECMP と銘打った装置が量産機となってくるに違いない[9]～[11]．

4. CMP プロセスのシミュレーション

CMP による平坦化のプロセスにはウエハの平坦度，ウエハ上に形成されたデバイスパターンの寸法，形状，ウエハと接触する研磨布やスラリーを介した研磨条件などが複雑に絡みあっている．そこで，この現象を理解するためにプロセスのモデル化とシミュレーションが有効である．CMP のモデル化ではウエハの表面トポグラフィーや研磨パッドの物理的特性のモデル化と平坦化[12]，さらにはスラリーの流れ解析などが行われている[13]．CMP パッドの表面はミクロに見ると開口した空孔と凹凸からなる微小組織となっており，また，マクロに見るとスラリーの流路となる規則的な溝が掘られている．パッド上でスラリーが流れる流路は，ウエハとパッド表面凹凸によって決まる．コンディショニングによってこの流路の幅，間隔，開口率などが決まり，また，研磨圧力の高低によって変化する．ウエハとパッド間での新旧スラリーの混合，置換がうまく進まないと，ウエハ面内に温度勾配が発生し，研磨レートのウエハ面内分布が生じ平坦化が悪くなる．図8はこのようなパッドの表面状態を厳密にキャラクタリゼーションしてモデル化して，スラリーの流れ解析を行い，研磨温度分布のシミュレーションをした結果の一例である[13]．粗い表面組織ではウエハの中心からパッド中心に向かう半径方向（図中では下方向）の中ほどに高温点が発生しているが，細かい表面組織ではこのような高温点はウエハエッジに退き，ウエハ全域に渡って大きな温度勾配となっている．研磨レートのウエハ面内均一性は，後者の方が良好になる．これらの結果は実際のプロセスデータとかなり良い一致が得られている．

5. ま と め

CMP が半導体デバイスの研磨に使われるようになったことが経緯となり，Cu CMP に示されるように研磨技術の大きな進展が得られた．研磨装置は研磨終点検出機能の開発により経験的な装置から，再現性のある予測できる自動機になった．また，これまで隔靴掻痒の感のあった研磨プロセスの現象解析も CMP プロセスのモデル化およびシミュレーション技術が進展してきたことで，正確な把握ができるようになってきた．

参 考 文 献

1) F.Kaufman et al: Chemical Mechanical Polishing for Fabricating Paterned W Metal Feature as Chip Interconnects, J.Elecrochmi. Soc., **38**, 11, (1991) 3460
2) CMP 用語辞典，精密工学会プラナリゼーション加工/CMP 応用技術専門委員会編，グローバルネット（株）発行，2000 年，および，Planarization Technical Term Dictionary, Global Net Corporation 発行，2004 年
3) 木下正治，最近の CMP スラリーの動向，精密工学会プラナリゼーション CMP とその応用技術専門委員会第 19 回研究会資料，2001 年 4 月 19 日．
4) Masanobu Hanazono,et al: Why CeO2 is promising for STI?, CAMP2001, Clarkson University.
5) S. Kondo, et al: Low-Pressure CMP for Reliable Porous Low-k/Cu Integration, IEEE International Interconnect Technology Conference (IITC), 86-88.
6) T.H Osterheld et al: A Novel Retaining Ring in Advanced Polishing Head Design for Significantly Improved CMP Performance, MRS1999, Spring, また，例えば，USP6251215, Carrier head with a Multilayer Retaining Ring for Chemical Mechanical Polishing.
7) B.R.Adamas et al: Process Control and Endpoint Detection with Fullscan ISRM System in Chemical Mechanical Polishing of Cu layers, CMP-MIC, March 2000.
8) 宇田豊他，超低圧 CMP 技術，精密工学会プラナリゼーション CMP とその応用技術専門委員会第 34 回研究会資料,(2003) 27.
9) L.Economicos et al: Application of Cu Electro-Chemical Mechanical Polishing(Ecmp) for 65nm Technology, Proceedings of The 1st Pac-Rim International Conference on Planarization CMP and Its Application Technology, (2004) 69.
10) M. Tsujimura: General Principle of Planarization Governing CMP,ECP,ECMP & CE-Low-down-force planarization technologies-, VMIC 2004.
11) 「どっちが本命？ CMP vs ECMP」，精密工学会プラナリゼーション CMP とその応用技術専門委員会第 43 回研究会資料，2005 年 4 月 14 日．
12) 土肥俊郎編著，詳説半導体 CMP 技術，工業調査会，(2001), 162.
13) G.P.Muldowney: The Effect of Pad Grooving and Texturing on CMP Process Performance, Proceedings of The 1st Pac-Rim International Conference on Planarization CMP and Its Application Technology, (2004) 33.

幾何処理としての CAM

Geometric Processing in CAM / Masatomo INUI

茨城大学工学部 乾 正知

1. は じ め に

NC 加工のための工具経路の生成や，適切な工具やホルダー選択の支援，そして生成された工具経路の検証などを行うソフトウェアを，CAM (Computer-Aided Manufacturing) ソフトウェアと呼ぶ．メーカ間の厳しい競争に勝ち残るためには，消費者ニーズに対応できる製品を迅速に製造し，他メーカに先駆けて市場に投入することが重要であり，特に設計と製造の架け橋となる金型製作の高速化が大きな課題になっている．CAM ソフトウェアは，この高速化の鍵を握る技術といえる．

本稿では，この CAM ソフトウェアの基盤となっている技術について，特にその幾何処理的な側面を中心に解説する．金型は非常に高価であり，その製造ミスに起因する金銭的・時間的な損失は，企業に大きな負担をもたらす．そのため CAM ソフトウェアには，処理の安定性と安全性が常に求められる．ホルダーの衝突や工具の削り込みなどの問題を避けるために，ソフトウェアの内部では，複雑な幾何計算が繰り返し行われている．CAM ソフトウェアの性能を向上させるためには，処理の大半を占めている幾何計算の効率化が非常に重要となる．

ここでは，CAM における主要な処理と思われる以下の4つを取り上げて，各処理において中心的な役割を果たしている幾何計算の理論と，その効率的な計算アルゴリズムについて述べる．

・2次元領域を埋め尽くす工具経路の生成
・削り込み回避に有効なミンコウスキ変換
・切削加工シミュレーション
・5軸加工における工具姿勢の決定

紙面の都合から，いずれの処理についても基本となるアイデアを示すにとどめた．理論やアルゴリズムの詳細については，巻末に挙げた参考文献を見て欲しい．

2. 2次元領域を埋め尽くす工具経路の生成

最初に，平面上の閉領域内を埋め尽くす工具経路の生成について考える．議論を簡単にするために，領域の外周は多角形として定義されているものとする．この種の工具経路は，ポケット加工や金型の粗加工の際によく用いられており，この計算は CAM における最も基本的な処理といえるだろう．多角形内を埋め尽くす最も簡単な工具経路は，テレビの走査線状に工具が移動するもの（図1 (a)）だが，この経路では領域の外周を正確に加工できない．そのため実際の加工では，領域内を周回しつつ埋め尽くす経路（図1 (b)）を用いることが多い．

2.1 オフセットに基づく経路の生成

半径 r の工具が，領域の外周に接しつつその内部を一周するとき，工具の中心点の軌跡は，外周を内側に r だけオフセットした図形となる．その内部を，工作物への切込みを一定量 d に保ちつつ切削加工する場合には，外周をさらに d ずつ内側にオフセットする処理を繰り返せばよい．生成されたオフセット図形を適当な線分で接続すると，領域内を周回しつつ埋め尽くす経路を得ることができる．

線分から構成されている図形を d だけオフセットする処理は，各線分を d ずらした線分や，各頂点を d 膨らませた円弧を生成し，それらを適切に接続することで実現できる．ずらした線分や円弧を単純に接続すると，図2に示すように，隅の部分で捩れた（自己干渉した）図形ができてしまうので，それらを検出し除去する処理が必要となる．これは2次元図形の集合演算とほぼ同じ処理であり，複雑な図形が与えられた場合には，高速な計算は困難なものとなる．

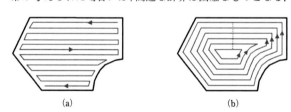

(a)   (b)

図1 2次元領域を埋め尽くす工具経路のパターン

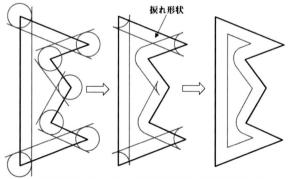

捩れ形状

図2 多角形のオフセットにおける捩れ形状（自己干渉部）の除去

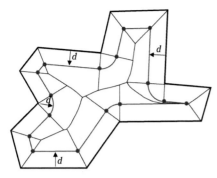

図3 輪郭を構成する線分と頂点の
ボロノイ図に基づくオフセット図形の生成

2.2 ボロノイ図を用いたアルゴリズム

2次元領域内を周回しつつ埋め尽くす経路は，領域の外周を構成する線分と頂点のボロノイ図を用いることで，高速かつ安定に計算できる．ボロノイ図とは，与えられた線分や頂点に応じて平面を幾つかの領域に分割したものである．各領域は線分または頂点と1対1に対応しており，各領域内の任意の点は，線分や頂点の中で，対応する線分もしくは頂点までの距離が最も近いという性質を持っている[1]．図3には，多角形内部にボロノイ図を生成した結果を示した．

多角形を内側にdだけオフセットした図形は，多角形の輪郭から距離dの点の集合なので，ボロノイ図を用いれば，以下の手順で容易に計算できる（図3）．

Step1：多角形の各線分について，ボロノイ図の対応する領域内に，線分をdだけずらした新しい線分を配置する．

Step2：各頂点について，ボロノイ図の対応する領域内に，半径dの円弧を配置する．

Step3：領域の隣接関係に基づいて，Step1とStep2で配置した線分と円弧を接続する．

ボロノイ図に基づく工具経路生成については，Perssonの先駆的な研究[2]が知られているが，当時はボロノイ図を安定に計算することが難しく，この手法は普及しなかった．その後，幾何的摂動法[3]などを用いた安定かつ高速なアルゴリズムが開発され，それに基づく工具経路生成アルゴリズムをHeldが発表したこともあり[4]，欧米のCAMソフトウェアにおいて，ボロノイ図に基づく手法が急速に普及している．

3. 削り込み回避に有効なミンコウスキ変換

金型には複雑な曲面形状を有するものが多い．このような金型のほとんどは，ボールエンドミルやラジアスエンドミルを用いたNC切削加工により製作される．金型加工では深く彫り込むことが多いため，剛性に優れる3軸制御の工作機械の利用が一般的である．3軸のNC加工では，切削工具の位置を代表する点（以後この点を参照点と呼ぶ）の移動経路を入力することで，希望する形状を切削する．

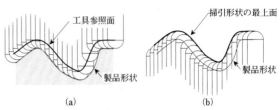

図4 製品形状を切削加工する際に有用な工具参照面（a）と，製品形状と工具の逆形状のミンコウスキ変換の結果（b）

3.1 曲面加工のための工具経路の計算法

最も一般的なボールエンドミル加工の場合には，工具先端の半球形の切刃の中心を，参照点として用いることが多い．従って金型の表面を切削するときには，切刃と金型の接触点から工具半径分離れたところを参照点が通過するように，ボールエンドミルの移動経路を与える必要がある．

曲面加工用の工具経路は，プレス型などの比較的平坦な形状を加工するために用いられる走査線状の経路と，ダイキャスト型などの深い形状を加工するために用いられる等高線状の経路の2種類に大別される．前者の場合には，経路の上方から工具を製品に接触するまで降下させ工具の初期位置を決定した後，工具が製品との接触を保ちつつ走査線に沿って移動する経路を追跡し，工具の中心点の軌跡をプロットすればよい．等高線加工の場合には，等高線を定める水平面上に工具の中心を与え，その高さを保ったまま工具を製品に接触するまで移動させ，工具の初期位置を決定する．その後，工具が製品との接触を保ちつつ水平移動する経路を追跡し，その中心点の軌跡を記録する．いずれの場合も，経路を追跡する際に非常に負荷の大きい計算を繰り返し実行する必要があり，膨大な処理時間が必要となる．

3.2 ミンコウスキ変換

曲面加工のための工具経路は，製品形状と工具形状のミンコウスキ変換[5]を用いることでも計算できる．ボールエンドミルが，製品との接触を保ちつつ製品表面を縦横に滑るときに，その参照点の描く面の様子を図4（a）に太線で示した．この面を工具参照面（Cutter location surface）と呼ぶことにする[6]．工具参照面が得られれば，この面上にジグザグ経路を描くことで，削り込みの生じない走査線状の工具経路を計算できる．また工具参照面を水平面で切断しその断面線を得ることを繰り返せば，等高線状の経路が得られる．

工具を，その参照点を中心に180度回転させた逆形状を考える．この逆形状を，図4（b）に示すように，参照点が常に製品の表面に存在するように保ちつつ縦横に移動させ，掃引形状を生成する．この処理は，計算幾何学の分野でミンコウスキ変換と呼ばれる，2立体のベクトル和の計算に相当する[*1]．図4（a）と（b）を比較すれば明らかなように，掃引形状の上面と工具参照面は同一となる．従っ

---

*1 工具の姿勢を180度回転させた逆形状を用いることから，わが国では逆オフセット法[7]という名称で知られている．

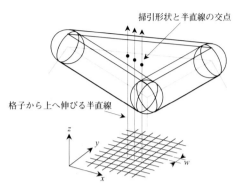

図5 xy 平面上の直交格子から上方に伸びる半直線と，
逆形状の工具の掃引形状の最も上側の面との交点

て工具参照面を得るためには，工具の逆形状の掃引形状を計算し，その上面を選択すればよい．

3.3 離散的なミンコウスキ変換

平面図形のミンコウスキ変換については，厳密かつ高速なアルゴリズムが知られているが（例えば文献5) 参照），3次元立体の場合には何らかの近似的な手法を用いることが一般的である．NC 切削加工では，逆形状の工具の掃引形状の上面を，xy 平面上の直交格子に基づく Z-マップで近似表現する手法がよく用いられる[7) 8)]．図5に示すように，xy 平面上に x 軸と y 軸に平行かつ等間隔な直交格子を与え，各格子について，その中心を通過する z 軸に平行な直線を考える．この直線と逆形状工具の上端部（ボールエンドミルの場合には球面）の掃引形状との交差を調べ，最も上側の交点，すなわち z 座標値が最大の交点を選択する．この処理をすべての格子について繰り返すと，工具参照面を緻密に覆う点群を得ることができる．これらの点は格子状に配置されているので，格子ごとに点の高さを記録すれば十分である．このような形状表現を Z-マップと呼ぶ．

Z-マップに基づく離散的なミンコウスキ変換は，処理が単純なためプログラム化が容易であり，計算も安定している．しかし高精度な経路を得るためには，直交格子の解像度を十分に大きくする必要があり，メモリ量と計算の手間の増大を招く．そのため従来は，低解像度の格子（＝精度の低い計算結果）で十分な，粗加工用の経路計算で用いることが一般的だった．近年の CPU の処理能力の向上とメモリ容量の拡大は，この状況を変えつつある．十分な解像度の格子を用意することが可能となり，計算の一部をグラフィックス処理用 LSI に肩代わりさせる最新の手法[9)]を用いると，ミンコウスキ変換により，プレス金型用の高精度な工具経路を数分で得ることできる．ミンコウスキ変換は，後述する5軸加工用の工具経路の生成にも有効なため，この手法のさらなる普及が見込まれている．

4. 切削加工シミュレーション

金型のような曲面を多用した製品の加工では，ボールエ

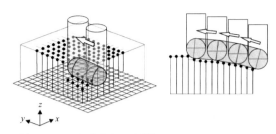

図6 Z-マップに基づく NC 切削加工のシミュレーション

ンドミルなどの切削工具は，膨大な回数の微小な直線移動を繰り返す．多くの CAM システムには，線画による工具経路の表示機能しか用意されていないため，このような複雑な加工の結果，どのような形状の工作物が得られるのか確認しにくい．そのため生成された経路に，製品への削り込みや多大な削り残しなどの問題が生じていても，それらを事前に把握することは困難であった．この問題を解決するには，計算機を用いて切削加工の過程を幾何的にシミュレーションし，加工後の工作物の形状を可視化する技術が有効である．

4.1 立体モデルの集合演算の利用

切削加工の結果は，立体モデリングシステムの集合演算機能を用いて，加工前の工作物の形状を表す立体モデルから，与えられた経路に沿って移動する切削工具の掃引形状を差し引くことで計算できる．CSG や境界表現法などの，一般的な立体モデリング技術の集合演算機能を用いて加工シミュレーションを実現した場合，複雑な計算に伴う膨大な処理時間と，計算誤差に起因する処理の不安定さが問題となる．そのため Z-マップ[10)]やデクセル[11)]，ボクセル[12)]，オクツリー[13)]などの離散的な立体表現手法を採用することが多い．

4.2 Z-マップ表現に基づく加工シミュレーション

本稿では，これらの中で最も実用的と考えられる，Z-マップ表現に基づく手法に議論を限定する．以下では，特にボールエンドミルを用いた加工を例に説明するが，ほかの工具による切削加工も同様に扱うことができる．前章で述べたように，Z-マップでは，xy 平面上に十分な解像度の直交格子を用意し，立体（加工シミュレーションの場合には工作物）上面までの高さを格子ごとに記録することで，その形状を近似的に表現する．この手法では，最も上側の面しか記録できないが，3軸の NC 加工では工具の姿勢が変化しないので，工具の中心軸が z 軸となるように座標系を定めれば，加工結果を可視化するには十分である．連続した直線移動に対応する，ボールエンドミル先端の半球形の切刃の掃引形状は，球面と円筒形を交互に結合したものの和形状となる．工作物を Z-マップによりモデル化すると，切削加工後の工作物の形状は，掃引形状を構成する球面と円筒形で，Z-マップの上部を切り詰める処理を繰り返すことで計算できる（図6）．

Z-マップ表現に基づく手法では，高精度な結果を得る

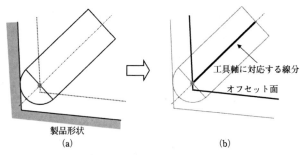

図7 製品形状と干渉しない工具の状態 (a) と，製品形状を工具半径分オフセットした図形と交差しない工具軸の状態 (b)

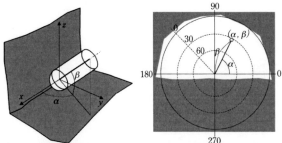

図8 工具軸の方向を定めるパラメータ (a, b) の定義(a)と，それらが定める空間において，工具が干渉する領域（黒）と，工具が干渉しない領域（白）を塗り分けた結果

ためには，ミンコウスキ変換の場合と同様に，xy 平面上に用意する直交格子の解像度を非常に大きなものにする必要があり，処理速度とメモリ消費の問題が不可避であった．しかしハードウェア性能の向上により，これらの問題も漸次解決しつつある[14]．その結果，加工シミュレーションを工具経路の検証だけでなく，より積極的な目的で利用する企業が増えている．具体的な例を挙げれば；

・加工シミュレーションの結果と製品形状を比較し，削り残しを抽出することで，次加工のための工具選択や工具経路生成のための基礎情報を得る[15]．
・微小な工具移動のたびに加工シミュレーションを実施し，工作物の除去体積を算出し，そのデータから工具に作用する負荷を推定する．さらに工具負荷が一定となるように工作機械の送りをコントロールする．

などの研究・開発が企業や研究機関で進行中である．

5. 5軸加工における工具姿勢の決定

これまでの議論では，加工中に工具の姿勢が変化しない 3 軸の NC 加工を対象としてきた．近年，加工の現場で，工具の軸方向を自由に変えて加工する，同時 5 軸制御の NC 工作機械が普及の兆しを見せている．5 軸の工作機械は，(1) 加工面に対する工具の姿勢を，最適な状態に保ちつつ加工を進められる，(2) 3 軸の工作機械では工作物の取り付けを変えなくては加工できない部分も一度に加工できる，(3) 工具の姿勢を変えることでホルダーの干渉を回避できるので，従来よりもホルダーの取り付け位置を低くでき，より安定した加工が実現できる[※2]，などの優れた特徴を持っている．しかしその一方で，5 軸の NC 工作機械については，CAM ソフトウェアの対応が遅れているため，その優れた機能を現場で活用できないケースが多い．

5 軸の NC 加工では，一般にボールエンドミルが使われる．ボールエンドミルの先端は球形なので，ある製品形状を加工する際の工具中心の位置は，製品形状を工具半径 r だけオフセットした図形上となる．オフセット図形は，前述のミンコウスキ変換を用いると容易に得られるので，工

具中心の移動経路の計算はさほど難しくない．そこで本章では，工具中心の位置が与えられているとき，工具の軸方向の取り得る姿勢を求める問題を考える．議論を簡単にするためにホルダー形状を無視すると，製品と干渉しない工具の軸方向を決める問題は，製品形状を r だけオフセットした形状に関して，工具中心から伸びる半直線がオフセット形状と交差しない姿勢を求める問題に置き換えられる（図7）．

半直線の姿勢は，図8 (a) に示すように，直線の方位角 α（0〜360 度）と高度 β（0〜90 度）の 2 つのパラメータで表すことできる．α と β の定める 2 次元のパラメータ空間を考え，その中の各点 (α, β) の指示する方向に伸びる半直線とオフセット形状の交差を調べる．半直線がオフセット形状と交差する場合には黒，交差しない場合には白でパラメータ空間を塗り分けると，図8 (b) のような画像が得られる．そこで工具の軸方向として，白く染められた領域内の一点 (α, β) に対応する姿勢を採用すれば，工具は製品と干渉しないことになる．加工中の安全性を重視すれば，黒い領域からできるだけ離れた白い点を採用することになるだろう．

パラメータ空間を塗り分ける手法として，森重らは立体モデリングの干渉検出機能を利用したアルゴリズムを提案したが，処理速度に問題があった[16]．同種の問題は，ロボティクスの分野ではハンドやプローブの接近可能性の判定問題[17]，また組み立ての分野では，部品の組み立て方向（もしくは分解方向）の決定問題[18]として長い研究の歴史がある．パラメータ空間を白と黒に色分けする問題は，工具中心に視点を与えたとき，白い背景色の空間に黒いオフセット図形を描いた画像を生成する問題と幾何的に等価なことから，近年，グラフィックス用 LSI に処理を代替させ高速に結果を得る手法が注目されている[17]．

6. ま と め

CAM ソフトウェアの処理を，特にその幾何的な側面を中心に解説した．筆者の浅学ゆえ，離散的な計算アルゴリズムに偏った部分もあるが，切削加工の自動化のために，様々な幾何処理技術が活用されていることがご理解いただけたと思う．単なる図形定義プログラムである CAD シス

[※2] 3 軸の NC 加工でも，同様の理由から，深く掘り込む加工の際に，工具を傾斜させる場合がある．本章の議論はこのようなケースにも当てはまる．

テムとは異なり，CAM ソフトウェアの場合，処理の内容が「加工のやり方」と密接に関わっているため，商用のソフトウェアを導入するだけでは企業独自の要求を満たしきれない場合が多い．その結果，ほぼ 100 パーセント欧米製ソフトウェアが使われている CAD とは違い，今でも独自の CAM ソフトウェアを内製しているメーカは多く，CAM ソフトウェアだけを開発・販売している国内ベンダーも幾つか存在している．本稿の内容が，この分野のソフトウェア開発に関わりたいと考えている学生諸君の一助になることを願っている．

参 考 文 献

1) A.Okabe, B.Boots and K.Sugihara: Spatial Tessellations, Concepts and Applications of Voronoi Diagrams, John Wiley and Sons (1992).

2) H. Persson: NC Machining of Arbitrarily Shaped Pockets, Computer-Aided Design, **10**, 3 (1978) 169.

3) 杉原厚吉: 計算幾何工学, アドバンストエレクトロニクスシリーズ, II-2, 培風館 (1994).

4) M. Held: GeoPocket, A Sophisticated Computational Geometry Solution of Geometrical and Technological Problems Arising From Pocket Machining, Proc. of Computer Applications in Production and Engineering CAPE '89 (1989) 283.

5) M.ドバークほか: コンピュータ・ジオメトリ, 計算幾何学：アルゴリズムと応用 (浅野哲夫訳), 近代科学社 (2000).

6) B.K.Choi and R.B.Jerard: Sculptured Surface Machining, Theory and Applications, Kluwer Academic Publishers (1998).

7) 近藤司, 岸浪建史, 斎藤勝政: 逆オフセット法をもとにした形状加工, 精密工学会誌, **54**, 5 (1988) 971.

8) Y.Takeuchi, M.Sakamoto, Y.Abe and R.Orita: Development of a Personal CAD/CAM System for Mold Manufacture Based on Solid Modeling Techniques, Ann.CIRP, **38**, 1 (1989) 429.

9) 乾正知, 垣尾良輔: NC 加工命令の高速な生成手法, 逆オフセット法のハードウェアによる高速化, 精密工学会誌, **66**, 12 (2000) 1901.

10) 乾正知: 3 軸数値制御工作機械による曲面加工の高速なシミュレーション, 情報処理学会論文誌, **40**, 4 (1999) 1808.

11) Y.Huang and J.H.Oliver: NC Milling Error Assessment and Tool Path Correction, Computer Graphics Proc., (1994) 287.

12) M.O.Benouamer and D.Michelucci: Bridging the Gap between CSG and Brep via a Triple Ray Representation, Proc. Fourth Symp. Solid Modeling and Applications, (1997) 68.

13) Y.Kawashima, K.Itoh, T.Ishida, S.Nonaka and K.Ejiri: A Flexible Quantitative Method for NC Machining Verification Using a Space-Division based Solid Model, The Visual Computer, 7 (1991) 149.

14) 乾正知, 垣尾良輔:NC 加工結果の高速な可視化手法, 3 次元グラフィックス表示装置の利用, 精密工学会誌, **65**, 10 (1999) 1466.

15) M.Inui and T.Miyashita: Hollow Shape Extraction, Geometric Method for Assisting Process Planning of Mold Machining, Proc. 2003 IEEE International Symposium on Assembly and Task Planning (ISATP 2003) (2003) 30.

16) 森重功一, 加瀬究, 竹内芳美: C-Space を用いた 5 軸制御加工のための工具経路生成法, 精密工学会誌, **62**, 12 (1996) 1783.

17) S.N.Spitz and A.A.G.Requicha: Accessibility Analysis Using Computer Graphics Hardware, IEEE Transactions on Visualization and Computer Graphics, **6**, 3 (2000).

18) R.H.Wilson and J.-C.Latombe: Geometric Reasoning about Mechanical Assembly, Artificial Intelligence, **71**, 2 (1994) 371.

分析について

Characterization of materials / Masao KUMAGAI

神奈川県産業技術総合研究所　**熊谷正夫**

1. は じ め に

　精密工学など機械加工に携わっている読者には，材料分析になじみのない人も多いと思われる．ここでは，そうした読者を対象に，分析業務に携わっているものが，どのような視点から分析法を選び，どのような手順で材料の評価をしているか，具体的なケースを取り上げて解説したい．

　本来，分析とは組成分析の意味であるが，ここでは物性的な評価も含めて紹介したい．また，加工において表面の評価が重要と考えられるので，表面解析を中心に加工に関連する例を取り上げた．

　誌面の制限もあり，個別の分析手法の原理等に関しては省略した．そのため，唐突に様々な分析法が出てきて分かりにくいと思うが，筆者ら日頃分析の仕事をしている人間が，どのようなことを考え，どのような注意をはらって分析評価を行っているのかを理解してもらえれば幸いである．

　個別の分析法については，稿末に示した参考文献を参照して欲しい．

2. 材料分析における基本

　具体的なケースを紹介する前に，材料分析を行う場合の基本的な事柄について示す．

　①複数の評価法を用いる（クロスチェックを行う）

　硬さ，強度など材料の諸特性は，組成，結晶構造，化学結合状態など様々な物性に起因する．それらの物性を評価する分析の方法は数多く存在し，1つの手法でそれらの諸物性評価することは困難である．そのため，複数の評価法を組み合わす必要がある．また，分析により試料の損傷が起き，分析結果に影響を与える場合もある．励起源の異なる,複数の評価法を組み合わす事により，損傷の影響も避ける事ができる．

　②評価法の組み合わせ方（クロスチェックの仕方）

　複数の評価法を組み合わせる場合，異なる原理（湿式分析と物理分析，質量分析と電子分光など）や相互作用（異なる励起源を用いるなど）の分析法を組み合わせるのが有効である．これは，評価対象や試料損傷が原理や励起源に依存するためである．また，X線光電子分光（XPS）やオージェ電子分光（AES）（nm領域の分析）と電子線マイクロアナライザ（EPMA）（μm領域の分析）など異なる分析領域の手法を組み合わすことで全体構造を理解することも有力である．

　③評価手順

　クロスチェックの手順についても考える必要がある．損傷の少ない手法から行う，損傷の影響を受けやすい手法から行う，平均的全体的な構造を評価出来る手法から行う，などが考えられる．また，分析法の選択には操作のしやすさ，測定時間なども考慮する必要がある．

　④目的意識を明確にする

　分析法を選ぶ，あるいは分析を行う場合は，特性との関連を念頭に置いて，常に目的意識を持って行う必要がある．材料の特性は様々な諸物性が関連しており，評価している物性がどのように特性に寄与しているかを意識することにより有効な結果を得ることができる．

3. 具体的な分析事例

3.1　case1 微細加工面の観察

　材料の評価は観察からはじまる．観察には目視から原子間顕微鏡（AFM）まで様々なものが用いられる．観察では，空間分解能（観察倍率），焦点深度，観察環境（真空度など）や測定時間など考慮して選択する必要がある．

　最初の事例として，脆性材料の延性モード切削の観察例を示す．ガラス，セラミックスなどの脆性材料を加工する際に，切り込み深さを浅くすることにより，延性的な切削が可能になると言われている．ここでは試料としてSi基板を用いた．本例は，μmレベルの観察が必要なため，光学顕微鏡，走査電子顕微鏡（SEM），原子間顕微鏡（AFM），トンネル顕微鏡（STM）などが用いられる．観察にあたっては，操作性，操作手順などを考える事が必要である．

　SEMでは像観察に用いられる時間は1分以下（あるいはTVスキャン）である，また，倍率の切り替えや視野移動が容易である．SEMの欠点といえば，絶縁性の試料では導通のための蒸着が必要なこと（現在，低加速での観察により，多くの試料で無蒸着での観察が可能である）や真空中で観察する必要があるため試料によっては変質のおそれがある．一方，AFM（STM）では，計測機能が優れていること，大気中で観察できること，原子レベルの高分解能観察が可能なことなどの利点があるが，画像を得るのに10〜20分の時間を要する，低倍率観察から高倍率観察へ

図1 加工面の SEM 画像

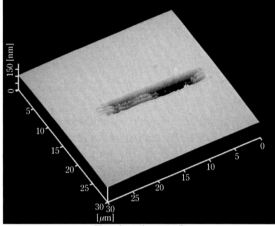

図2 加工面の AFM 像

図3 加工部内部の FIB による観察例

（TEM）を用いる．TEM による断面観察では試料作りに時間がかかる，所定の部位を観察することが難しいなどの問題があるが，FIB を用いることにより容易に TEM 試料の作成ができる．

（本 case の研究内容は，神奈川工科大学橋本研究室のものであり資料提供を感謝します）

3.2　case2 加工用工具の分析評価

ドリル，エンドミル，バイトをはじめとした工具の多くは，表面に Ti 系セラミックス（TiN, TiAlN, TiSiN etc.）などの硬質皮膜を形成し使用されている．ここでは，Ti 系セラミックスの分析例について紹介する．

工具に要求される膜の特性としては，硬度，潤滑性，耐凝着性などがある．また，基材との密着性なども実用上重要である．ここでは，それら諸特性と膜の組成比，結晶型，膜密度，表面形状や内部応力などの関連を明らかにして，より特性の良い工具の作製にフィードバックすることが分析の目的となる．

3.2.1　組成ならびに化学結合状態

薄膜材料の特性を決める物性として，構成する元素の組成比を確認する必要がある．組成比の決定にあたっては，深さ方向や空間的な均一性などの種々の観点からの評価が必要である．それらは，必要な特性とも関連している．硬度などは膜の全体的な組成比が関係している．また，潤滑性や耐食性などは表面層の影響が大きいと考えられる．さらに，組成比だけでなく，どのような化学的結合状態をしているのかの確認も必要である．

組成比を測る方法には様々なものがあるが，それぞれの方法がどの程度の深さを測定しているのかということに注意する必要がある．表面分析法の XPS, AES などは表面から nm の分析深さを持っている，また，EPMA は μm 程度，蛍光 X 線では数 10 μm 程度の分析深さを有している．特殊な方法であるが，ラザーフォード後方散乱分析法（RBS）は非破壊で数 100 nm の範囲の深さ方向分布の分析が可能である．また，定量性もよく，15〜30 分程度で分析でき，薄膜分析では有力な方法である．

表面分析は薄膜材料の評価によく用いられているが，表面から nm の領域は材料にとっては特異点で，表面汚染，酸化，表面偏析が起きる範囲である．そのため，表面分析を用いる場合には，膜全体の組成が確認できる方法（例えば EPMA）とのクロスチェックが必要となる．また，本事例のような Ti 系窒化物の場合，EPMA，蛍光 X 線や AES では，Ti と N のスペクトルの重なりが起きるので注意が

の切り替えが探針の汚染などが影響して難しいなどの問題がある．

本例のような，試料が Si 基板であり十分な導通がとれ，試料が損傷しにくい場合，SEM 観察をまず行う．切り込み深さを変化させ，クラックの発生がはじまる条件での SEM 像を図1に示す．加工面中央部にクラックが発生していることがわかる．SEM 観察では，多くの試料の観察が可能なため，加工条件と加工面の関連付けが容易となる．さらに，加工状態の計測や微細観察には AFM を用いる．AFM 像を図2に示す．図では，縦倍率を拡大し視覚的に形状を強調しているため，SEM 像ではわかりにくい，切削痕の形状や刃先形状が明確になっている．

本例のような微細加工では，加工によってもたらされる内部欠陥の評価も必要である．試料内部の欠陥観察には超音波顕微鏡なども用いられるが，本試料の場合は分解能が足りないので，集束イオンビーム（FIB）を用いて内部欠陥の観察を行った．FIB は電子の代わりにイオンを用い，SEM と同様の操作で試料観察が可能である．また，空間分解能も通常の SEM を上回る性能を持っている．イオン電流を大きくすることで試料加工もできるので，観察をしながら，希望部位の断面観察（3次元観察）が可能である．FIB による観察結果を図3に示す．クラックの内部構造や，SEM 観察で観察されない内部損傷欠陥が観察される．FIB による断面観察では，加工時間は加工体積に依存するが，本例では1時間程度で観察ができる．なお，試料の上の明るく見える層は，イオンビームによる試料損傷を防ぐために被覆した Pt の保護層である．さらに詳しく損傷の構造や結晶学的な欠陥を評価するためには，透過型電子顕微鏡

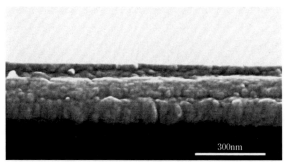

(a) イオン照射なし

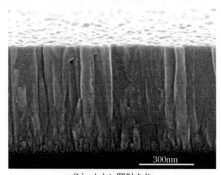

(b) イオン照射あり

図4 TiN 膜の断面 SEM 写真

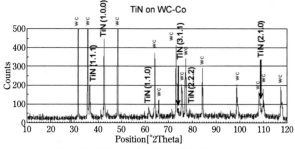

図5 超硬基板上の TiN 膜の X 線回折パターン

必要である．筆者は，RBS により薄膜の全体構造を確認し，化学結合状態の解析が可能で，軽元素（C,O など）の感度も比較的良い XPS を用いて表面近傍の組成や化学結合状態を確認している．また，異物や生成物などに関しては，EPMA や AES などの微小領域の分析が可能な方法を用いている．

3.2.2 結晶構造ならびに膜組織

Ti 系セラミックスは，成膜プロセス（PVD,CVD）や装置の依存性が大きく，基板温度やイオン照射などにより，結晶の優先配向や微視的な組織（柱状組織，粒状組織等）をつくり，特性に影響を与える．

結晶構造の評価法としては，X 線回折（XRD）や TEM がある．薄膜試料の場合，よく薄膜 XRD 法が用いられるが，薄膜法は無配向多結晶試料を前提にしているために，優先配向面を持つ薄膜の評価には注意が必要である．

微視的な組織と結晶構造の関連は断面 SEM 観察と XRD により評価している．イオン照射の違いによる組織の違い

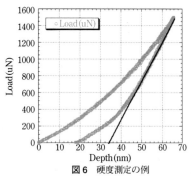

図6 硬度測定の例

を図4に，また，超硬基板上の TiN 膜の XRD パターンを図5に示す．

イオン照射のない試料では，粒状な構造を有し XRD による測定では無配向あるいは非晶質な膜となっている．イオン照射した試料では照射エネルギーや照射量により，特有の配向性が表れ，構造も柱状の組織などが形成される．また，組織観察により膜形成の機構解明にも，重要な知見を得ることができる．例えば，柱状組織の場合，界面付近は微細な構造となっており，膜成長に伴い柱径も大きくなってきており，膜の成長過程が理解できる．より詳しい構造の解明には TEM が用いられる．

3.2.3 応力，膜密度ならびに膜硬度

硬度などの機械的な物性は，組成や構造だけでなく膜に生じている内部応力や膜密度（充填度）にも関連している．膜に生じる内部応力には異方性（膜面に平行）があり結晶を歪ませる．結晶歪みはピークシフトやピーク幅で測定できる．試料を傾斜させ歪み（面間隔）の角度依存性から内部応力は計算される．X 線残留応力測定装置として測定系を最適化した専用の装置も用いられている．非晶質試料，強配向試料や適当なピークを有しない試料については，薄い基板を用いることにより，基板の反りから測ることが可能である．

実際，硬質薄膜の場合は，作製プロセスに依存して，PVD 膜では圧縮応力が，CVD 膜では引張応力が発生している．これらは，前項で説明したイオン照射や基板温度と関連づけられる．

残留応力と関連して，膜密度（充填度）も機械的な特性に関連する．膜密度の測定は，単位面積あたりの原子数（面密度）と空間的な膜厚から求める．面密度の測定は化学分析により溶解して直接測定する，あるいは，前述の RBS を用いるなどの方法がある．空間的な膜厚は，断面 SEM 観察や試料にマスクを施しての薄膜段差測定などが用いられる．

機械的な特性についても様々なものがあるが，硬度測定の例を紹介する．硬質薄膜の膜厚は 1 μm 程度のため，下地の影響を避けるため押し込み量を小さくする必要がある（通常は膜厚の 10 ％程度である）．そのため，圧痕による評価は難しいので押し込み式硬度計の Load-unLoad の測定により評価する．硬度測定の例を図6に示す．押し込み加

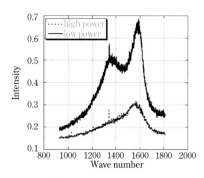

図7 DLC のラマンスペクトル

重と深さから硬度が，除加重の傾斜から弾性率が計算される．

以上，Ti 系セラミックス膜を例に取り，様々な評価項目，分析法について紹介してきた．

現実には，全ての試料で多くの評価を行うことは困難である．そのため，特性や諸物性の関連を考えることにより，効率的な材料評価ができる．例えば，高い圧縮応力を持っている試料は，膜密度も高く，硬度も高くなる．

3.3　case3　DLC の評価

3 つめのケースとして，炭素系硬質薄膜材料の評価例を示す．工業的に幅広く用いられているのにもかかわらず，評価法が明確には確立していない例である．

炭素系硬質材料はいわゆるダイヤモンドライクカーボン（DLC）とも称され，高硬度，低摩擦係数，化学的安定性などの優れた特性から工具，摺動部品など様々な用途に使用されている．DLC は炭素の 3 次元骨格を有する炭素と水素の 2 元系材料と考えられる．

DLC の評価の難しさは，構造を有していないこと，水素が特性に大きく影響するにもかかわらず，水素分析が難しいことなどによる．

DLC の硬度などの特性は C-C の結合状態（sp^3 か sp^2）により sp^3 成分と硬度が関連付けられている．また，水素量の増加と共に硬度は低下し，膜密度も小さくなる．水素量は主として反跳粒子検出法（ERDA），核反応法（NRA）などが用いられている．

C-C の結合状態（sp^3 か sp^2）の解析にはラマン分光法，UV ラマン分光，電子エネルギー損失分光法（EELS），XPS，赤外吸収法（FT-IR）や核磁気共鳴法（NMR）など多くの手法が用いられている．水素含有のない硬質 DLC では，かなりの程度データ蓄積がなされているが，水素含有 DLC では C-C と C-H の結合状態を考えなければならず，複雑化しているのが現状である．

DLC の評価にあたって，もっとも一般的に用いられる方法であるラマン分光の測定結果を**図7**に示す．図には測定による損傷の例として，照射するレーザの強度を変えて測定した例も示している．強度を強くすることによりスペクトルが変化していることが分かる．DLC のラマンスペクトルではグラファイト成分に対応する 1580 cm^{-1} 附近の G（Graphite）バンド，欠陥に起因する 1360 cm^{-1} 附近の D（Disorder）バンドで評価されている．具体的には，D－バンド，G－バンドの比率（D/G 比），スペクトルの半値幅，ピークシフトなどが評価に用いられている．とりわけ欠陥に起因する D/G 比と $sp3$ 成分が関連づけられている．

実際には，ERDA による水素分析ならびにラマン分光による結合状態の評価と硬度などの機械的な特性の相関をとってみても，膜生成のプロセスの依存性などもあり，逆転した結果も得られておりきちんとした相関が取れていないのが現状である．

4.　お　わ　り　に

『はじめての精密工学』ということで，なるべく平易に解説しようと考えたが，うまくいったとは思えない．考えてみると，分析そのものもそう容易ではない．確かに，1 つの分析を行えば，一定の結果と推論はできる．問題は，その結果と推論がどの程度の信頼性があるのか，信頼性を上げるためにどうするのか，苦慮しているのが実態である．本稿では，細かい内容より，その苦労を理解していただきたいと思う．

参　考　文　献

1) 日本表面科学会編: 表面分析図鑑, 共立出版, (1994)
2) 大西孝治, 堀池靖浩, 吉原一絋編: 固体表面分析 (1) (2) , 講談社 (1995)
3) D.ブリッグス, M.P.シーア: 表面分析ー基礎と応用ー, アグネ承風堂
4) L.C.フェルドマン, J.W.メイヤー: 表面と薄膜分析技術の基礎, 海文堂(1989)
5) 日本表面科学会編: 表面分析技術選書シリーズ, 丸善

3次元スキャニングデータからのメッシュ生成法

Surface Reconstruction from 3D Scanning Data / Hiromasa SUZUKI

東京大学先端科学技術研究センター　**鈴木宏正**

1. は じ め に

近年，3次元非接触スキャナやX線CTスキャナによる3次元スキャニング技術が広く普及し，そのデータをCAD/CAM/CAEなどのデジタルエンジニアリングで利活用する取り組みが広がっている[15]．ここではこのようなデータから，3次元のメッシュモデルを生成する方法について解説する．非接触3次元スキャナは，物体の表面形状を測って，その表面の点群を出力とし，また，X線CTスキャナは，物体の断面画像を積み重ねた3次元グレースケール画像（ボリュームデータ）を出力するが，両者とも，CAD/CAM/CAEシステムでは直接利用することが不便であるため，多くの場合，これらのデータから，まず多面体モデル，特に三角形メッシュモデルが生成され，さらにそれを用いてCADのモデルやCAEのモデルが生成される．

2. X線CTデータからのメッシュモデル生成

産業用のX線CT装置によって得られる画像は，病院にある医療用のX線CTと同じで，物体の断面のグレースケールの画像である．画素値は，その部分の物体の媒質の密度におおよそ比例した値を持つ．これを一定の断面間隔で撮像し，重ねることによって3次元画像，いわゆるボリュームデータとする（**図1**）．ボリュームデータの画素のことをボクセルという．このデータはボリュームレンダリングという方法によって表示を行うことができる（図1下）．産業用のX線CT装置には様々なものがあるが，一般に1断面あたり500×500から2000×2000程度の画像が用いられることが多い．またボクセルの間隔も様々であるが，この図の例では0.4mm程度である．

このようなボリュームデータから多面体メッシュを生成する．まず簡単のために**図2**を用いて2次元の問題として説明する．この図の左は，ある物体のCT画像を示しており，右は，その一部を模式的に拡大した図である．CT画像は，通常のデジタル画像と同じように各ピクセル（図の円）が格子状に並び，それぞれが円の中に示すようなCT値を持っている．この例では，背景（空気）に相当するところでは，CT値がほぼ1000程度の値になり黒く表示されており，一方，白い部分は鉄に対応する部分で，CT値が8000近い値になっている．

ここで，CT値を関数値としてもつ2次元平面上の陰関数 $f(x,y)$ を考える．f は，格子点でのCT値を線形に補間することによって定義される．図2の右は，そのようにして定義された f の等高線（折れ線）を表している．この図から分かるように，物体の表面，すなわち内部と外部の境界でCT値はステップ状には変化せず，滑らかに変化する．そこで物体の内部と外部のCT値の中間の値を閾値 θ として，$f(x,y)=\theta$ に相当する等高線を境界とする．この等高線を引くには，隣り合う2つのピクセルに注目する。つまり，等高線は，CT値が θ より大きいピクセルと，θ より小さいピクセルを結ぶ辺を通るので，その辺上の通過点を求めて，それらを結んで行くことによって，境界が生成される．

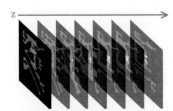

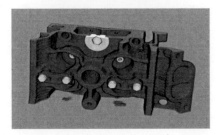

図1　X線CTデータからのボリュームデータ生成
（上：断層画像，下：ボリュームデータ）

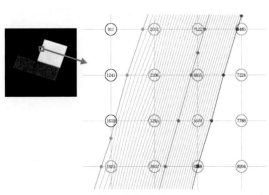

図2　等値面生成

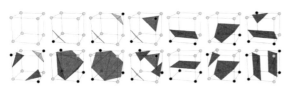

図3 マーチングキューブ法

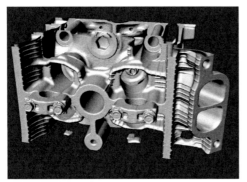

図4 マーチングキューブ法の例 （図1の 1500 × 1500 × 446 のボリュームデータから生成した415万面のメッシュ）

この考えを3次元のボリュームデータに適用するのが有名なマーチングキューブアルゴリズム[10] である．ここではボリュームデータから3次元空間に陰関数 f(x,y,z) を定義する．図3に示すように，ボリュームデータにおいて8個のボクセルをコーナーとするキューブ（セル）において，図では閾値よりも大きな画素値をもつボクセルと小さい画素値をもつボクセルをそれぞれ灰色と黒色で示している．各頂点で，その CT 値が閾値よりも大きいか小さいかの2通りあるので，8頂点では，全部で $2^8 = 256$ 通りあるが，対称なものを除くとこのように14通りとなる．

2次元の等高線と同じようにして，色の異なるボクセルを結ぶ辺上に，その両端のボクセルの CT 値から，閾値 θ に相当する位置を内分で求め，頂点を作る．そして，それらの頂点を結んで，図で示すような三角形を生成する．これをすべてのセルについて行うことによって，f(x,y,z)=θ に相当する多面体を三角形メッシュとして生成する．これを等値面（iso-surface）と呼び，このような方法を iso-surfacing とか contouring と呼ぶ．図4に図1で示したボリュームデータからメッシュを生成した例を示す．

マーチングキューブ法は，広く利用されているが，隣接するセルの間でメッシュが整合しないことがある，角が丸まってしまう，などの問題があり，いくつかの拡張が行われている．前者に対しては，セルを四面体に分割して四面体ごとに面を生成する Marching Tetrahedron という方法がある[4]．また，後者に関しては，ボリュームデータと法線情報からなるエルミートデータを用いて鋭角特徴を生成する方法[8]や，セルの中に頂点を作り，それらを格子の辺の周りに結んでメッシュを生成してゆく Dual Contouring [7] などの方法がある．特に後者は，階層的な格子に適用することもできる優れた方法である．

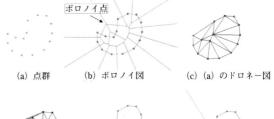

(a) 点群　　(b) ボロノイ図　　(c) (a) のドロネー図

 ボロノイ点

(d) (b) のドロネー図　　(e) crust　　(f) medial axis

図5 Crust 法によるメッシュ生成

3. 3次元非接触スキャナによるメッシュ生成

非接触の3次元スキャナには様々なタイプがあるが，基本的には，物体表面の矩形状の領域の点の3次元座標値を，格子状に計測する．一般に1回の計測で数十万点から数百万点の3次元点群を計測できる．例えば，小型の自動車のボディの外部形状全体では，100回以上の計測が必要でトータルの点の数は数千万点から数億点となる．

スキャナで計測された点群は，まず前処理によって，位置合わせ（異なる位置からのスキャン毎の点群を相互に位置合わせする），ノイズ除去，間引き，などが行われる．これらは，以降の処理を安定に行うためには必須の処理である．次に，その点群から三角形メッシュを生成する．この問題は古典的な問題であるが，精度よく，かつ，大規模なデータに対しても高速・頑健にメッシュを生成するために，現在でも活発に研究が行われている．最近の研究には，ボロノイ図を用いる方法と陰関数を用いる方法がある．

3.1 ボロノイ図を用いる方法

図5を使って2次元で説明する．同図 (a) のような点群が与えられたときに，(e) のような多角形を生成することを考える．まず，(a) に対して，ボロノイ図というものを計算してみる．ボロノイ図は計算幾何学のもっとも基本的な図形の1つである．この図では，(a) の各点に対して凸多角形の領域が計算される．この時，(a) の各点をボロノイ図の母点と呼び，凸多角形をボロノイ領域，その頂点をボロノイ点と呼ぶ．ボロノイ領域は，最も近い母点がその領域の母点となるような点の集合である．さらに，ボロノイ領域が接する母点同士を結ぶと，(c) のドロネー図（ドロネー三角形分割）が得られる．

さて，我々の欲しい多角形 (e) は，(c) のドロネー図の一部となっている．そこで，ドロネー図から，不要な線を削除すれば，(e) が求まることが期待される．そこで，(a) の点に，(b) のボロノイ点を加えた点群に対してドロネー分割をすると，(d) のような図形が得られる．この図で，(a)の点を結ぶ辺だけを抽出すると (e) の多角形が得られるのである．この時，(a) の点に加えた点（この場合はボロノイ点）を pole と呼び，この多角形を crust，さら

図6 Power Crust 法によるメッシュ生成
（左：入力点群，右：メッシュの一部）

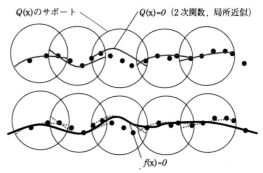

図7 MPU における近似陰関数生成

に，この方法を Crust 法[1]という．

　3次元の場合は，ボロノイ点の中から pole を選択する必要があり，処理は多少面倒であるが，原理は同じで，三角形分割ではなく，ドロネー四面体分割を行い，入力点群を頂点とする三角形を抽出することで，三角形メッシュを作ることができる．なお，この方法を適用するためには，入力点群の点群密度に関する条件が必要である．

　この方法の背景には，同図(b)のボロノイ点が，(f)に示す MAT (Medial Axis Transform) と呼ばれる図形の近似になることや，MAT 自体の性質が使われている．Crust 法をさらに拡張した方法に，ドロネー図ではなく，power diagram を用いた Power Crust 法[2]や，CoCone 法[3]がある．図6は，Power Crust 法の例である．

3.2 陰関数を用いる方法

　スキャンされた点群の問題として，ノイズの他に，対象物の表面でスキャンできない欠落部が生じる問題がある．もちろん欠落部には点情報がないので，その部分にメッシュを張ることはできないのであるが，応用的には，欠落部分を周囲から外挿するようにメッシュを生成し，メッシュに穴が開かないようにしたほうが有用である．また何回も異なる方向から計測を行って点群を重ねる場合には，それぞれの点群の間の位置合わせが必要になるが，重なりの部分をきっちりと合わせることは現実には難しく，どうしても段差が残ってしまう．

　このような問題を解決する有効な方法に陰関数を用いた方法がある．これは，ボロノイ図による方法などのように測定点群から直接メッシュを生成するのではなく，測定点群から陰関数を計算し，それから（その陰関数を格子点でサンプリングしたボリュームデータから），前節で述べた等値面生成によってメッシュを作るものである．このアプローチで陰関数として符号付距離場を用いた方法[6]は，ミケランジェロの像をデジタイズする Digital Michelangelo プロジェクト[9]で利用された．以下ではより新しい方法として，RBF 法と MPU 法を紹介する．

3.2.1 RBF (Radial Basis Function) 法

　上述のように測定点群から陰関数 $f : R^3 \to R$ を求める．このために文献[12]による基本的な方法では，次式のように f を未知係数を乗じた基底関数の和として表し，点 x_i に

おいて関数値が f_i となるという拘束条件 $f(x_i) = f_i$ を与えて未知係数を決定する補間問題として扱った．f としては，次の形の関数を用いる．

$$f(x) = p(x) + \sum_{i=1}^{N} \lambda_i \phi(|x - x_i|)$$

　ここで $p(x)$ は未知係数を含む低次の多項式関数で，また λ_i は未知係数である．また，ϕ は RBF（Radial Basis Function）と呼ばれるもので，例えば，

$$\phi(r) = r^2 \log(r),\ \phi(r) = \exp(-cr^2)$$

のような関数である．

　拘束条件としては，メッシュを $f=0$ の等値面として生成することにして，各測定点 x_i で，$f(x_i)=0$ という条件を設定する．しかしこの条件だけでは $f(x)=0$ という自明な解が得られてしまうので，それを避けるために，いくつかの測定点で，法線を計算し，法線方向にある距離 α だけオフセットした点で $f = \alpha$ とするような条件を追加する．さらに未知係数に関する条件式を加えると，全体として，未知係数に対する連立1次方程式が構成され，それを解くことによって，f が決定される．f の値を3次元の直交格子点で計算してサンプリングすることによってボリュームデータに相当するものが求まり，それに等値面生成手法を適用することによってメッシュを生成する．この方法では，陰関数は計測データの欠落部でも定義されるので，穴埋めが行われる．

　この手法の問題点は，連立方程式のサイズが測定点の数以上の大きさになり，かつ，係数行列が密な行列となるために，大規模な点群に対する計算が困難なことである．これは，RBF 関数のサポート（関数値が非ゼロの範囲）が無限に広がることに起因するが，そのため数千点以上の点群には適用が不可能とされていた．これに対して文献[5]は RBF の計算に使用する点を段階的に増やしていく計算方法を適用するなどによって，より大規模点群へ適用可能なことを示した．また前述の方法では点群を通る陰関数となるため，点群のノイズを拾ってしまう．この文献[5]はノイズの影響を緩和する方法も示している．また，RBF 関数のサポートを有限にした CSRBF (Compactly Supported

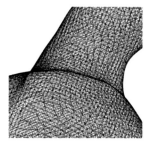

図8 MPU法によるメッシュ生成

RBF）を用いる方法なども提案されている．これによると連立方程式の係数行列が疎行列となり，より大きな問題に適用できるようになる．

3.2.2 MPU（Multiple Partition of Unity Implicits）法

以上のように改良されたRBF法でも，連立方程式解法の限界から，やはり数百万点が限界であった．RBF法は大域的に陰関数を求めようとするところに基本的な問題がある．またもう一つの問題点はオフセット点の必要性にある．オフセット点は，形状の曲率が大きいところでは，自己干渉してしまう危険性があった．

これに対してOhtake[11]は，法線付きの点群から，陰関数の推定を局所的に行っていくMPUという方法を提案した．なお，法線はスキャン方向から与えたり，局所的に計算して求めることができる．この方法では，点群を含む空間を分割し，それぞれの分割された領域で陰関数を2次関数で近似する(図7の上)．そして各領域で近似誤差を評価し，誤差が大きい場合には，その領域をさらに分割して関数近似を行う，ということを再帰的に行う．空間の分割にはオクトリーが用いられる．

そのようにして各領域毎iに求めた陰関数$Q_i(x)$と，重み関数$w_i(x)$によって，全体の陰関数$f(x)$は，次の重み付平均

$$f(x) = \frac{\sum w_i(x)Q_i(x)}{\sum w_i(x)}$$

で計算する（図7の下）．ここで$w_i(x)$は領域iの中心で最大となり，領域の内部と領域外のある近傍でのみ正で，それ以外は0であるような関数である．fを計算するときのQ_iの係数の和が1となるため，1の分割(partition of unity)と呼ばれる．

この方法は各領域内での最小自乗法を解くだけなので，

大規模な連立1次方程式を計算する必要がなく，メモリ量的にも，計算時間的にも非常に効率が良い方法である．さらに2次式で近似する際に，点群の法線方向をチェックすることによって，鋭角特徴を検出・再構成することもできる．図8は，図6の点群に対してMPU法で生成したメッシュの例である．

4. お わ り に

本稿では，3次元スキャナからのデータをCAD/CAM/CAEなどのデジタルエンジニアリングで利用するために，データからメッシュモデルを生成する方法について紹介した．比較的新しい文献については取り上げたつもりであるので，興味のある読者は，これらの文献を参考にして，さらに調査をしていただければ幸いである．また関連する拙著[13,14]も参考にしていただきたい．

参 考 文 献

1) N. Amenta et al., A new Voronoi-based surface reconstruction algorithm. ACM SIGGRAPH, (1998) 415.
2) N. Amenta, et al., The power crust. 6th ACM Symposium on Solid Modeling, (2001) 249.
3) N. Amenta et al. A simple algorithm for homeomorphic surface reconstruction. Int. J. Comput. Geom. & Appl., 12(2002) 125.
4) Introduction to Implicit Surfaces, J. Bloomenthal ed., Morgan Kaufman (1997).
5) J. C. Carr et al.. Reconstruction and representation of 3D objects with radial basis functions. Proc. ACM SIGGRAPH (2001) 67.
6) B. Curless et al., A volumetric method for building complex models from range images. Proc. SIGGRAPH **96**, July (1996) 303 .
7) Tao Ju et al., Dual contouring of hermite data, ACM Transactions on Graphics, **21**, 3, (2002) 339.
8) L. P. Kobbelt et al., ACM SIGGRAPH, (2001) 57, ACM Press.
9) M. Levoy et al., The Digital Michelangelo Project: 3D Scanning of Large Statues, Proc. ACM SIGGRAPH, (2000) 131.
10) W. E. Lorensen et al., Marching cubes: A high resolution 3D surface construction algorithm, ACM SIGGRAPH 87, (1987)163.
11) Y. Ohtake et al., Multi-level partition of unity implicits. ACM Transactions on Graphics, **22**, 3, July (2003) 463.
12) G. Turk et al., Shape Transformation Using Variational Implicit Functions, Proc. ACM SIGGRAPH, (1999) 335.
13) 鈴木宏正，CGにおける形状再構成技術，日本設計工学会誌，**32**, 10, (1997) 392.
14) 鈴木宏正，メッシュモデリングの基礎，情報処理，(社)情報処理学会，**41**, 10, (2000) 1102.
15) 3次元計測とデジタルエンジニアリングの融合，一現物融合型エンジニアリング専門委員会一，精密工学会誌，**71**, 10, (2005) 1205.

パラレルメカニズム

Parallel Mechanism / Yukio TAKEDA

東京工業大学　**武田行生**

1.　は じ め に

　ロボットをはじめとして多自由度の運動を行う機械の運動・力学・制御性能はその骨格構造（メカニズム，機構）により基本的に支配される．すなわち，アクチュエータから与えられる運動をどのように変換して出力端の運動として伝達し，所望の精度・速度・加速度を得るか，出力端に加えられる負荷を如何に効率よく支持してこれに抗して所望の運動を得るか，これを支配するのが機構である．従って，高性能な機械を開発するためには，その制御問題などを考える前にその機構について十分な検討を行うことが肝要である．

　機構は機械の運動および力の変換・伝達に着目したモデルであり，多数のリンクとジョイントからなる．リンクとは負荷に抗して抵抗性のある剛体であり，ジョイントは2つのリンクが特定の相対運動のみを行えるように拘束するものである．ジョイントとしては，カムや歯車を除いて，回転，直進，ねじ，円筒，球，平面の6つの低次の接触を行うものが広く用いられる．ジョイントには，アクチュエータで駆動される能動ジョイントとそうでない受動ジョイントがある．機構内のすべてのリンクの相対位置を決定するのに必要な独立変数の数を機構の自由度と呼ぶ．ロボットなどでは，ソフトウエアにより入力リンクの運動を変えて様々な運動を実現する必要があるので，その機構の自由度は2以上であり，このような機構を多自由度機構と呼ぶ．多自由度度機構は，図1に示す（a）シリアルメカニズムと（b）パラレルメカニズムに大別される．（a）のシリアルメカニズムは，人間の腕の構造を模したもので，エンドエフェクタが取り付けられる出力リンクとベースの間に多くの能動ジョイントを有し，これらが直列に連結した機構である．これは，エンドエフェクタが到達できる作業領域が広く，姿勢角も広い範囲で取れるので，種々の作業にフレキシブルに対応することができ，産業用ロボットなどに広く用いられてきた．一方，（b）のパラレルメカニズムは，出力リンクとベースの間に複数のリンクとジョイントから構成される連鎖（連結連鎖と呼ぶ）が複数個並列に配置された機構である．パラレルメカニズムでは，連結連鎖を構成するジョイントは必ずしも能動ジョイントである必要はなく，トータルで機構の自由度に等しい数の能動ジョイントが配置されれば良い．最も知られているパラレルメカニズムは図1（b）に示した，すべての連結連鎖の構造が同じであり，連結連鎖の出力リンク側に球面ジョイント，ベース側にユニバーサルジョイント（球面ジョイントでも可），これらの間に直進ジョイントを配置し，直進ジョイントが能動ジョイントであるスチュワートプラットフォーム[1]（ガフプラットフォーム，スチュワート・ガフプラットフォームなどとも呼ばれる）である．パラレルメカニズムはその構造的特徴から，高精度，高速度，高剛性，高出力であるといわれ，特に高精度性と高速性が同時に要求されるロボットマニピュレータ，工作機械，位置決め装置，3次元測定機，多自由度関節，高速性と高出力が同時に要求される体験形モーションシミュレータなどに適用されてきた．

　本稿では，まずシリアルメカニズムの精度，速度（加速度），負荷特性における原理的な問題点について述べ，これに対するパラレルメカニズムの特長を示す．次に，代表的なパラレルメカニズムの種類と特徴，そしてこれまでに達成された性能の一例を紹介する．

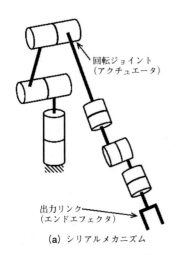

（a）シリアルメカニズム

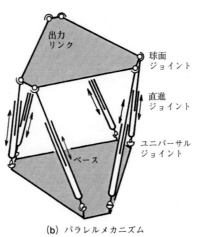

（b）パラレルメカニズム

図1　多自由度機構の種類

2. パラレルメカニズムの特長

2.1 シリアルメカニズムの問題点

図1(a)に示すようなシリアルメカニズムの運動・力学上の典型的な問題点として、次が挙げられる。

(1) エネルギー効率が低く、加速性が悪い
(2) 出力リンクで支持できる負荷が小さい
(3) 出力リンクの精度が低い

以下では、それぞれについて簡単に説明する。

(1) エネルギー効率が低く、加速性が悪い

シリアルメカニズムでは、人間の腕のように各関節部にアクチュエータが取り付けられ、また歯車、ねじなどの機械要素も同じように腕の中に組み込まれている。先端にある出力リンクを動かす場合、出力リンク以外に出力リンクとベースの間にあるリンク、アクチュエータなども動かさなければならず、各アクチュエータに供給される電気エネルギーのうちのほんの少ししか本来の目的である出力リンクを動かすために使われない。結果として、アクチュエータが加える力に対し出力リンクの加速度はかなり小さい。

(2) 出力リンクで支持できる負荷が小さい

シリアルメカニズムが出力リンクの負荷を支持する場合、(1)と同様にして、ベースに近い側のアクチュエータおよびリンクは、出力リンクの負荷に加えてそれよりも出力リンク側にあるリンク、アクチュエータなどを支持する必要がある。このために、ベースに近いほど、非常に太いリンクと大きなアクチュエータが必要である。これにより、出力リンクの負荷質量に対して機構は非常に重い。

(3) 出力リンクの精度が低い

出力リンクを所定の位置・姿勢(ポーズと呼ぶ)に位置決めする場合を考える。出力ポーズと関節角の間には幾何学的に決まる関係があり、その関係に従って関節角を計算し、アクチュエータ変位を制御することで目標値に一致する出力ポーズが得られるはずである。このとき、実際には、出力リンクには負荷があり、またアーム部分にもそれ自身の重量があるので、これらによって各部材が変形し、関節角は目標値に一致しているにもかかわらず、出力リンクは目標のポーズから離れてしまう。この変形の大きさは、部材にかかる力の向き、部材の使い方などで大きく異なる。

ここで、リンクを直方体の部材と考え、(a) この部材の長手方向に直角方向に曲げがかかる場合と (b) 長手方向に引張・圧縮力がかかる場合の2通りを考える。断面形状を辺の長さがaの正方形、部材の長さをLとすれば、荷重方向の変形量は、(a) の場合は (b) の $(2L/a)^2$ 倍となる。一方、部材の許容応力に基づいて求められる許容負荷荷重の大きさでは、(a) の場合は (b) の場合の $a/(6L)$ 倍となる。例えば $a = 5$ mm, $L = 100$ mm の場合、(a) の変形量は1600倍、許容負荷荷重は120分の1にもなる。

2.2 高速度・高精度運動の実現方策

前節で示したシリアルメカニズムの問題点をもとに、高速運動および高精度運動の実現方策をまとめる。

まず高速運動(高加速度運動)を実現するために、

(1) モータの持っているエネルギーを効率よく先端部に伝

達するために、可動部を軽く作る。

が考えられる。具体的には、

(a) アクチュエータなどの重量物をベース上あるいはできるだけベースに近いところに置く。
(b) リンクができるだけ曲げモーメントを受けないようにする。モーメントを受けるリンクは短くする。

次に、高精度を実現するために、次の方策が考えられる。

(2) 部材はできるだけ曲げモーメントを受けないようにする。
(3) 出力負荷以外の余計な負荷をできるだけ減らす。

以上の方策は、シリアルメカニズムでは本質的に実現することが困難である。これらは、後述するようにパラレルメカニズムによって実現することができる。

2.3 パラレルメカニズムの特長

ここで、再び図1(b)に戻ってみよう。まず、この機構において、出力リンクと各連結連鎖の間の球面ジョイントはモーメントを伝達せず、また、ベースと各連結連鎖の間のユニバーサルジョイントはこの回転中心(回転2軸の交差点)についての2軸まわりのモーメントを支持できないので、これらを併せて用いることにより、出力節の負荷の力・モーメントに対して各連結連鎖には球面ジョイントの中心とユニバーサルジョイントの中心を通る力のみが作用することになる。次に、アクチュエータであるが、この機構の場合にはベース上に置くことは難しいが、ベースにかなり近いところに配置することは可能である。また、それぞれのアクチュエータはほかのアクチュエータに対してほとんど負荷とならない。以上をもとにして、パラレルメカニズムの精度、速度、加速度、負荷・出力特性などについて特長をまとめると次のようになる。

(a) 可動部が軽量であり、高速度、高精度、高エネルギー効率である。

リンクが曲げを受けないので、軽い部材で十分な強度と剛性が得られる。アクチュエータをベースあるいはそれに近い所に設置できる。

(b) リンク部分および機構全体として剛性が高く、高精度である。

リンクが曲げを受けないので変形が小さく、それによる誤差が小さい。

(c) 閉ループ構造のため高精度、高出力である。

いくつもの連鎖により複数の閉回路を構成するため、負荷は分散支持され、その力の和が出力リンクに伝わり、またアクチュエータが他の負荷にならない。さらに、アクチュエータの制御誤差や負荷によるリンクの変形による誤差が累積せずに平均化されるので、高精度である。

これら以外にもパラレルメカニズムは、(d) 入出力速度比が多様で専用機に適する、(e) 機構が単純でコンパクトに多自由度を実現できる、(f) 構成部品のモジュール化、構造の対称化、特性の等方化が容易である、(g) アクチュエータなどの保護が容易である、などの特長を有している。

以上のように、パラレルメカニズムはシリアルメカニズムの精度、速度(加速度)、負荷、エネルギー効率に関する問題点を克服することができ、高精度、高速度、高出力

が期待できる．なお，パラレルメカニズムを採用したことでこれらの特長が必ず得られるというわけではない．共通的に生じる問題点としては，作業領域が小さく，出力の位置と姿勢の特性が干渉する[25]，機構形状が不定の特異点が存在する[26]，機構パラメータが多くキャリブレーションが難しい[27]，などである．上記の特長を活かし，これらの問題点を解決するための設計・運用手法が開発されているので，これらを適宜用いることが必要である．

3. パラレルメカニズムの種類

連結連鎖に用いるジョイントの種類・数によってさまざまな種類のパラレルメカニズムが得られる．現在広く用いられているのは，すべての連結連鎖の構造（ジョイントの種類，数，その順序）が同じものである．これによって，構造・特性の対称性・等方性が得られ，またモジュール化された機械要素の使用が容易となる．ここで，機構内のすべてのリンクの運動が空間内の1点を中心とする同心球面上に拘束される機構を球面機構，機構内のすべてのリンクの運動が平行平面上に拘束される機構を平面機構，機構内のリンクがこのような特定の面上や特定の運動成分のみを持ちうる空間に拘束されない機構を空間機構と呼ぶ．機構の自由度 M は次式の Grübler の式で求められる．

$$M = d(N-1) - \sum_{i=1}^{J}(d-f_i) \tag{1}$$

ここに，

d：運動空間の次元数
（例えば，空間機構：$d=6$，球面機構：$d=3$）

f_i：ジョイント i の自由度
（例えば，回転ジョイント：$f_i=1$，球面ジョイント：$f_i=3$）

J：ジョイントの総数

N：リンクの総数（ベースを含む）

以下で紹介する機構の自由度は，この式（1）を用いて計算することができる．本章では，いくつか代表的な機構を分類して紹介する．

3.1 6自由度空間機構

エンドエフェクタが3次元空間において任意の方向の並進運動と任意の軸まわりの回転運動を行うためには，6自由度機構が必要である．すべての連結連鎖の構造が同じ機構を考える．このとき，機構の自由度が6となるためにはそれぞれの連結連鎖の自由度は6でなければならない．また，各連結連鎖内の能動ジョイントの数は1，2および3のいずれかであり，それぞれの場合の連結連鎖の数は6，3および2である．

3.1.1 6連結連鎖の機構

6連結連鎖の機構のための連結連鎖としては6自由度の直列連鎖が一般的であり，ロボットに用いられる6自由度シリアル機構の6つのジョイントのうち1つのみを能動ジョイントとして残りは受動ジョイントとすれば良い．また，受動ジョイントにはアクチュエータが不要であるからユニバーサルジョイントや球面ジョイントのような多自由度ジョイントが容易に採用でき，これらの採用によりリンク数

の削減・構造の単純化・高剛性化を図ることができる．6連結連鎖の機構の代表的なものは図1（b）に示した機構であるが，これ以外にも，**図2**に示す2つの機構が良く使われる．図1（b）の機構は工作機械[2]，モーションシミュレータ[3]などに用いられる．

図2（a）の機構において，出力リンクとベースの間には出力リンク側から球面ジョイント，ユニバーサルジョイント（球面ジョイントでも可），直進ジョイントの順にジョイントが連結され，ベース上の直進ジョイントが能動ジョイントである．球面ジョイントの自由度は3，ユニバーサルジョイントの自由度は2，直進ジョイントの自由度は1であるので，この連結連鎖の自由度は6である．本機構のユニバーサルジョイントは球面ジョイントに置き換えることができる（図2は球面ジョイントを用いた場合である）．このとき，式（1）によれば，$M=12$ であるが，各連結連鎖内の2つの球面ジョイントの中心を結ぶ軸まわりに遊びの自由度があり，これは機構の入出力関係には無関係であるから，入出力関係に着目すれば実質の機構の自由度は $M=12-6=6$ である．この機構の場合には，駆動用のアクチュエータ，ボールねじ，リニアガイドなどをすべてベース上に取り付けることができるので，図1の機構に比べて可動部分を軽量化することが容易である．また，直進ジョイントの軸とユニバーサルジョイントの中心までの距離を短くすることでガイド部分に作用するモーメントを小さくすることができ，さらにこの距離を0とすればこのモーメントは0となり，可動部分の部材には引張・圧縮力のみが作用し，曲げモーメントは作用しないことになる．この機構は，例えば工作機械に用いられる[4]．

図2（b）の機構は，図2（a）のベース上の直進ジョイントを回転ジョイントとしたものである．この機構の場合にも，アクチュエータ，減速機などをすべてベース上に取り付けることができるので可動部分を軽量化することが容易である．また，回転ジョイントで駆動される入力リンクの長さをある程度長くすることで大きな作業領域と高速運動を得ることができる反面，入力リンクおよび回転ジョイントにかかるモーメント負荷が大きくなるので設計では要注意である．静的な負荷に対しては中間リンクには引張・圧縮力しか作用しないので軽量・高剛性を実現することは容易であるが，高速化して高加速度運動をさせる場合には中間リンクに作用する慣性力による曲げに対する剛性を十分に考慮しておくことが必要である．このことは他の機構にも当てはまる．この機構は高速ロボット[5]~[8]，工作機械[9]などに用いられる．

3.1.2 3連結連鎖の機構

3連結連鎖の機構を得るためには，6自由度シリアル連鎖を用いて6つのジョイントのうちの2つを能動ジョイントとすれば簡単である．しかし，アクチュエータをできるだけベース上あるいはその隣接部分に置き，かつ高剛性化を図るために，閉ループ連鎖が採用されるケースが多い．このような機構の例を**図3**に示す．

図3（a）の機構は，2つの能動ジョイント A_1, A_2 を有する2自由度平面5節連鎖をベース上の回転ジョイント B

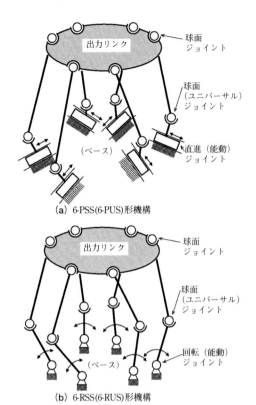

(a) 6-PSS(6-PUS)形機構

(b) 6-RSS(6-RUS)形機構

図2　6連結連鎖の6自由度空間機構

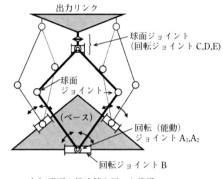

(a) 平面5節連鎖を用いた機構

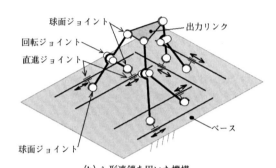

(b) λ形連鎖を用いた機構

図3　3連結連鎖の6自由度空間機構

まわりに回転自由とし，さらに5節連鎖の先端に球面ジョイントに等価な3つの回転ジョイントC，D，Eを配置して出力リンクと結合する連結連鎖を用いたものであり，各連結連鎖は6自由度である．この場合，出力リンクと連結連鎖の間で作用する力は出力リンク上の球面ジョイントの中心とベース上の回転ジョイントBを含む平面内の力であり，平面5節連鎖の負荷はその運動面内の力のみとすることが可能であり，高剛性化を図ることができる．この機構は例えばハプティックインターフェース[10] として用いられる．

図3（b）の機構は，ベース上の2つの直進ジョイントを能動ジョイントとし，これらによって駆動されるリンクに球面ジョイントを配置し，これに結合する2つのリンクを互いに回転ジョイントで結合し，これらのうちの1つのリンクの他端を球面ジョイントで出力リンクと結合するλ形連結連鎖を用いたものである．このような構成とすることで，アクチュエータなどをすべてベース上に配置することができる．また，各連結連鎖には連結連鎖内の3つの球面ジョイントを含む平面内の力が作用するだけなので，互いに結合する2つのリンクはその運動平面内の力のみを受ければ良く高剛性化を図ることができる．この機構は例えば位置決め装置として用いられる[11]．

3.2　3自由度空間・球面機構

機構の適用対象によっては，並進運動だけ，回転運動だけあるいは特定の並進・回転運動成分が重要である場合も多い．このような場合には，構造・解析・設計の単純さ，コスト低減の観点から低自由度の機構を用いることが必要

である．ここでは，3自由度の機構について紹介する．

3.2.1　並進運動のみを行うもの

3自由度空間機構を同一構造の3つの連結連鎖で構成する場合には，各連結連鎖は5自由度でそれぞれに1つの能動ジョイントを配置すれば良い．このような構造で空間的な並進運動のみを行うことができる機構もあるが，図4（a）に示すように，互いに平行な3つの回転ジョイントとこれらに平行な直進ジョイントにより構成される4自由度の連結連鎖を互いに直交するように3つ用いることで，姿勢不変の3自由度運動を行う機構が得られる[12), 13)]．この機構の場合，ベース上の直進ジョイントが能動ジョイントである．それぞれの連結連鎖を駆動すると出力リンクはそのジョイントの軸方向に運動する．この機構は3軸のテーブルなどに用いることができる．

3.2.2　回転運動のみを行うもの

図4（b）の機構では，出力リンクが点Oを中心として3軸まわりの回転運動を行うことができる．各連結連鎖は3つの回転ジョイントから構成されており，すべての回転ジョイントの軸は中心Oを通り，すべてのリンクは点Oを中心とする球面上を運動する．従って，この機構は球面機構であり，自由度は3である．ベース上の回転ジョイントが能動ジョイントである．この機構は，ジョイントの軸が点Oを通らないような製作誤差が生じてしまうと滑らかに動くことができないので，誤差の管理には十分に注意する必要がある．この機構は比較的大きな姿勢角が得られる[14] ため，視覚装置の首振り機構などに用いられる[15]．

図4（c）の機構では，出力リンク側から球面ジョイン

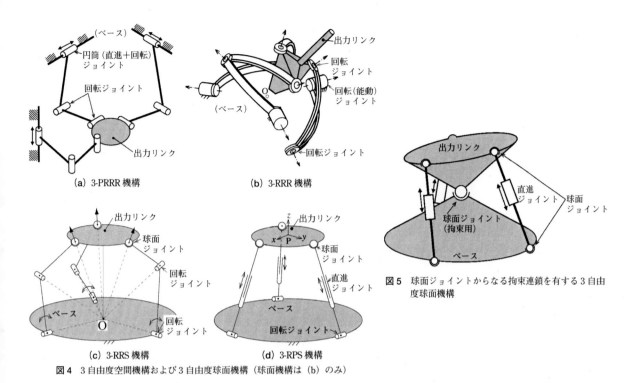

（a）3-PRRR 機構
（b）3-RRR 機構

（c）3-RRS 機構
（d）3-RPS 機構

図4　3自由度空間機構および3自由度球面機構（球面機構は（b）のみ）

図5　球面ジョイントからなる拘束連鎖を有する3自由度球面機構

ト，2つの回転ジョイントによって連結連鎖が構成されている．各連結連鎖内の2つの回転ジョイントの軸は交点を持ち，しかもこれらの交点が1点Oで交わるようにすれば，出力リンクはこの点を中心とする3軸まわりの回転運動を行う[16]．この機構の連結連鎖の自由度は5であるので，上記の回転ジョイントの交点が1点とならないような製作誤差がある場合には，出力運動は回転運動とともに並進運動も伴うが，滑らかに運動することはできる．この機構はロボットの球関節などに用いることができる．

3.2.3　並進・回転運動が混在するもの

図4（d）の機構は，出力リンク側から球面，直進，回転の3つのジョイントから構成される5自由度連結連鎖を3つ用いたもの[17]で，直進ジョイントが能動ジョイントである場合が多い．この機構の出力運動は，出力点の位置・姿勢によってその成分が変化するものの，主として，出力リンクのz軸方向並進運動と出力リンク上のこれに直交する2軸まわりの回転運動であり，ジョイントを弾性ヒンジとした微動ステージ[18]やロボットの手首関節などに用いられる．一方，図4（d）の機構のベースと出力リンクを交替した機構もあり，その出力運動は，ベース上の3つの球面ジョイントの中心を通る平面（XY平面）に垂直な軸方向の並進運動とX，Y軸まわりの回転運動である．従って．出力リンクの作業領域は図4（d）の機構よりも大きく，3次元座標測定機[19]などに用いられる．

3.3　拘束連鎖を有する球面機構

図4（b）の機構では，製作誤差があると出力誤差が出るばかりでなく，滑らかに動くことができなくなる場合がある．また，図4（b）（c）の機構において，中心点Oを

通る力が出力リンクに作用した場合，このような力に対して有効な仕事をすることができないにもかかわらず，この力はリンクによって支持しなければならない．このようなことを防いで滑らかで高精度な機構とするために，例えば，出力リンク上の点Oとベースの間に受動球面ジョイントを配置して出力リンクの運動をこの点Oまわりの回転運動に拘束し，6自由度連鎖を連結連鎖としてこれを3つ用い，各連結連鎖内の1つのジョイントを能動ジョイントとした機構が考えられる．図5に一例を示す．このように受動ジョイントのみからなり出力リンクの運動を一部拘束する連鎖を拘束連鎖と呼ぶ．この機構において，能動ジョイントを有する連結連鎖には出力リンク側から球面，直進，球面ジョイントの3つのジョイントが使われており，直進ジョイントが能動ジョイントである．この機構では，出力リンクの運動を拘束するために球面ジョイントを1つ用いただけであるが，このようにすることで，中心Oを通る外力は球面ジョイントで支持され，外部に対して仕事を行うモーメント負荷を能動ジョイントを有する連結連鎖における引張・圧縮力で支持することが可能となる．

本稿では，剛体のリンクを用いた機構を紹介したが，ワイヤ[23]，ゴム人工筋[24]のように引張方向の力のみに抵抗できる要素，逆に空気圧・油圧シリンダなどのように圧縮方向の力のみに抵抗できる要素を用いたパラレルメカニズムもある．これらについては，誌面の都合で割愛した．

3.4　これまでの達成性能の例

ここでは，これまでにパラレルメカニズムによって達成された典型的な性能を挙げておく．各軸方向に300〜500mm程度のストロークを有する精度を重視した6自由度空

間パラレルメカニズムでは，姿勢角範囲±25°程度，繰返し精度1μm程度，絶対精度10μm程度，最大加速度1G以上の性能が達成されている．小さなものでは，10mm程度のストロークに対して30nm程度の分解能を有する6自由度位置決め装置がある．また，高速化を追求したものでは，40Gといった超高加速度のマニピュレータも開発されている．速度，加速度，力などの達成性能は駆動源の容量にも依存するので絶対値では正当な評価ができないが，動力の観点から無次元化して表現すると，6つのアクチュエータのうちの2つのアクチュエータの容量が有効に出力運動に使われたという例がある[8]．アクチュエータが直列に結合したシリアルメカニズムでは，この数値が1を超えることはまず考えられないので，パラレルメカニズムによって高速化，高出力化が達成されていることは明確である．旋回するジェットコースター，アクロバット飛行など，人間が座る椅子が任意の軸まわりに360度高速回転する経験を擬似的に体験するためのシミュレータが開発されている．このような大作業領域（大姿勢角）を得るために，この機構には9つのアクチュエータが用いられている[20]．精密位置決めの分野で盛んに取り上げられた粗微動駆動の技術をパラレルメカニズムに取り込んだ冗長パラレルマニピュレータが開発されている．これは，大作業領域と微小分解能を同時実現しようというもので，具体的には，100mm程度のストロークと10nm程度の分解能が3次元空間内で実現されている[21][22]．

4. おわりに

著者の所属する研究室ではこれまでに，パラレルメカニズムの運動解析，特性評価，機構総合，キャリブレーションなどについて研究を行い，試作機の設計・製作および実験を行ってきた．この間の著者の経験をもとにして，パラレルメカニズムをこれから扱っていこうという初心者の方々を対象として，パラレルメカニズムとはどういう特徴をもつものか，具体的にどのような種類がありそれぞれどのような特徴・応用分野があるのか，そしてこれまでにどのレベルの性能が達成されたのか，について思いつくままにまとめた次第である．

参 考 文 献

1) Stewart, D., A platform with six degrees of freedom, Proc. Instn. Mech. Engrs., Vol.**180**, Pt.1, No.15 (1965-1966), 371.
2) 中川昌夫，パラレルメカニズム工作機械PM-600の実用化，計測と制御，**42**, 7 (2003), 591.
3) 竹下興二，パラレルメカニズムの応用設計（遊戯施設），機械設計，**40**, 10 (1996) 64.
4) 渋川哲郎・遠山退三・服部和也，パラレルメカニズム形切削加工機，精密工学会誌，**63**, 12 (1997) 1671.
5) 内山勝・飯山憲一・多羅尾進・フランソワピエロ，外山修，6自由度高速パラレルロボットHEXAの開発，日本ロボット学会誌，**12**, 3 (1994) 451.
6) 武田行生・舟橋宏明，運動伝達性に優れた6自由度空間パラレルマニピュレータの開発（第1報，モンテカルロ法に基づく機構定数領域の抽出），日本機械学会論文集C編，**61**, 589 (1995) 3781.
7) 武田行生・舟橋宏明・市丸寛展，運動伝達性に優れた6自由度空

8) 武田行生・舟橋宏明・中嶋一貴，運動伝達性に優れた6自由度空間パラレルマニピュレータの開発（第2報，試作マニピュレータの位置繰返し精度），日本機械学会論文集C編，**61**, 590 (1995) 4068.
8) 武田行生・舟橋宏明・中嶋一貴，運動伝達性に優れた6自由度空間パラレルマニピュレータの開発（第3報，アクチュエータ容量に基づく位置決め運動の高速化評価），日本機械学会論文集C編，**65**, 630 (1999) 844.
9) 武田行生・舟橋宏明・木村正史・廣瀬和也，転がり球面軸受を用いた6自由度空間パラレルメカニズム形ワークテーブルの開発，日本機械学会論文集C編，**67**, 664 (2001) 4025.
10) 津坂祐司・福泉武史・井上博允，パラレルマニピュレータの設計と機構特性，日本ロボット学会誌，**5**, 3 (1987) 180.
11) 廣瀬和也，多自由度位置決め機構，精密工学会生産自動化専門委員会研究例会前刷集，(97-11-3) 13.
12) Kim,G.,S. and Tsai,L.,W., Design optimization of a Cartesian parallel manipulator, Trans.ASME, Journal of Mechanical Design, **125** (2003) 43.
13) Kong,X. and Gosselin,C.,M., Kinematics and singularity analysis of a novel type of 3-CRR 3-dof translational parallel manipulator, International Journal of Robotics Research, **21**, 9 (2002) 791.
14) 武田行生・舟橋宏明・佐々木康貴，作業領域と運動伝達性に優れた3自由度球面パラレルメカニズムの開発，日本機械学会論文集C編，**60**, 579 (1994) 3990.
15) Gosselin,C.,M. and St.Pierre,E., Development and experiment of a fast 3-dof camera-orienting device, International Journal of Robotics Research, **16**, 5 (1997) 619.
16) Gregorio, R.,D., The 3-RRS wrist : a new, simple and non-overconstrained spherical parallel manipulator, Trans. ASME, Journal of Mechanical Design, **126** (2004) 850.
17) 牧由久・武田行生・杉本浩一，3-SPR形パラレルメカニズムの運動特性（出力変位特性の解析），2005年度精密工学会春季大会学術講演会講演論文集，(2005) 1111.
18) Lee,K.,M. and Arjunan,S., A three-degrees-of-freedom micromotion in-parallel actuated manipulator, IEEE, Trans. Robotics and Automation, **7**, 5 (1991) 634.
19) 大岩孝彰・久利直道・馬場周平，パラレルメカニズムを用いた三次元座標測定機（リンク配置の検討と誤差解析），精密工学会誌，**65**, 2 (1999) 288.
20) Kim, J.,S., Kim,S.,H., and Kim,J.,W., Motion planning for redundant parallel kinematic mechanism using joint torque distribution, Proc. 1st International Conference on Manufacturing, Machine Design and Tribology, 2005, in CD-ROM.
21) Takeda,Y., Ichikawa, K., Funabashi,H., and Hirose,K., An in-parallel actuated manipulator with redundant actuators for gross and fine motions, Proc. 2003 IEEE International Conf. on Robotics and Automation, (2003) 749.
22) 武田行生・郭 巍，並列粗微動駆動形6自由度空間位置決め機構の位置決め分解能の向上，2005年度精密工学会秋季大会学術講演会講演論文集，(2005) 1205.
23) 武田行生・舟橋宏明，パラレルワイヤ駆動機構における運動伝達性の評価，日本機械学会論文集C編，**65**, 634 (1999) 2521.
24) 武田行生・舟橋宏明・丹羽康之・樋口勝，空気圧ゴム人工筋によるパラレル駆動機構の運動制御，日本機械学会論文集C編，**67**, 662 (2001) 3271.
25) 武田行生・上山孔司・牧由久・樋口勝・杉本浩一，位置と姿勢を分離した6自由度空間パラレルメカニズムの開発，日本機械学会論文集C編，**71**, 705, (2005), 1717.
26) 武田行生・舟橋宏明，パラレルマニピュレータの特異点とその近傍における運動特性および静力学特性，日本機械学会論文集C編，**60**, 570, (1994) 701.
27) 武田行生・沈崗・舟橋宏明，フーリエ級数を用いたパラレルメカニズムのキャリブレーション（第1報，キャリブレーション法および測定運動の選定法の提案），日本機械学会論文集C編，**68**, 673, (2002) 2762.

パラレルメカニズムの3次元座標測定機への応用

Application of Parallel Kinematics Mechanisms to Cooridinate Measuring Machine / Takaaki OIWA

静岡大学 **大岩 孝彰**

1. は じ め に

パラレルメカニズムは，その運動の自由度の多さ，および高速性を利用して，古くはフライトシミュレータやアミューズメント機器などへ利用され，90年代ぐらいからは高速ロボットあるいは高速切削加工機などへの応用が進んできた．本稿では，精密な機械への応用例として，三次元座標測定機（Coordinate Measuring Machine，以下CMM）に応用した事例について紹介する．パラレルメカニズムを用いたCMMというと，単に直角座標型メカニズムをパラレルメカニズムで置き換えただけと思われがちであるが，実際には測定精度を向上させるために種々の新機軸を導入しており，これらの取組みについても触れたい．

2. 研究の背景

現在，一般に普及しているCMMは，図1に示すような直角座標型メカニズムを用いている[1]．このCMMでは，被測定物を検知する測定プローブとその相対変位を計測する3軸の測定系および相対運動を可能とするメカニズムから成っている．従来は，各軸ごとに運動精度や測定精度を高め，各軸間の直角度などを物理的に調整して空間的な測定精度を向上させてきた．しかし，アッベの原理（後述）を満たしていないために機構の運動誤差の影響を受けやすく，機械的な精度向上が難しくなってきたため，現在ではソフトウエア的に誤差を補正している．しかし，総合的な精度はマイクロメートルオーダにとどまっていて，近年の機械加工精度の向上と比較して十分な精度とはいい難く，次世代システムへの期待が高まっている[2]．

他の3次元座標測定方法として，レーザスキャナあるいはレーザ干渉計などを用いる光学的方法[3]～[5]，超音波を用いる方法[6]などが研究されている．これらの方法ではメカニズムの可動部の負担が少なく高速度な計測が可能であるが，空気のゆらぎ，温度，気圧変化などの影響を受けやすい．つまり光は真空中では一定の速度でまっすぐ進むが，大気中ではそうではない．また音も均質な媒体中では一定の速度で伝搬するが，空気中では変化する．よって長い距離を高精度に測ることは困難である

3. パラレルメカニズムを用いた精密機械の利点

3.1 運動誤差

ここでは直角座標型とパラレルメカニズムの運動誤差の伝搬のようすを比較してみたい．まず1自由度の直線運動機構では図2に示すように，空間内を運動する際に進行方向（x方向）への位置決め誤差δx，進行方向に直角な2方向への運動の真直度誤差（並進誤差）δyおよびδz，直交する3軸回りの姿勢誤差（x軸回りのローリング$\delta\alpha$，y軸回りのピッチング$\delta\beta$，およびz軸回りのヨーイング$\delta\gamma$）が発生する．運動体の原点OとエンドエフェクタP点の間に図中のベクトル$\mathbf{P}=(x, y, z)^T$のようなオフセットが存在すると，以上の姿勢誤差とオフセットの積で表される各方向への並進誤差ε_x，ε_y，およびε_zが発生する．つまり，

$$\varepsilon_x \approx \delta x + y \cdot \delta\gamma + z \cdot \delta\beta$$
$$\varepsilon_y \approx \delta y + z \cdot \delta\alpha + x \cdot \delta\gamma$$
$$\varepsilon_z \approx \delta z + x \cdot \delta\beta + y \cdot \delta\alpha$$

となる．直角座標型機構では以上の運動機構が3組積み重ねられているから，エンドエフェクタの運動誤差は上述

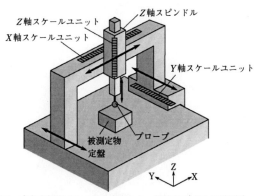

図1 直角座標型メカニズムを用いた一般的なCMMの原理図

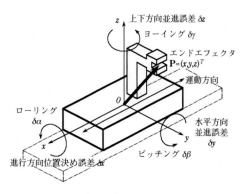

図2 直線運動機構の6方向の運動誤差

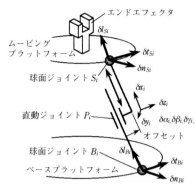

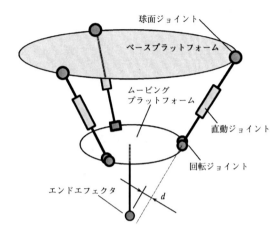

図3 パラレルメカニズムの1本の連結連鎖内の対偶の運動誤差

のものが3段積累される．つまり，各々の運動軸の並進誤差が累積し，さらに姿勢誤差がオフセットにより拡大されてエンドエフェクタの位置誤差として現れる．また3段積み重ねられることにより各運動軸とエンドエフェクタ間のオフセットも増大する．以上のように誤差の発生因子は膨大な数となり，精度向上すなわち誤差を小さくするためには，各軸の位置決め誤差を減ずるだけではなく，姿勢誤差かオフセットの片方できれば両方を小さくしなくてはならない．

以上に対して，一般的なヘキサポッド（六脚の意）機構と呼ばれる伸縮型の6自由度パラレルメカニズムの1組の連結連鎖の運動誤差を**図3**に示す．まず，各プラットフォーム上の球面ジョイントの運動誤差を連結連鎖の長さ方向成分 δl_{Si} および δl_{Bi} とそれに直角な2方向成分 δt_{Si}，δt_{Bi}，δn_{Si} および δn_{Bi} へ分解して表す($i=1 \sim 6$)．また直動ジョイントの位置決め誤差 δx_i を連結連鎖の長さ方向の誤差とし，その他の5方向の運動誤差を図2と同様に表すことにする．まず，球面ジョイントの連結連鎖の長さ方向の誤差成分 δl_{Si} および δl_{Bi} は，連結連鎖の長さ変化と等価であるから，エンドエフェクタの位置誤差を引き起こす．しかし，連結連鎖の長さ方向に直角な2方向の誤差はそれが微小であれば連結連鎖の長さはほとんど変化しない（正確にはコサイン誤差つまり二乗誤差となる）ので，エンドエフェクタの位置誤差とはならない[7]．次に，連結連鎖内の直動ジョイントの位置決め誤差 δx_i は連結連鎖の長さ変化そのものであるからエンドエフェクタの位置誤差を引き起こす．しかし，それと直角2方向の誤差 δy_i および δz_i はやはりコサイン誤差となるため，連結連鎖の長さは変化しない．さらに直動ジョイントの姿勢誤差のうち，長さ方向の誤差となる可能性のある姿勢誤差ピッチ $\delta \beta_i$ とヨー $\delta \gamma_i$ については，直動ジョイントのオフセットを0とすれば長さ方向の誤差は発生せず，エンドエフェクタの位置誤差を引き起こさない．以上をまとめれば，6自由度伸縮型パラレルメカニズムの場合は連鎖方向の誤差成分のみがエンドエフェクタへ伝搬するだけで，他の方向の誤差成分は無視できる．このことは，後述（6章）のようにパラレルメカニズムの運動精度を向上させるために大変都合が良い．

3.2 アッベの原理

従来の直角座標型メカニズムでは，精密機械の基本原則であるアッベの原理[8]を満たすことが非常に困難である

図4 3-SPR型3自由度空間パラレルメカニズム

ことが従来から指摘されている．アッベの原理とは「ある点の変位を測定する際，測定軸がその点の運動に対して平行であるだけではなく，その点が測定軸の延長線上になくてはならない」というものである．例えば図1のCMMでは，プローブは z 軸の測定軸の延長線上にあるが，x 軸および y 軸はそうではなくアッベの原理を満たしていない．これは前出の3軸のオフセットを同時に0とすることが非常に困難であることに起因している．前式より，これらのオフセットを0にできなければ，各姿勢誤差を減ずるか，各移動軸の姿勢誤差を計測して既知のオフセットを乗じて各方向の並進誤差を計算しエンドエフェクタの座標値の補正を行うことになる．しかし，各軸に発生する姿勢誤差は各々3方向あって，それらの誤差を測るためには膨大な数の微小角度計測センサが必要となる．

これに対して，ヘキサポッド機構では6本の連結連鎖によりエンドエフェクタの位置・姿勢の6自由度運動が制御されている．よってエンドエフェクタがムービングプラットフォームのどこにあっても，エンドエフェクタの位置は計測され，また駆動できる（ただし，各ジョイントに前述の連結連鎖方向の誤差がないものとして）．従って，ヘキサポッド機構では，エンドエフェクタを各測定軸の延長線上に置かねばならないなどの機構設計上の制約がない[7]．ただし，**図4**のような3-SPR型3自由度空間パラレルメカニズムなどでは測定軸が3組しかないため，エンドエフェクタの位置と姿勢の6自由度運動を独立して計測することができず，エンドエフェクタを計測軸の延長線に置く必要がある[9]．この場合のエンドエフェクタの並進誤差は，図中の測定軸・エンドエフェクタ間のオフセット d とエンドエフェクタの姿勢誤差の積に比例する．これは図1の1自由度機構や直角座標型メカニズムのアッベ誤差と同じである．

4. 3自由度パラレルメカニズムを用いたCMM

筆者の研究室では，パラレルメカニズムが持つ高精度な機構としての資質に着目し，これを用いたCMMの開発を行ってきた[10][11]．一例として3自由度空間パラレルメカニズム（図4）を用いた試作機[12]の写真を**図5**に示す．3

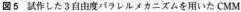

図5 試作した3自由度パラレルメカニズムを用いたCMM

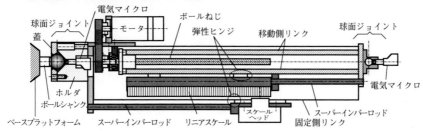

図8 球面ジョイント断面図

図6 試作機の連結連鎖の構造図

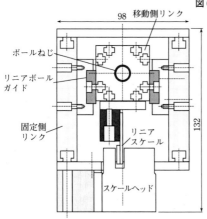

図7 連結連鎖断面図

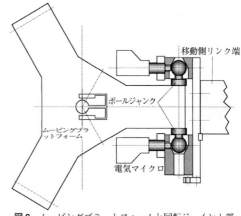

図9 ムービングプラットフォームと回転ジョイント部

台の直動ジョイントの伸縮量を内蔵の測長ユニットで計測し，タッチプローブ先端の3次元座標を算出する．図6は試作したCMMの重要な構成要素である連結連鎖の長手方向の断面図を示している．固定側と伸縮側のリンクはともにアルミ引抜き材を用いて製作し，両者間の直動案内は市販のリニアボールガイドを用いた．この直動ジョイントの伸縮は，ACサーボモータと転造ボールねじ(P=2)により行われる．連鎖の全長を短くするためにモータ軸とねじ軸間は直接連結せず，タイミングベルトで回転を伝達した．直動ジョイントの伸縮量は回折格子走査型リニアエンコーダ(ソニーマニファクチュアリングシステム，レーザースケールBS75A+BD61，格子ピッチ0.55 μm，分解能50 nm，公称精度±0.47 μm/220 mm)により測定する．連結連鎖の断面図を図7に示すが，両端の球面ジョイント間を結ぶ軸とスケールユニットの間のオフセットが40 mmほどあ

り，この点については改善を要する．

図8は固定側のリンク後端部とベースプラットフォームとなるフレーム間を連結しているすべり球面ジョイントの断面を示す．使用した鋼球は径1"(25.4 mm)の軸受用鋼球(SUJ2，グレード20，公称真球度0.5 μm以下)で，シャンクを摩擦溶接した．鋼球を支持するホルダは黄銅製とし，予圧を与え，低膨張鋳鉄製のホルダに納めて固定側のリンクに固定した．

図9は移動側のリンク先端とムービングプラットフォームを連結しているジョイントを示しているが，精度に優れた球面部品を用いるために2個の球面ジョイントを用いて1自由度の回転ジョイントを構成している．鋼球は同様に軸受用の径1/2インチのもので(グレード5，公称真球度0.13 μm以下)，同様に黄銅製ホルダにより適度な予圧を与えてムービングプラットフォームに固定した．

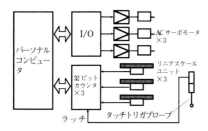

図10 駆動系と計測系のブロック線図

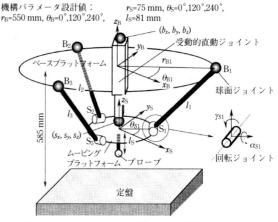

機構パラメータ設計値： r_S=75 mm, θ_S=0°,120°,240°,
r_B=550 mm, θ_B=0°,120°,240°, l_S=81 mm

図11 パラレルメカニズム型CMMの機構パラメータと
追加した受動ジョイント

図10は駆動系と主な計測系のブロック線図である．3台のACサーボモータドライバへのパルスの送出はパーソナルコンピュータにて行った．位置決め制御にはサーボモータ内蔵のロータリエンコーダを用いており，セミクローズドループとなっている．一般にCMMでは厳密な位置決め精度は必要なく，このためリニアスケールはフィードバックには用いていない．パーソナルコンピュータはムービングプラットフォーム下側に取付けられたタッチトリガプローブ（レニショー製，TP-200，繰返し精度 $2\sigma \leqq 0.18$ μm）が被測定物に接触した瞬間に，3台の32ビットカウンタの値を保持・読込みを行い，順運動学の非線形連立方程式を解くことにより，タッチプローブ先端のxyz座標を計算する．本機ではxyz方向の測定分解能がスケールの分解能と同等でかつ等方的になるようにリンク配置設計をしている[13]ため，測定分解能も約50 nm程度となっている．さらに通常のCMMと同様に，測定機座標系に対して回転角および並進変位を持って設置された被測定物に対しても測定が可能なように，ワーク座標系を設定するアライメント作業用プログラムを作成した．

5. メカニズムのキャリブレーション

直角座標型機構の組立て・調整時には，作業空間におけるエンドエフェクタの位置・姿勢精度を保証するために，各移動軸の位置決め精度や運動精度をチェックし，さらに各軸間の直角度を物理的に調整する．これに対してパラレルメカニズムの場合では，各能動ジョイントの位置決め精度のチェック以外に，受動的なジョイントの位置・姿勢や能動ジョイントの初期変位や角度，工具やプローブの長さなどの機構パラメータを正確に求める必要がある．この機構パラメータは，能動ジョイントの変位・回転角からエンドエフェクタの位置・姿勢を求めるための順運動学やその逆の計算を行う逆運動学などのプログラム内の多くの定数のことであり，実機の値と異なっていればエンドエフェクタの計算値と実際の座標位置が一致しないことになる．このような誤差は繰返し性のある系統的誤差となる．

この機構パラメータを正確に求めることがパラレルメカニズムの主な校正となるが，幾つかの方法が提案されており，1) 他のCMMなどでジョイントの位置や節の大きさ等の機構パラメータを直接計測する方法，2) エンドエフェクタの位置・姿勢誤差を求め，目標値との差がなくなるまで機構パラメータを修正する方法，3) 長さや角度を測るセンサを受動的なジョイントに取り付け，冗長性を利用

して機構パラメータを求める方法[14]などがある．2) における位置・姿勢誤差を求める方法として，3Dレーザ座標測定器[15]，オートコリメータ[16]，ダブルボールバー[17][18]などの外部測定器を用いる方法や，寸法や形状が既知であるブロックゲージや3Dボールプレートなどのアーティファクトをタッチプローブなどで計測して位置・姿勢誤差を得る方法などがある．3) の方法は校正に必要な測定器を機械に組み込むためセルフキャリブレーションと呼ばれる．2) と3) の方法の多くは，ロボット用のキャリブレーションと同様に，測定した誤差が小さくなるように最小二乗法などを用いて機構パラメータを推定し機械の精度を向上させる．つまり直角座標型機構のように物理的（ハードウエア的）に機械を調整するのではなく，ソフトウエア的に機械の精度向上を行うことが従来の機械の校正と異なる点である．

筆者の研究室でも今までに3Dボールプレート[19]やダブルボールバー[20]などを用いた校正方法を検討してきたが，現在は図11のように，高精度な測長器を内蔵した受動的な直動ジョイントを含む連結連鎖をパラレルメカニズムに追加し，エンドエフェクタを測定空間内に移動した際に取得した長さ誤差を用いてメカニズム自体の機構パラメータを推定する[21]という3) の方法を検討している．

6. ジョイント・リンクの誤差補正装置[22]

繰返し性のある誤差については機構パラメータの校正により誤差を改善できることを前章で述べたが，機構には再現性のない誤差も発生する．例えば，ジョイントの遊び，回転誤差，外力によるジョイントとリンクの弾性変形あるいは室温変動によるリンクの熱膨張などである．3章にてパラレルメカニズムでは連結連鎖方向の誤差がエンドエフェクタの位置誤差に大きく影響することを述べた．よって，この方向の誤差を除去，あるいは計測・補正すればよい．まず両端部の球面ジョイントと回転ジョイントの誤差に対しては，図8および図9のように変位センサ（Mahr社電気マイクロメータ Millitron）を設置し，ジョイントの精度基準である鋼球の連結連鎖方向の振れを測っている．これにより両端部のジョイント間の距離の変化はリニアスケー

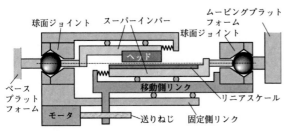

図12 ジョイントおよびリンクの誤差の補正装置

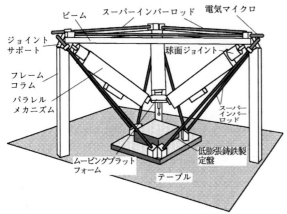

図13 定盤からみたフレームの変形を
6自由度パラレルメカニズムで測定する装置

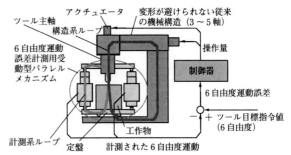

図14 ワークとツール間の6自由度相対運動を
受動型ヘキサポッドで計測・補正する超精密機械システムの概念図

ル読取値にこれらの変位計の測定値を加えたものとなる.

　さらに，室温変動により固定側および移動側のアルミ製リンクには熱的な変形が発生するが，リンクのたわみや軸周りのねじれが連結連鎖の長さに及ぼす影響は軽微である．したがって，熱変形も連結連鎖方向の変形のみを取扱えばよい．そこで図6中に示すように，球面ジョイントとリニアスケールヘッドの間，および回転ジョイントとリニアスケールの間を低熱膨張材であるスーパーインバー（線膨張係数約0.5×10^{-6}/K）製のロッドで連結した．スケールヘッドとスケールはそれぞれ長さ方向に微動できるように弾性ヒンジを用いた4節平行リンク機構で支持してある．以上のようにすれば，両端のジョイント間の距離の変化は温度変化の影響を受けずにリニアスケールユニットで計測できる．また，リンクには変動する引張荷重が働き微小な変形も予想されるが，前述のロッドにはこれらの外力は作用せず長さが変化しないので，リンクの弾性変形も併せてスケールユニットで計測できる．

　連結連鎖の長さが比較的短い場合は，両端のジョイントの誤差を測定する変位センサのかわりに，**図12**のようにロッド先端をジョイント内の鋼球に押当ててもよい．これにより内蔵のリニアスケールユニットでジョイントの誤差も併せて計測できる．筆者の研究室で本機以後試作したパラレルメカニズムはすべてこの方式を採っているが，実験の結果リンクの力学的・熱的変形の補正に大きな効果があることが確認された[23]．例えば，連結連鎖方向の等価剛性が3.7N/μmから15N/μmへ，等価熱膨張係数が15.4×10^{-6}/Kから0.66×10^{-6}/Kへ改善した．これは連結連鎖全体をスーパーインバーで製作した場合とほぼ等しい．

7. フレームの変形補正システム[22]

　パラレルメカニズム自体の精度を向上させても，それを支えるフレーム部分にも変形が発生し，機械の精度を低下させてしまう．大部分は熱的な変形であるが，従来の工作機械やCMMでは熱変形解析を行い，複数の温度センサを用いて熱変形予測・補正を行ってきた．しかし有限個のセンサで測った部分的な温度情報では急激な室温変動による変形は正確に予測できない．そこで本機では，フレームの変形はパラレルメカニズムのベースプラットフォームの大きさ・位置・姿勢の変化である，という点に着目し，フレームの構造や材質などに関係なく，被測定物を搭載する定盤から見たパラレルメカニズムのベースプラットフォームの大きさ，位置および姿勢を直接インプロセス計測し補正することにした．計測システムの概要を**図13**に示す．まずベースプラットフォームの大きさの変動，つまり3つの球面ジョイントからなる三角形の大きさの変化を測るために，3組のスーパーインバー製ロッドと変位センサを設置した．さらに，ベースの位置・姿勢の6自由度運動を計測するために，定盤と3つの球面ジョイント間に6組のスーパーインバー製ロッドと変位計を設置した．ベースの位置と姿勢は，一般的な6自由度のヘキサポッド機構の順運動学式より求められる．以上のフレームの変形量の情報を用いて，3自由度パラレルメカニズムで得られた測定座標値を補正する．6章の補正装置と併せた実験の結果，特にフレームの熱膨張の大きいz方向の測定値が著しく改善した．例えば，機械の温度変化が$1.4°$程度でアルミ製フレームが数十μmも熱変形している場合でも，測定座標値の変動は2μm以内という結果が得られた[24]．

8. 超精密機械システムへの応用[25][26]

　本章では前章の補正システムをさらに拡張した機械システムを紹介する．多くの機械ではツールとワークの間の6自由度相対運動の運動精度が重要である．しかし様々な要因により機械構造物が変形し，ツール・ワーク間の相対位置・姿勢は正確に保たれない．そこで，**図14**のように定盤上にヘキサポッド機構のベースプラットフォームを，ツール主軸にムービングプラットフォームを設置し，定盤から見た主軸の6自由度相対運動を受動型ヘキサポッドで計測する．以上のリアルタイムで計測した6自由度相対運動

から6方向の運動誤差を算出し，既存の機械のアクチュエータを誤差が最小となるように制御する．要するに6自由度ヘキサポッドを6自由度運動を計測するフィードバックセンサとして用いる．この機械システムでは，機械の構造系と計測系をほぼ完全に分離できる（このような計測専用の構造物は計測フレーム[27]と呼ばれる）ため，機械の内外乱の影響を受けずに計測・補正ができる．また3.2節で述べたように，エンドエフェクタの6自由度運動（位置と姿勢）を測っているために，アッベのオフセットを小さくするようにエンドエフェクタを配置する必要がない．さらに，パラレルメカニズムの各連結連鎖に5章で述べた誤差補正装置を組み込めば，外力や室温変動の影響を受けずに6自由度相対運動が計測できる．このような機械システムでは，従来の機械のように極端な高剛性化による運動特性の低下や恒温環境に機械を設置する必要がないなどの特長を有する．

9. お わ り に

パラレルメカニズムを応用した精密機械の一例として3次元座標測定機を紹介しながら，直角座標型メカニズムとの違いや特長を述べた．また機構の系統的誤差を減ずるための校正方法について概説した．さらに，再現性のない力学的・熱的な誤差に対する補正システムについて述べ，最後にパラレルメカニズムを6自由度フィードバックセンサとして用いる超精密機械システムの構想についても紹介した．パラレルメカニズムの実用化のための研究は近年始まったばかりであり，従来の概念に捕らわれない精密機械への応用が期待される．このメカニズムに興味を持たれた若い研究者・技術者各位により，近い将来，素晴らしい機械が創製されることを確信している．

参 考 文 献

1) 例えば，精密機械設計便覧，精機学会，(1989) 642.

2) 精密工学会超精密位置決め専門委員会編，次世代精密位置決め技術，フジテクノシステム，(2000) 94.

3) J. H. Gilby and G. A. Parker : Laser Tracking System to Measure Robot Arm Performance, Sensor Rev., Oct. (1982) 180.

4) K. Lau, R. J. Hocken and W. C. Haight : Automatic Laser Tracking Interferometer System for Robot Metrology, Prec. Eng., **8**, 1, (1986) 3.

5) 大岩孝彰，鈴木 稔，久曽神 煌：球面ミラーと線状レーザ光を用いた空間座標位置の測定，精密工学会誌，**59**, 2 (1993) 305.

6) 例えば，H. Peremans, K. Audenaert and V. Campenhout : A High-solution Sensor Based on Tri-aural Perception, IEEE Trans. Robotics Automat., **9**, 1, (1988) 36.

7) 大岩孝彰，玉木雅人：6自由度パラレルメカニズムにおけるアッベの原理に関する研究（対偶の回転誤差が機構の運動誤差に及ぼす影響），機論C編，**69**, 678 (2003) 472.

8) S.T.Smith and D.G.Chetwynd: Foundation of ultra precision

mechanism design, Gordon and breach science publishers, 1992, 71.

9) 大岩孝彰，山口浩希：パラレルメカニズムを用いた三次元座標測定機（第3報）アッベの原理，精密工学会誌，**66**, 9 (2000) 1378.

10) Oiwa, T., New Coordinate Measuring Machine Featuring a Parallel Mechanism, *Int. J. JSPE*, **31**, 3（1997）232.

11) 大岩孝彰：パラレルメカニズムを用いた三次元座標測定機－基本原理と運動学－，精密工学会誌，**64**, 12 (1998) 1791.

12) 大岩孝彰，馬場周平：パラレルメカニズムを用いた三次元座標測定機（第4報）試作機の開発，精密工学会誌，**66**, 11 (2000) 1711.

13) 大岩孝彰，久利直道，馬場周平：パラレルメカニズムを用いた三次元座標測定機（続報）リンク配置の検討と誤差解析，精密工学会誌，**65**, 2 (1999) 288.

14) Hanqi Zhuang : Self-Calibration of Parallel Mechanisms with a Case Study on Stewart Platforms, IEEE Transactions on Robotics and Automation, **13**, 3 (1997) 387.

15) 小関義彦，新井健生，杉本浩一，高辻利之，後藤充夫：レーザ3次元測定器を用いたパラレルメカニズムのキャリブレーション，日本機械学会ロボティクス・メカトロニクス講演会'97講演論文集，A (1997) 463.

16) 太田浩充，渋川哲朗，遠山退三：パラレルメカニズムのキャリブレーション方法の研究（第1報）－逆運動学による機構パラメータのキャリブレーション－，精密工学会誌，**66**, 6 (2000) 950.

17) 太田浩充，渋川哲朗，遠山退三，内山 勝：パラレルメカニズムのキャリブレーション方法の研究（第2報）－順運動学による機構パラメータのキャリブレーション－，精密工学会誌，**66**, 10 (2000) 1568.

18) 武田行生，沈 崗，舟橋宏明：フーリエ級数を用いたパラレルメカニズムのキャリブレーション（第1報，キャリブレーション法および測定運動の選定法の提案），機論C編，**68**, 673 (2002) 2762.

19) 大岩孝彰，京極正人，山口浩希：パラレルメカニズムを用いた三次元座標測定機（第5報）－立体的なボールプレートを用いたキャリブレーション－，精密工学会誌，**68**, 1 (2002) 65.

20) 大岩孝彰，片岡頼洋：パラレルメカニズムを用いた三次元座標測定機の校正に関する研究－ダブルボールバーとタッチプローブを用いたキャリブレーション－，精密工学会誌，**69**, 2 (2003) 222.

21) 大岩孝彰，首藤圭一：パラレルメカニズムを用いた三次元座標測定機の校正に関する研究－冗長パッシブジョイントを用いたキャリブレーション－，精密工学会誌，**71**, 4 (2005) 5126.

22) Oiwa, T: Accuracy Improvement of Parallel Kinematic Machine - Error Compensation System for Joints, Links and Machine Frame-, proc. 6th ICMT2002, (2002) 433.

23) 大岩孝彰，加本哲也：パラレルメカニズム型マイクロCMMの研究（第3報）（対偶誤差補正装置の改良），日本機械学会第4回機素潤滑設計部門講演会，(2004) 165.

24) 大岩孝彰，寺澤祐哉：パラレルメカニズムを用いた高速・高精度3次元座標計測システム（第16報）－リンクとフレーム変形の補正－，日本機械学会年次大会講演論文集，4 (2005) 261.

25) 大岩孝彰：ワーク・ツール間の6自由度完全相対運動を目指した超精密機械の開発，精密工学会秋季大会論文集，2004, 869.

26) Oiwa, T: Ultra-precise Machine with 6-DOF Perfect Relative Motion Between Tool and Workpiece, Int. Conf. Manuf. Machine Design and Tribology（ICMDT2005），(2005) DLM 305.

27) Bryan, J. B. and Carter, L. D: Design of a new error-corrected co-ordinate measuring machine, Precision Engineering, 3 (3) : 125.

真空技術のカンどころ

Tips on Using Vacuum Techniques / Yasuyuki SUZUKI

三重大学　鈴木泰之

新しいものづくり技術は，より柔軟な生産様式と技術革新を必要としている．真空技術，プラズマプロセスは従来の平衡状態図に基づかない非平衡プロセスであり，新しい技術として多くの利用がすでに行われている．ここではこの数々の真空プラズマ技術についてその特徴を中心に「カンどころ」を解説していく．

1. は じ め に

物質を細かく分けていくとやがて原子となる．さらに，原子は原子核と電子からなる．また，物質の状態は低温状態から，固体，液体，気体であるが，これ以上温度が上がると原子核が電子を捕まえておくことができなくなり，電子は原子核の束縛から離れて勝手に運動を始める．このように原子核と電子がイオンとなり，勝手に運動している状態をプラズマと呼ぶ．よってプラズマは固体，液体，気体につぐ第4の状態といって良い．現在の真空技術はこのプラズマを使いこなすものである．

さて，原子核と電子をばらばらにするような高温をいかにして得ればよいか．燃焼などの化学反応ではとてもこのような温度を作り出すことはできない．じつはボルタの電池の発明は人類にとって画期的なことであった．それまで静電気として瞬間的な電気しか得られなかった人類に定常的に流れる電気を与えた．1個の電子が1Vの中で加速される時に得るエネルギを1eV（エレクトロンボルト）といい，1.6×10^{-19} Jである．非常に小さなエネルギに見えるが$k_B T$（ただし，k_B：ボルツマン定数 1.38×10^{-23} J/K）で換算すると1eVは約1万℃という高温の状態に相当する．従って1Vの電圧を使用すればどんな高温の炉でも作り出せない温度をあやつる事ができる．

乾電池をショートさせただけでまわりの空気や銅線がごくわずかプラズマ状態となり，銅が一瞬ガスとなって飛び散る．電気溶接では10〜30Vの電圧で鉄を溶かすがこれも電気のエネルギがいかに高温であるかを示している．工作機械の精密加工に放電加工機が使用されたり，スポット溶接が使われたりすることは，アーク放電，プラズマ放電，電子ビームなど電気の力で高温が作り出せることを示している．

プラズマ状態は，別の言葉でいえばイオン化であるが，NaClを水に溶かした時にも水の分子がナトリウムイオンと塩素イオンの間に入って2つのイオンが元に戻ることを防いでいる．水の分子が邪魔にならない分野ではこのように水に溶かした状態でイオンの性質を利用することが一番便利である．従って銅精錬や鍍金は水溶液中で行われる．水の影響があっては困るような場合でもさらに空気が邪

魔をする．また，せっかく作った高温を空気があっというまに冷却してしまう．じつはわれわれは地球上で空気という海の底に暮らしている．空気は水ほどではないがプラズマの高温を冷ましてしまう．従ってプラズマを高温の状態で巧く使うためには邪魔な空気を排除することが必要であり，プラズマを使うためにはどうしても真空技術が必要となる．

2. 物理的な基礎知識

工学は，物理的な理論に基づいて，実際のプロセスを行い，役立つものを作りだす点に意義がある．また，ある面では実学として経験論的な側面もある．特に真空プロセスでは複雑な放電現象を扱うため多分にこの経験論が大きい．しかし，経験的な事を知識として認識するだけではなく，物理的な理屈に基づいて考えると多くの「カンどころ」が理解される．そこで，ここではまず物理的な分子運動論を述べる．ただし，実際の値を中心とし例を多く取上げるので理論的な導出の部分は省略した．他の参考資料をごらんいただきたい．

2.1 粒子の密度 (n)
大気圧は，1気圧＝1013ヘクト（hecto）Pa（Hg柱76 cm，1 kgf/cm^2）であり，0℃（273.15 K）標準状態で22.4lのガス中の粒子数がアボガドロ数 $N_A = 6.02 \times 10^{23}$ 個となる．従って粒子の密度は標準状態1 m^{3}あたり 2.68×10^{25} 個である．

2.2 粒子の速度分布 (v)
ある温度の気体粒子は基本的にマックスウェル-ボルツマン分布をなす．平均速度の最大値はちょうど $1/2\ mv^2 = k_B T$ で換算される速度となる．例えば，室温（300 K）で空気の場合，415 m/s（1500 km/h）でマッハ1程度である．従って室温ではよほど速く羽根を動かさないと真空は作りだせない．逆に宇宙空間のスペースシャトルなどでは進行方向の影部分で真空度が非常に良い状態（10^{-9}Pa）となる．

2.3 平均自由行程 (λ)
気体分子が静止している中を1個の分子が通過する状態を仮定すれば，1個の分子がどこまで衝突せずに移動するか計算することができる．粒子を剛体球で近似し，1つの剛体球が移動単位時間内に衝突する粒子数から移動できる距離を求める．粒子球の直径を σ とすると $\lambda = 1/(\pi n \sigma^2)$ であらわされ，空気では1気圧で $\sigma = 3.7 \times 10^{-10}$ m として86 nmとなる．なお，この式には温度が入っていない．式からわかるように平均自由行程は圧力（粒子数 n）に反比例するので，真空度が1 Paでは9 mmとなって実用範

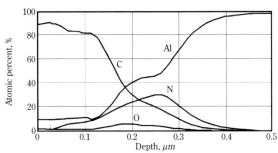

図1 イオンの深さ方向の分布. 窒素イオンを30 kVで 4×10^{17} 個/cm² 注入し，オージェ分光法を行ったもの. 窒素は表面から 0.2 〜 0.3 μm 付近に打ち込まれている.

囲になる.

2.4 クヌーセン数 (K_u)

平均自由行程は粒子が1度も衝突せずに移動できる距離であるが，これを蒸着，スパッタリング距離で無次元化した量がクヌーセン数である. これは薄膜形成するまでに他の粒子と衝突する回数にあたり，100以上では，気体の状態は粘性流（通常の気体），1になると分子流と呼ばれる. 分子流ではもはや通常のマクロな熱力学はあてはまらない. 例えば温度は，それぞれの粒子がランダムな方向にボルツマン速度分布をしているときに定義できる量であって，分子流の状態ではそれぞれの粒子の運動に方向性があるのでエネルギの流れではあるが，スカラー量としての温度は定義できない. 逆に温度をベクトル量として定める方法はある.

3. イオンと物質の反応

イオンのエネルギが1 eV〜数百 eVの範囲ではイオンによる薄膜形成が主な用途であり，蒸着，イオンプレーティングなどがこれにあたる. この領域での相互作用は原子核と原子核の衝突が主なものであり，衝突断面積が非常に大きく，ほとんどイオンは固体表面に堆積して薄膜を形成する. また，原子の表面拡散は，固体内の拡散に比較してはるかに速い現象である.

エネルギが数十 eVを越えると衝突のエネルギによって基板原子が飛び出す現象が起こる. これがスパッタリングである. このとき入射イオンと放出原子の数の比をスパッタ率というが，イオンのエネルギが数百 eVを越えるとこれが1を越える. この領域ではスパッタリング現象が主なものとなり，逆にこれを利用してエッチング加工もできる.

さらにイオンのエネルギが高くなると，電子と異なり，ほとんど制動放射せずに直進する. 原子と弾性衝突や電気的な相互作用をし，内部に空孔や格子間原子（フレンケルペア）などの欠陥を作り，ある侵入深さで停止する. イオン注入の大きな特長は，特定の深さに最大分布となることにある. **図1**は N_2^+ イオンをアルミニウム基板に30 kVの入射エネルギで注入したときの深さ方向の分布をオージェ分光法で調べた結果である. 表面の炭素はレジストなどからのものと思われるが，窒素はアルミニウム中で 0.2 〜 0.3 μmに最大分布となっており，ある特定の深さに異なる元素を侵入させて改質することができる.

4. イオン化の方法（プラズマ発生法）

真空関連の技術が時として機械工学者に難しいといわれる理由の1つに電気の知識が必要であることがあげられる. 特に放電関連は，開始する前は非常に抵抗（インピーダンス）が高く，ほとんど絶縁体であるものが，いったん放電が開始すると，とたんにほとんど導通状態になることがあり，その取扱いが難しいとされている. しかし，身近な例として蛍光灯がある. かつての ON－OFF タイプは点灯時に自分で放電を励起する必要があった.（その意味でも技術の進歩は青少年からこうした実験的な体験の機会を奪っている.）

中性原子をイオン化する方法としては，直流放電，高周波放電（13.56 MHz），マイクロ波放電（2.54 GHz），二極管方式（熱電子励起）などがあり，さらにこれらを組合わせたものがある. 直流放電は基本的に導電体に対して放電可能であり，絶縁体ではチャージアップ（電荷が基板に溜まってプラズマが近付かなくなる状態）をおこす. もちろん，補助電極を近くに設けて放電させるなどの方法もあるが，基本的に直流放電は導電体に対して使用できる. 一方，高周波やマイクロ波は絶縁体でも容量成分を通して伝導するため，絶縁体でも使用可能であり，酸化物に対してよく用いられる.

5. 真空ポンプの種類

ここでは真空ポンプについて述べるが，油回転ポンプ以外は大気中で作動させてはならない. そのため各種真空装置には必ずバイパスとして粗引きの配管が必要となる.

5.1 油回転ポンプ（R. P.）

油回転ポンプは，ゲーデの発明以来あまり大きく変っていない. 逆にいえばそれぐらい彼の始めの発明が優れていたといえる. 真空では，水や油など一般の流体と異なり，単純な弁では粒子の逆流を防ぐ事ができない. また，前述のように蒸気圧の高い物質はそれ自身が真空の汚染源となる. この事に気付くまでに歴史上時間がかかったが，いったんすべてを油中に入れることを発見して，油回転ポンプは多くのポンプの粗引き用として実用化された. 現在でも多くの高真空ポンプの粗引き用としてこれは健在であるが，ほとんどのものが鋳物製で重量が重い. 真空を扱うなら，まず油回転ポンプの用意がいる. また，油回転ポンプは作動停止時に真空側を大気圧にリークしなければならない. この部分はオートリークとし，自動にするとよい. また，排気は油を霧状（ミスト）として含むので外部に排出するよう配管する.

5.2 ブースタポンプ（ルーツポンプ）

このポンプは同調して動く2つの8の字型ロータが回転するものである. 世界的には発明者の名前からルーツポンプと呼ばれるが，日本では油回転ポンプの排気速度を上げるためにしばしば用いられるのでブースタポンプとも呼ばれている. スパッタリング装置などで油回転ポンプと直列にして使用される.

5.3 ターボ分子ポンプ（T. M. P.）

高速回転するベアリング技術の発展によってターボ分子ポンプは急速な進歩をとげ，現在では多くの真空装置のメインポンプとなっている. また，価格面でも需要の増加と技術革新で適当な値となっており，これからの真空を扱う

人は，ターボポンプのみ使用できればそこそこの真空は利用できるようになった．このポンプはシェブロン型の羽根が交互に可動部，固定部としてあり，この可動部が数千RPMで回転し，機械的運動で粒子を排出する．

5.4 クライオポンプ（C. P.）

ターボ分子ポンプ同様，近年の冷凍機技術の進歩によって多くの半導体プロセスなどで使用されている．このポンプはヘリウムガスの断熱圧縮で10Kの極低温を作り，これでほとんど多くのガスを液化する．クライオポンプは気体ガスの液化吸着によって作動するため，ある程度使用した時再生作業が必要となる．クライオポンプは閉鎖系の中で作動するため，クリーンな真空が必要なプロセスで多用されている．半導体工業など，極端に汚染が問題となる分野では，ドライポンプと磁気浮上ターボ分子ポンプ，さらに製膜中はこのクライオポンプで真空を維持する方式となる．

5.5 ソープションポンプ

ソープションポンプも物質の吸着現象を利用したものである．活性炭やモレキュラシーブスと呼ばれる多孔質の物質は低温になると気体ガスを非常に多く吸着する．ただし排気量はあまり多くないので，真空を保つ程度の補助装置として使用される．

5.6 拡散ポンプ（D. P.）

拡散ポンプが真空技術に対して果たした役割は非常に大きなものである．しかし，現在では多くの場合その地位をターボ分子ポンプに明け渡している．あえて今後とも活躍する場をあげるとすれば，大型の真空装置と大きな排気速度を必要とする工業用用途であろう．

5.7 スパッタイオンポンプ

放電によってイオン化した残留ガスで，チタンなどでできた陰極をスパッタし，この活性化された陰極に残留ガスを吸着させる構造である．ただし，放電のために10kV程度の高圧を必要とし，メンテナンスや故障も多いので超高真空を必要としなければターボ分子ポンプを使用する程度にとどめたほうがよい．

5.8 チタンゲッタポンプ

真空管に使用されているゲッタはバリウム，ストロンチウムであるが，チタンも真空中で活性化処理をすると非常に吸着性がよい．この性質を利用した高真空用ポンプがチタンゲッタポンプである．ゲッタポンプを必要とするような超高真空は一般的に一度その状態にしたらなるべく大気にさらさないように設計する．このため非常に高価なシステムになりやすい．

6. 真 空 計

6.1 ピラニーまたは熱電対（T. C.）真空計

電気で加熱した抵抗線が真空中では放熱しにくくなる現象を利用して真空度を測定する．ピラニーは温度が上がるとそれ自体の抵抗が変化することから，一方熱電対は専用の熱電対を熱線のそばに付けて測定するものである．いずれの方式も丈夫で，低真空領域の標準的な真空計として必須である．その意味では現在，ガイスラー管は必要なくなっている．

6.2 電離真空計（B-Aゲージ）

3極真空管と同じ原理で作動する．フィラメントからの熱電子が陽極グリッドに向かい，この電子の流れで正イオン化した残留ガスをイオンコレクタとしてのプレートに集めて電流を測定する．この電流から真空度を求める方式である．従って残留ガスのイオン化率によって値が異なる．また，B-A（Bayard-Alpert）ゲージは，フィラメントとコレクタの配置を逆にして超高真空まで測定できるようにしたものである．電離真空計は基本的に真空管なので決して酸素中でフィラメントを熱してはならない．

6.3 ダイヤフラム型真空計

大気圧と真空との差圧で，ダイヤフラムが歪む現象を静電容量の変化で測定する方式であり，1気圧から1Paぐらいまでが測定範囲である．主にPVD，CVDなどガスを注入するプロセスのガス圧モニタとして使用される．

7. 真空に関するその他の関連項目

7.1 ベーキング

10^{-4}Pa以上の真空を保つには真空容器の表面の吸着元素を処理する必要がある．この作業として，容器を加熱するベーキングが行われる．ステンレス鋼では200℃，ガラスでは400℃でほとんどの吸着元素が除去できる．

7.2 Oリングとガスケット

前述のように高真空を保つにはベーキングを行って容器表面の吸着元素を排除する必要がある．しかし，真空のシールとして簡便なOリングは多くの場合合成ゴムであるため，高い温度に耐えられない．（逆に極低温でも固くなり，シールの役目を果たさなくなる．スペースシャトルの事故がその例である．）そこで，無酸素銅を使用し，ナイフエッジに加工したフランジで変形させてシールとして使用するガスケット構造となるが，無酸素銅の変形を使用しているため繰り返し使用ができず1回ごとの使い捨てである．このためガスケットを使用するとやはり高価なシステムとなる．

8. 真空手法の分類

ここでは真空の手法について真空蒸着を基本とし，これに追加していく形で説明する．

8.1 真空中のプロセス

8.1.1 真空蒸着

液体と気体を区別しているものは実は空気であって，沸点は常温常圧の空気の存在下で定義されている．高山で水は100℃以下で沸騰するが，これはそれぞれの物質の蒸気圧がちょうど1気圧の時を沸点としているからである．全ての液体は（固体でさえ）真空中ではどんどん蒸発していく．従って材料を真空中でヒータや電子（ビーム）など，何らかの方法で加熱してやれば，まるで露が付くように別の場所に置いた基板に付着する．これが真空蒸着法である（図2）．この時の付着エネルギは，熱エネルギ程度であるから，1eV以下であり，軽く擦れば剥がれてしまう．まるでほこりが積もっている感覚である．また，MBE（分子線エピタキシ）はこの真空蒸着法をさらに高真空で行い，原料を分子線として精密に制御する方法である．

8.1.2 イオンプレーティング

真空蒸着法の粒子経路の途中で電子などを照射してイオ

131

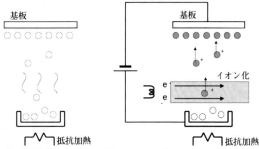

図2 真空蒸着法. 真空中で原料を加熱すると湯気のように蒸発して基板に付着する.

図3 イオンプレーティング. 真空蒸着の途中で電子シャワーを照て, イオン化し, 電圧で加速し, 基板に当てる.

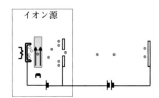

図4 イオン注入法. イオンプレーティングの部分をイオン源とし, 基板を引き出し電極とし, さらに高電圧で加速して目標に当てる.

ン化し, このイオンを100V〜10kV程度の電圧で加速し, 基板に当てる方法がイオンプレーティングである (**図3**). 現在, 金属, 半導体, セラミックスなど多くの薄膜形成法として工業的に実用化されている. また, アルゴンガスのプラズマを利用してイオン化する方法とか, 反応ガスを利用して蒸発物をガスと反応させて化合物を合成する反応性イオンプレーティングもあり, スパッタリング法やCVD法の中間のような方法である.

8.1.3 イオン注入
イオンプレーティング法のイオン化部分をイオン源として用意し, 加速電圧をさらに上げて10kV〜1MVにしたものが, イオン注入法である. **図4**に原理図を, また**図5**に実際のイオン注入装置を示す.

8.2 ガスを導入するプロセス
真空中ではなくある特定のガス中で行うプロセスを紹介する.

8.2.1 スパッタリング (PVD)
原料の物質にエネルギを与える方法として, 不活性ガス (アルゴンが多く使用される.) をイオン化し, 弾丸として原料に衝突させ, 原料物質を弾き飛ばす方法がある. これがスパッタリング法である (**図6**). 放電のための電源としては直流または高周波が使用される. また, このガスに窒素や酸素などを混ぜ, 原料が飛行中に反応して付着するようにした, PVDとCVDを組み合わせた方法を反応性スパッタリングという.

8.2.2 CVD
原料をガスとし, プラズマ放電のエネルギで化学反応をさせる方式がCVDである. 放電のプラズマエネルギを運動エネルギとして使用するか, 化学反応に使用するかでPVD, CVDに分れて呼ばれているが, 装置自体はほぼ同じ構成となる.

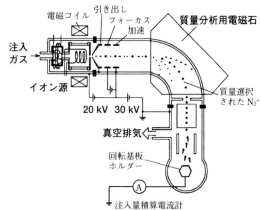

図5 イオン注入装置. 窒素ガスがイオン源でイオン化され, 20kVで引き出された後さらに30kV加速される. 質量分析され, 特定のイオンのみが選択された後基板に注入される.

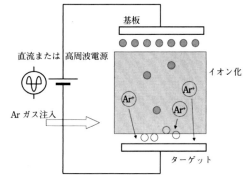

図6 スパッタリング法. アルゴンガスを媒体としてターゲット (原料) を叩き, 運動エネルギを与える.

8.2.3 ドライエッチング
さらにこの反応で原料材料に対して除去の化学反応をおこさせればエッチングができる. この方法は半導体プロセスに多用されているが, もっぱらフロン, ハロゲン元素 (塩素, フッ素, 臭素など) が使用される.

9. おわりに

現在私の研究室では共同研究としてパルス化直流プラズマを使用してDLC薄膜作成の実験を行っているが, ガス圧によって刻々と変化する放電の形に, まるでプラズマの輝きに魅せられたように学生の諸君が興味を持ってくれている. この拙文が皆様の真空技術に踏み出す後押しとなれば幸いである.

参 考 文 献

1) 熊谷寛夫, 富永五郎, 辻泰, 堀越源一, 真空の物理と応用, 裳華房, 1970年, 真空の古典的名著. 真空の歴史の部分が興味深い. 残念ながら絶版.
2) 堀越源一, 真空技術, 東京大学出版会, 1976年, いわゆる赤本実験書のシリーズ, 第3版が入手できる.
3) T.A. Delchar 石川和雄訳, 真空の技術とその物理, 丸善, 1995年, 物理的な側面が丁寧に書かれている.
4) アルバック, 真空ハンドブック, オーム社, 2002年, アルバックのデータブックであるが手元に置きたい実用書.

精度設計とバリテクノロジー
Burr Technology based on Accuracy Design

神奈川工科大学　**高沢孝哉**

1. はじめに　─発想の原点─

会員諸兄は，このタイトルをどのように受け止められますか？　「精度設計」とは何か？　「バリテクノロジー」とは何か？　なんだか，関連のない項目が並んでいるように思えませんか？　でも，本学会の諸兄は「精度設計」といえば，関心をお持ちいただけるでしょう．そこが狙いなのです．要は「バリテクノロジー」の基本は，精度設計であることを説明し，付加価値を生む重要な技術であることを認識していただきたいのです．ところで，「精度を設計する」は平素皆さんが使用する言葉ですが，「精度設計」という用語となると果たして何だろうと思われるかもしれません．精密工学の生みの親である青木保光先生が，「精密機械設計」を初めて論じられた内容にほかなりません．じつはすでに，私は 1982 年に本誌[4]で「精度設計とコスト問題」という解説を提案しました．それには，精度設計への動機，設計へのアプローチ，精度設計とは何か，いくつかの問題点と事例（部品公差の設定問題，製品性能の劣化過程，精度鈍感設計の事例），コスト問題への取組み，といった内容について論じました．じつは，私は精度設計分科会を日本機械学会に提案し，1977 年 6 月に当時の東工大吉本勇教授に主査をお願いし，18 名の委員で 3 年間議論した背景があります[2]．引続き，私が編集責任者として 1989 年に「精度設計と部品仕上げシステム技術」[8]を多くの執筆者の協力を得て出版しました．この図書には，あらゆる製品についての詳細な精度設計論が展開されてい

ます．設計と製造，製品化をスルーして論じた出版物はユニークだと思います．

ところで，「精度鈍感設計」とは「部品の精度を必要最小限に抑えて，最終の製品性能を満足させる，いわゆる精度に鈍感な設計」を意味し，これが精度設計の重要な検討事項の 1 つであることの主張です．精度鈍感設計は，最小費用で製品性能を満足させるという重要な設計思想であることを説明したいのです．言い換えれば，品質の許される限り不精密に設計すればコストが安くなる，言い換えれば「不精密あるいは非精密工学のすすめ」と言えるかもしれません．1981 年に，機械の研究に事例を豊富に紹介しました[3]．部品の精度をできるだけ上げないで，製品性能を満足させるシステムアプローチです．それぞれの部品は要求される機能を満足しなければならない．精密加工（面）とは何か．精密とは具体的に何を意味するのか．このように表面機能を満足さえすれば，あまり精度を追求しなくても良いという議論が，不十分で不足のように思います．

さらに，「精度設計」については「バリテクノロジー」との関わりとともに後で具体的に議論しますが，その発想は 1973 年頃，東芝生産技術研究所に勤務中，プロジェクトリーダーとしてルームエアコン用のロータリ・コンプレッサの生産合理化業務に従事した折に得たものです．しかも，私には「バリテクノロジー」と同時発想であり切り離せないものとなりました．

次に，本稿の主題である「バリテクノロジー」について説明します．ロータリ・コンプレッサの部品加工の最終工

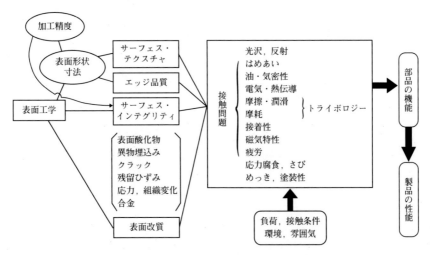

図1　精度設計の概念（加工精度と部品性能の関連）

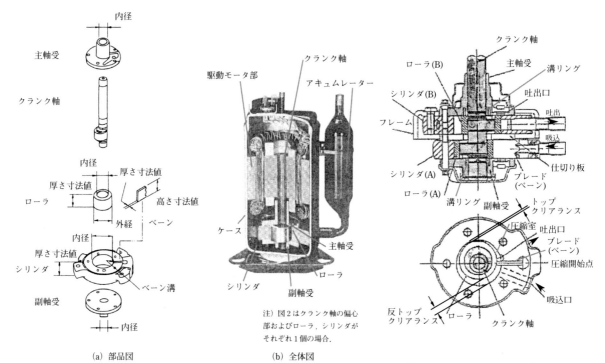

（a）部品図　　　　　　　　　（b）全体図

図2　シングル・ロータリ・コンプレッサの部品図

注）図2はクランク軸の偏心部およびローラ，シリンダがそれぞれ1個の場合．

図3　ツイン・ロータリ・コンプレッサ
圧縮機構部の断面構造図

程にいずれの部品も，いわゆるバリ取り・エッジ仕上げ作業が必要でした．皆さんがバリ取りといえば，設計図面で「バリなきこと」「面取りのこと」との曖昧な指示に対し，仕方なく実施する付加価値のない2次加工的な作業と考えるとすれば，認識を改めていただかねばなりません．バリは部品のエッジに発生するが，まずバリの存在によるトラブルの認識が重要です．次に，バリを取除いてから設計的に要求されるエッジを実現することが，最終的ターゲットであることが極めて大切である事例が最近増えています．つまり，部品のエッジが製品の性能を大きく左右するということで，油圧部品や自動車部品などではエッジ品質の設計要求が非常に厳しくなっています．すなわち，設計者は製品の性能設計後の部品の生産設計において，材質や熱処理選択はもちろんのこと，部品の設計項目としてあまり考慮されなかったエッジ品質の設計に取組むべきだという主張です．ここで，精度設計とバリテクノロジーがつながるのです．

2．精度設計の具体的説明と事例

ここで，まず精度設計についてさらに掘り下げてみます．図1は，筆者が提案した精度設計の概念図です．いまさらと思われるかもしれないが，まず精度とは何かについて考えてみましょう．精度については，目標寸法とばらつき，あるいは偏りなど，寸法について議論されることが多いが，寸法だけの論議ではありません．製品性（機）能の設計に続いて部品展開し，部品の生産設計が行われます．その生産設計の内容として重要なのが，加工のターゲットであるところの加工精度の設計です．それから材料設計，工程設計，組立て設計と続き，この一連の流れが精度設計なので

す．その加工精度には従来，形状・寸法精度（公差），表面粗さなどが対象とされていますが，さらに考慮すべきは粗さの方向性や加工模様，そして追加項目としてSurface Integrity[9]（いわゆる加工変質層に関連する）とエッジ品質を追加し重要視したいのです．これらの加工精度全般をシステム要素として考慮することは，製品の高品位化につながります．しかし，これらの加工精度が図の右端の製（部）品の機能にいかにつながるかは十分解明されておらず，多分に経験に依存しており，今後解決すべき難問題です．

さて，ここで精度設計はたんに設計の狭い範囲にとどまるものでなく，狭義の製（部）品設計から生産加工を経て製品化に至る広義の設計概念であることを強調したいのです．このようなアプローチは，精密工学そのものといえます．

一般に，製品はいくつかの機械部品あるいは電気・電子部品の集まりとして構成されます．その中には，電子回路などの情報伝達部品が存在しますが，ここでは主として機械部品を対象にします．それぞれの部品は，製品の性能の内容を役割分担しています．昔の時計は多くの歯車で構成され，動力や変位伝達とともに時を刻む情報伝達の役割がありました．その情報伝達を電子回路に置き換えたことは，ある意味での精度鈍感設計であり，細かい歯車の精密加工についての精度を回避する設計です．

前述したように，私が本課題に関連して出逢った製品は図2（部品図と全体図），図3（製品の縦横断面図）に示すようなロータリ・コンプレッサです．まさに精度設計の取組みにふさわしい対象です．さて，図3についてロータリ・コンプレッサの動作について説明しましょう．横断面図において，吸込口から潤滑油とともに冷媒が入り，シャ

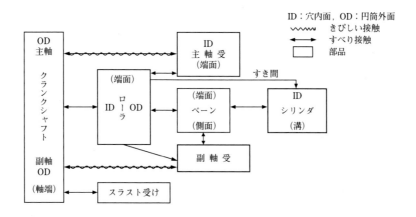

ID：穴内面，OD：円筒外面
〰〰〰 きびしい接触
⟷ すべり接触
▭ 部品

図4 トライボロジー・ロード・マップ（門田，高沢）

フトに回転駆動が与えられ，その偏心部の外に挿入された
ローラが外部のシリンダの壁と約10ミクロン内外の隙間
を保ちつつ，ベンとローラの接触とともに自転・公転し冷
媒が圧縮され，吐出口で排出され断熱膨張し冷却されると
いう原理です．シャフトの偏心部は2つあり，180度位相
をずらして上下2個のローラとシリンダを用意し（縦断面
図），2つの偏心部の質量バランスにより回転振動を一応
抑えて騒音低減をはかり，またシャフトを支える軸受けに
対する負荷変動をかなり排除します．なお，シリンダの間
には仕切り板があり，上下から軸受けで挟んで密閉されガ
スの漏れを防止しています．シリンダ端面に密着させる軸
受け端面は，意図的に凹面に加工してあるが，それは平面
と平面同士では密着が難しく，軸受けをボルトで締付ける
際の凹面の弾性変形で確実な密着を得ています．なお軸受
けのシャフトを支える付近では，穴の周りに溝リングを施
して負荷の変動に対する変形を可能にし，完全潤滑状態を
維持させて，油膜破壊による焼き付きを防止する工夫がさ
れています．このように，シャフトの回転バランス，軸受
け端面の凹面化，溝リングの設置など，製品稼働時の挙動
に対応した動的ともいうべき精度設計（振動，漏れとトラ
イボロジー対策と熱変形対策）が行われています[12)[13)．図
4は，コンプレッサーの部品間の機能をつなぐ"トライボ
ロジー・ロード・マップ"を説明したものです．なお，生
産加工にあたり部品は形状，寸法精度もある公差の範囲に
入るように管理し，組立精度の確保により適正な隙間設
計（エッジ部も隙間の1つ）が実施されている．隙間はト
ライボロジーや漏れに関わり重要な役割を果たし，精度設
計の大切な項目ですが，その設計は製品全体の熱変形や剛
性にも影響され，かなりの経験を必要とする内容です．製
品は部品が良く加工されていても，組合わせ精度如何によ
っては性能上支障をきたすものです．部品間の相対的運動
には隙間がなければ成立しません．高い運動精度には，隙
間は小さい方が良いが，あまり小さいとかじりを生じ，動
作しません．大きすぎるとガタになり性能を発揮しません．
潤滑油は隙間を埋め高圧状態では剛体に近い特性を示し，
ある意味では部品とみなし得ます．馴染み運転は微視的な
形状修正と平滑化作業であるとともに，ある種の隙間調整

作業です．このように隙間設計は極めて重要なポイントで
す．
　ロータリ・コンプレッサに要求される性能は，高冷凍効
率，低消費電力，低振動・騒音，冷凍・暖房兼用，長寿命，
低価格など，いろいろありますが，これらの多元的な性能
項目をすべて満足するように最適設計を行わねばなりませ
ん．数学は限られた解しかないが，設計は多くの解のある
システム設計であるといえます．さらに具体的な設計の進
め方として，QFD（品質機能展開）手法を用いました．

3. バリテクノロジーとは [5)[6)[10)

　さて，「バリテクノロジー」という用語は，私の米国の
友人 LaRoux K. Gillespie 氏の提案によるものです．原語は
Burr Technology ですが，私は1980年7月に朝倉書店から
「バリテクノロジー」という，わが国最初の内容の書物を
世に出しました．その時初めて，burrを片仮名で「バリ」
と表現しました．「バリテクノロジー」とは，バリの問題
を生産上の重要な課題としてとらえ，設計から現場生産
（バリの抑制と除去法の選択，設計されたエッジ品質の実
現），製品化（性能の実現と寿命問題）ととらえるシステ
ム・アプローチなのです．本会に1977（昭和52）年設置
された「デバリング技術調査分科会」では，その時点での
国内外の情報を集積し，活発な議論を3年間展開しました．
用語についても，平仮名の「ばり」とすべきだとの主張も
あったが古語辞典にもなく，結局「バリ」に落着きました．
上記分科会が終了した後，木下直治会長のもと「バリ取り
と仕上げ技術研究会」を設立し，今日まで25年間，国内
活動のみならず海外でも世界的規模の国際大会を日本，中
国，韓国，ドイツ，米国，ロシアで過去7回，Asia Pacific
Forum をシンガポール，韓国，オーストラリア，台湾で4
回，計11回開催し，大いにバリテクノロジーに関する世
界の関心を高め，多くの情報を収集しました．言い遅れた
が，米国でも1990年以前に，Gillespie氏を中心にする国
際会議が数回開かれました．ソフト中心の米国で，バリテ
クノロジーといった泥臭い現場的な技術を重要視する姿勢
はさすがです．私は光栄にも，国内外の25年余にわたる
活動でSME（世界的な生産技術者協会）から評価され，

1999年6月米国セントルイスでゴールドメダルを受賞しました．上記研究会は，数年前に BEST-JAPAN 研究会*と改称しました．この名称は，Burr, Edge & Surface Conditioning Technique からの略称です．ここで condition とは，「条件付ける」の意味であり，バリ取り，エッジと表面仕上げは部品の機（性）能を付与する作業であるとの解釈です．すなわち，加工とは研究室での試験片対象だけではナンセンスであり，「具体的な部品の機能を実現する」ことであるという，もの創りの根底に関わる概念です．従って，バリ取りとはエッジ品質を実現することであり，むしろエッジ仕上げというべきかもしれません．すなわち精密エッジ加工が重要なテーマなのです．考えてみれば，部品は面とエッジで形作られているのにエッジ加工を忘れていたのは大きなミスであったといわざるを得ません．この間の動向については，本学会の英文誌（1988年9月号）に「The Challenge of Burr Technology and Its Worldwide Trends」と題して問題提起しました[7]．さらに特筆すべきことは，2004年3月に，これまでの研究会での長年の議論を拠り所に，JIS規格 B0721「機械加工部品のエッジ品質およびその等級」が ISO に先駆けて制定されたことです．なお，バリテクノロジーはむしろエッジテクノロジーというべきかもしれない．ここまでの説明で，「精度設計」と「バリテクノロジー」との関わりの一端が了解されたでしょう．

皆さんの勤務される企業が製造業なら，必ずバリの問題があるはずです．機械加工のみならず，鋳造，鍛造，焼結，プラスチック成形，プレス打抜き加工など，あらゆる加工にバリ問題はつきものです．前述の友人 LaRoux K. Gillespie 氏が提供してくれた論文に，次のような言葉がありました．（1980年頃）

「"バリ取りにはあまりにも変数が多く，バリ取りの科学をつくり出すことは不可能である"という言葉が聞かれる．しかし，F. W. Taylor は 1906年に金属切削の研究を始めた時，同じような批判を浴びた．しかし，今日，彼の先駆的努力のおかげで切削理論の基礎が確立し，切削データバンクとして結実しようとしている．今後5年間のうちにバリテクノロジーは確立されよう．この技術に無関心な企業は，大きく時代に立ち遅れるであろう．バリは製造上の永遠のとげであり，技術者として取組まねばならない宿命的課題である．しかし，バリは常識的であるが，決して単純な問題ではない．バリを撲滅する時が来た」

まさに感動的な言葉です．

ここで，エッジ品質の工学的・技術的意味（機能）について箇条書きで説明します．

1) 加工にあたって，取付けや基準面の障害になり，測定上も端面が曖昧で問題になる．（取付け，基準機能）

2) 組立て工程において，嵌め合いを邪魔したり，合わせ面の不都合を生じる．自動組立て作業の支障となる．（組立て，嵌合機能）

3) 部品加工工程や製品の取扱い上，人体に危害を与える．また，美観上円滑なエッジが必要になる（安全機能）

4) 製品動作中，バリが脱落して摺動部分へ介入して，磨耗を促進したりして故障の原因になる．歯車の歯切りバリは，噛合い騒音や磨耗の原因となる．（摺動機能）

5) 電気製品では，バリの存在や脱落や絶縁皮膜の損傷により電気的短絡を起こす．（接触絶縁あるいは導電機能）

6) 機能上，円滑または鋭いエッジの確保が必要な場合（たとえば，油圧，空圧機器部品のスプールや流路部分は制御レスポンスに関連，ピストンリングによるシールと油掻き作用）．（流量制御，圧力平衡，機密保持（漏れ防止）機能）

7) 磁性材料（磁気ヘッド），シリコン（半導体），硬脆材料などでは，こば欠け（負のバリ）を生じて，部品がおしゃかになる．シリコンウェハのラップ仕上げでは，エッジを仕上げないと破砕の原因となる．

8) 板ばねの打抜きやスリッティングによるバリには引張り残留応力の存在により，疲れ強さが低下する．バリが存在したまま熱処理すると，エッジクラックが生じ疲労破壊の原因になる．（高速回転部品，ミッション歯車などの高負荷部品，チェーンなど）（耐疲労強度機能）

9) 切削工具の切れ味（切削機能）

10) 印刷インキ制御（膜厚制御機能）

このように，種々のエッジ機能を実現するには，まずバリの生成状況が問題であり，次にバリを除去して，どのようなエッジ仕上げ法を適用するかが，問題になります．

4. バリテクノロジーへの具体的アプローチ

さて具体的な問題点の指摘に入りましょう．まず，バリの存在によるトラブルについて考えねばなりません．これはバリの技術的意味を論じることになります．その前に，バリとは何かを定義しなければならないが，まだ明確な説明はありません．筆者は，次のように考えています．すなわち，バリは加工にあたり，図示された輪郭からはみ出した位置と範囲に存在し，項目3で述べたように，加工途上で基準面を狂わしたり，作業者に危害を与えたり，あるいは製品に取込む際組立ての支障となったり，脱落して摺動面に存在して部品動作を妨げ，かじり（相手の部品に部分的に凝着し，傷付けること）や摩耗を促進したり，バリの存在が部品の疲労強度を低下させたりします．このようなバリ存在によるトラブルがないように，エッジが設計されねばなりません．このようなエッジ品質が設計されて，初めてバリが定義されます．凹んだ隅についても同様に考えられます．よってこのようなエッジ品質が設計されて初めてバリ取りのターゲットが明らかになります．次に，できるだけバリがトラブルにならない，生成しても除去しやすい方向に出す工夫が必要です．その際，バリが生成される機構を明らかにし，抑制することです．工程設計においてあらかじめバリの生成を予測することが必要です．さらに，バリの生成を抑制する対策に種々の工夫があります．バリは各種加工法により生成機構が異なります．ここでは，機械加工による切削バリの抑制について概略を説明しま

* 1980年に設立し，今日まで25年間国内外活動を続けています．
　事務所は〒248-0027 神奈川県鎌倉市笛田4-10-11
　E-mail: j.soc.best@juno.ocn.ne.jp

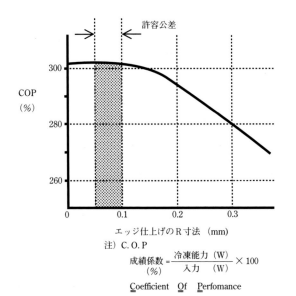

注) C.O.P

$$成績係数 = \frac{冷凍能力 (W)}{入力 (W)} \times 100$$

$$(\%)$$

<u>Coefficient Of Perfomance</u>

図5 ローラのエッジ仕上げRと効率との関係

す.まず切れ刃を鋭く維持することですが,加工個数とともに刃先は鈍化しバリは成長していきます.バリの大きさで,再研磨の時期を判断することが可能です.切削条件や切削液の有無の選定による最適化が大切です.なお,振動・反転切削や冷却切削などの適用も効果的です.なお,加工物材料も部品機能上許されるなら,バリの生成しにくい材料が望ましい.形状も単純化し,エッジ形状も鈍角であればバリは発生しにくいのです.

さて,ロータリ・コンプレッサの部品についても,前述のすべての部品にバリ取り・エッジ仕上げが必要でした.1970年頃は,これらの作業はすべて手作業でした.それを約1年くらいの間に,すべてを半あるいは自動化する業務を推進しました.7台のうち,数台は市販の装置を適用したが,ほかは改造したり自主開発を進めました.各部品について工程途上のどこでバリを生成するか,その抑制対策とエッジ品質の設計の見直し,エッジ仕上げを工程のどこで実施するか,などの検討が必要でした.なおコンプレッサの部品は精密ですから,加工途上の部品の衝突により生じた打痕も,バリ同様のトラブルの原因となることを付言したい.工程を追って打痕状況を調査し,MH(工程間の搬送: Material Handling の略)工程の再検討が重要でした.

ここで,ロータリ・コンプレッサの設計[13]の原点に戻り,前掲の図2,図3と図4を見ながら部品のエッジ機能の面から検討することは有意義です.製品としての稼働状態で,部品相互が固定接触と相互相対運動接触(滑りと転がり)の2種があり,部品の機能も様々です.

図5は,ローラのエッジのR寸法とコンプレッサのC.O.P(冷凍効率に関わる成績係数)との関係を示します.

R寸法が0.1 mm以上になると冷媒の漏れにより効率が下がり,0.05 mm以下になると軸受け端面をかじり,故障の原因になります.ローラとシリンダとの隙間やシャフトと軸受け端部との接触問題については,すでに説明しました.ロータリ・コンプレッサの作動では,トライボロジーと漏れの問題と平面と平面,平面とエッジの接触問題とが密接に絡んでいることが了解されたと思います.このように,すべての部品のエッジがガスの漏れ(leakage),部品相互のかじりなどの問題に関係します.シリンダ内円筒面とローラ外円筒面の隙間は,油膜を介して10 μm内外をキープします.これらが要するに精度設計なのです.

5. むすび

以上で,"精度設計とバリテクノロジー"との関わりについて説明しました.たとえ話になりますが,野球,サッカーやバレーなどのチームを構成するメンバーはそれぞれ役割を分担し,チームワークの機能を発揮しています.工業製品でも,部品は互いにチームワークを組んで性能を発揮します.設計とは,このように製品の性能と寿命(信頼性と耐久性)を設計することなのです.精度設計とは,部品加工のターゲットである加工精度に焦点をあてて,生産以前の狭義の設計と製品製造技術を合わせてシステム化した広義の設計を意味するのです.本論では,加工精度の中でもエッジ品質に注目して,精度設計とバリテクノロジーとの関わりを論じました.

参 考 文 献

1) 高沢孝哉: バリテクノロジー,朝倉書店(1980)
2) 精度設計研究分科会成果報告書,日本機械学会 P-SCII 分科会報告 No.293(1980)
3) 吉本,塚田,高沢,稲崎,梶谷: 精度に鈍感な設計の事例集,機械の研究,**33**, 1(1981)
4) 高沢孝哉: 精度設計とコスト問題,精密機械,**48**, 4(1982)
5) 高沢孝哉: バリに取組む人達,日本機械学会誌,**85**, 758(1982)
6) 木下直治監修,高沢孝哉編著: 表面研磨・仕上技術集成 日経技術図書(1984)
7) Koya Takazawa: The Challenge of Burr Technology and Its Worldwide Trends, Bull. Japan Soc. of Prec. Engg. Vol.22 No.3(1988)
8) 木下直治監修,高沢孝哉編著: 精度設計と部品仕上げシステム技術,日経技術図書(1989)
9) 高沢孝哉: Surface Integrity, 精密工学会誌,**55**, 10(1989)
10) 精密工学会 PS 専門委員会編: PS 全書 4,日経技術図書(1992)
11) 高沢,山崎,北嶋: バレル研磨法によるバリ取りとエッジ仕上げ特性,神奈川工科大学研究報告,B-18(1994)
12) 高沢,熊,北嶋,三宅,田中: ドリル加工におけるバリ生成機構と抑制,神奈川工科大学研究報告,B-19(1995)
13) Koya Takazawa & Tsuneo Monden: Design Principles and Manufacturing Technique of Rotary Compressors used for Room Air Conditioners, Fifth Intl Conference of Precision Surface Finishing and Burr Technology, San Francisco(1998)
14) Koya Takazawa: Tackling Tribology and Burr Technology based on Precision Design, 7th Intl Conferense of Precision Surface Finishing and Burr Technology, San Francisco(2004)

圧電アクチュエータ—精密位置決めへの応用

Piezoelectric Actuator - Application to Precision Positioning

豊田工業大学　**古谷克司**

1.　はじめに　—発想の原点—

　思い通りに物を動かし,止めるのが位置決め技術である.最近注目を集めているナノテクノロジーでは,原子・分子オーダで変位させることが必要になることが多い.そのための駆動源(アクチュエータ)として用いられるのが圧電アクチュエータである.電磁アクチュエータや油圧・空圧アクチュエータに代表される従来型のアクチュエータは2つ以上の構成要素の相対運動を発生させるが,圧電アクチュエータはそれ自身が伸縮する.そのため,固体アクチュエータと呼ばれる.2004 ～ 2008 年度までの科学研究費補助金・特定領域研究として「ブレイクスルーを生み出す次世代アクチュエータ研究」(領域代表:樋口俊郎・東京大学大学院教授)が推進され,新しいアクチュエータに対する注目,期待がますます高まっている.

　本稿では,圧電アクチュエータを使う立場から,基本的特性と位置決めへの応用例について紹介する.

2.　圧電アクチュエータの種類

　図 1 に代表的な圧電アクチュエータの形状を示す.また,変形の様子を破線で示す.同図 (a) の積層型では圧電セラミックスの薄層と電極を交互に積層し,その電極が交互に接続されている.ここに電圧を印加すると,圧電アクチュエータの長手方向に伸びる.諸特性の詳細は後で述べる.同図 (b) のバイモルフ型は,金属の薄板(シム)の両面に圧電セラミック板が張り付けられており,これらの間に電圧を印加することで,片側が伸び,反対側が縮む.これにより,アクチュエータ全体が曲げ変形を起こす.長いものでは 1 mm 程度の変位も可能であるが,応答性は 10 ～ 100 Hz 程度であり,発生力は数 N が限度となる.同図 (c) のチューブ型は円筒状の圧電セラミックスの固定側に xy 方向用の電極,それ以外の部分に z 方向用の電極,内側に接地電極が設けられている.xy 方向の電極に電圧を印加すると根元が曲がり,先端が xy 方向の運動をする.z 方向には全体を軸方向に伸ばすことで変位させる.

　圧電体に外力を加えると電荷が発生する現象を圧電効果と呼ぶ.これは,力センサや加速度センサに用いられている.その逆に,電圧(電界)を印加すると変位が発生する現象を逆圧電効果と呼ぶ.これにより各アクチュエータは変位を発生する.同図 (a) では,電界の印加方向と変形方向が同じで,縦効果と呼ばれる.同図 (b),(c) では,電界の印加方向と垂直な方向に変形し,横効果と呼ばれる.このほかに,電界を印加することでせん断変形するものもある [1].

　また,これらのアクチュエータはジルコン酸チタン酸鉛(PZT)などの圧電セラミックス製である.マイクロマシン用アクチュエータとして用いる場合には,スパッタリングやゾル・ゲル法などにより構造体表面に薄膜が形成される.ポリフッ化ビニリデン(PVDF)のような高分子フィルムはセンサとして用いられることが多い [2].

3.　圧電アクチュエータの特徴

　位置決め用途に多く用いられる積層型を中心に,圧電アクチュエータの特徴を述べる.

(1) 微小変位が容易に得られる.

　伸縮量が積層型では大きくても数十 μm である.そのため,印加電圧を高い分解能で変化させることで,ナノメータレベルの変位も容易に得ることができる.圧電アクチュエータの変位量は,印加電圧で制御することが多い.積層型の変位と印加電圧の関係を**図 2** に示す(はじめてならこれだけでも OK).積層型アクチュエータには正の電圧しか印加しない.印加電圧を増加させると,変位も増加する.次に,印加電圧を減少させると,変位も減少する.しかし同じ電圧のときでも,電圧の増加時と減少時とでは変位が最大で十数%異なる.この現象をヒステリシスと呼ぶ.また,変位開始時の電圧により変化率も異なるため,同じだ

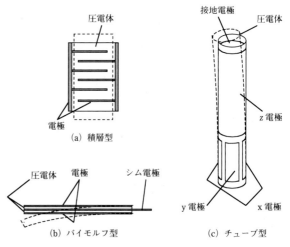

図 1　圧電アクチュエータの形状

(a) 積層型
(b) バイモルフ型
(c) チューブ型

圧電体　接地電極　圧電体　電極　z 電極　y 電極　x 電極　シム電極

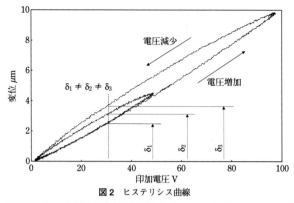

図2　ヒステリシス曲線

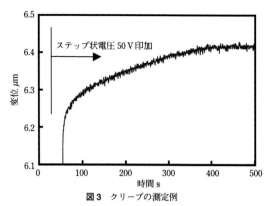

図3　クリープの測定例

(a) 樹脂モールド型

(b) 金属ケース封入型

(c) 精密位置決めステージ

図4　積層型圧電アクチュエータ（NEC トーキン）とその応用製品例（ナノコントロール）

け電圧を増加しても，変位量も異なることがある．圧電ア
クチュエータに充電される電荷と変位との間のヒステリシ
スは非常に小さいため，電荷制御駆動[3]や電流パルス駆
動[4]を用いればヒステリシスが小さい駆動ができる．変
位制御ではこの他にクリープも考慮する必要がある．**図3**
は，50 s 付近でステップ状の電圧を印加した場合の例であ
る．1 ms 以下で印加電圧に対応する変位にほぼ到達する
が，その後長時間にわたり数十〜数百 nm 程度の変位が継
続する．

(2) 小型で応答性が高く，発生力が大きい

　樹脂モールド型では，サイズは断面が数 mm 角〜10
mm 角程度，長さは数十 mm（**図4**（a）），質量は 10 g 程
度である．発生力は断面積に比例し，1 cm² あたり数 kN
となる．そのため，固有振動数は数十 kHz 程度と非常に
高く，高速に伸縮をさせることができる．

(3) 容量性負荷である．

　圧電アクチュエータは，絶縁物と導体が重なった構造を
持つため，位置決めに使用する範囲では電気的にはコンデ
ンサであると見なしてもよい．積層型では数 μF 程度の大
きな静電容量をもつ．そのため，ステップ状の印加電圧を
与えると，瞬間的に大きな電流が流れる．駆動アンプ選定
の際は，周波数特性だけでなく，スルーレート，出力イン
ピーダンスにも注意する必要がある．停止時には電流が流
れないため，エネルギーを消費しないという利点がある．

(4) 磁界を発生せず，影響も受けない．

　核磁気共鳴（MRI）で測定する場合には強力な磁界が用
いられる．また，電子線描画装置では微弱であっても外部
磁界が嫌われる．圧電アクチュエータは，電界により駆動
されるため，外から受ける磁界も，外部へ与える磁界の影

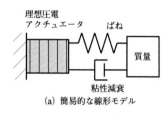

(a) 簡易的な線形モデル

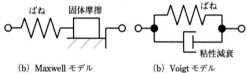

(b) Maxwell モデル　　　　(b) Voigt モデル

図3　シミュレーションモデル

響も無視できる．

4. 圧電アクチュエータのモデル化

　積層型圧電アクチュエータのヒステリシスを無視した最
も単純なモデルは，**図5**（a）に示すばね－質量－ダンパ
で構成される2次系となる[5]．圧電アクチュエータの変位
は印加電圧に比例して伸縮する理想圧電アクチュエータに
より発生するとし，外力などによる変形はばねで表現する．
運動方程式は，振動の授業で出てくる床が振動する（理想
アクチュエータの変位に対応）場合と同様となる．厳密に
は，外力が加わると圧電効果により電荷が発生するため，
それも考慮することもある．その場合には，電気系と機械
系を統一的に表すことができる Mason のモデルなどを用
いる[6]．

　ヒステリシスを考慮する場合には，多項式近似すること

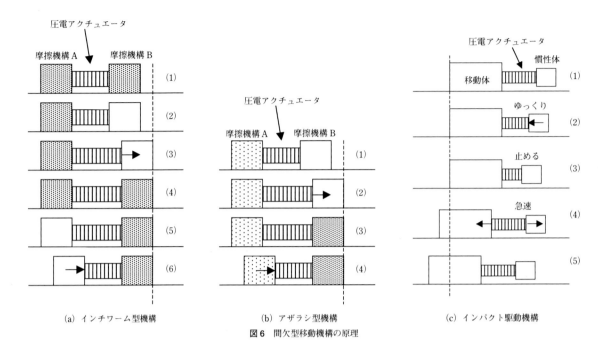

(a) インチワーム型機構 (b) アザラシ型機構 (c) インパクト駆動機構

図6 間欠型移動機構の原理

がある[7]．しかし，印加電圧の最大，最小値および周波数により変位曲線が異なるため，近似曲線を駆動条件ごとに作る必要がある．そのため，複数の Maxwell モデル（同図（b））を並列に接続したモデルが提案されている[8]．強磁性体に関する Preisach モデルを圧電体に適用したモデルも提案されている[9]．クリープを考慮する必要がある場合には並列に接続した Voigt モデル（同図（c））を用いる．

5. 圧電アクチュエータを用いた位置決め機構

従来は，ボールねじとの組合せによる粗微動位置決め機構が多用され，xy 方向に広範囲に動かすためにボールねじを用い，その上にミクロンオーダ以下の並進および微細な回転補正をする圧電アクチュエータにより駆動されるステージを置いていた．しかし，リニアモータの高性能化と低価格化により，工作機械では高速，長ストロークかつ高分解能を得るためにリニアモータを採用する傾向が増加している[10]．そのため，圧電アクチュエータの応用範囲は1990 年代までとは様変わりしてきた[11]．近年は，小型化できる特徴を生かせる分野に適用する傾向がある．

平面上を移動する機構では，インチワーム（尺取虫）型移動機構[12]に代表される摩擦機構をオン・オフ制御し，その間隔を圧電アクチュエータで変化させて移動する機構，インパクト駆動機構[13]に代表される衝撃的な慣性力を利用する方法が多く発表されている．

インチワーム機構[12]の移動原理を**図6**（a）に示す．灰色は吸着している状態，白は吸着していない状態を示す．電磁石などによる2つの摩擦機構をオン・オフしながら，圧電アクチュエータを伸縮させることで右向きに移動する．同図（b）に示すように摩擦機構Aを一定摩擦力として制御する素子数を減らしたアザラシ型機構[14]も提案さ

れている．

インパクト駆動機構の移動原理を同図（c）に示す[13]．移動体だけが接している．圧電アクチュエータをゆっくりと縮め終わった直後に，圧電アクチュエータを急激に伸ばすと，移動体には大きな慣性力が働き，左へ移動する．

このほかに，伸縮とせん断変形を発生するアクチュエータを組み合わせることで楕円運動を発生させ，スライダを駆動する真空対応の圧電式リニアモータも発表されている[15]．顕微鏡やレーザ加工用レンズの焦点合わせ装置のような微動装置にも用いられている．スチュワートプラットフォーム型パラレルリンク機構の各リンクの長さを，変位拡大機構と組み合わせた圧電アクチュエータを用いて伸縮させることで6自由度の微動ができる機構も提案されている[16]．情報機器への適用も進んでおり，ハードディスクヘッドの駆動[17]などへの応用が進んでいる．

超音波モータも圧電アクチュエータの応用の一種である．定在波型と進行波型がある．巻線がないため構造が簡単で，単位質量あたりの出力トルクが電磁式アクチュエータに比べ大きいという利点を持つ．駆動子の変位が小さく，サイズが小型で慣性が小さいため，高分解能でかつ高速応答を持たせることができる．低速において大きなトルクを得ることができる，固定子と回転子は摩擦力によりエネルギーが伝達され，静止時の保持トルクが大きい．古くから，カメラの自動焦点装置などへの実用化が進んでいる．

6. 機構の設計上の留意点

変位制御では，うず電流式，静電容量式変位センサなどを機構に組み込み，比例・積分（PI）制御する．アクチュエータよりもセンサプローブのほうが大きいことも多く，機構のサイズがこちらの制限を受けることがある．変位が数十 μm 以下であるため，組み込む部位の仕上げ精度は高

くする必要がある．この他には外力による変位量の減少，
高速に駆動する場合の誘電損失による発熱などがある．

　ストロークが小さいため，案内には弾性ヒンジが用いられる．積層型は特に引張り応力に弱い．そのため，予圧を圧縮方向にかける設計とする．ねじりや曲げ応力がかからない平行ばねの構造にすることも多い．構造材をステンレスやアルミ合金にすることもあるが，圧電アクチュエータの熱膨張係数が負であるため，予圧が変化する．そのため，時には熱膨張のほうがアクチュエータの変位量より大きくなり，変位を取り出せなくなることがある．さらに温度が上昇し，キュリー点を越えると圧電性が失われる．
また，圧電セラミックスの薄板が積層されているため，高湿環境では，電極のマイグレーションやそれが原因となった沿面放電によりアクチュエータの寿命が低下する[18]．このような環境に対応するため，金属ケース入りの製品（図4（b））も販売されている．

7. ま と め

　近年のハイテク機器・部品の生産技術やナノテクノロジー研究開発の進展にともない，ナノメータ変位制御の必要性はますます高まっている．また，これまでは高精度を得るために剛性を高めた大型装置を用いていたが，装置を小型にして装置変形の絶対量を減少させることも有効である．そのためにも，小型化に有利な圧電アクチュエータがこれからますます必要とされる．高付加価値製品を生み出す製造・検査・解析機器には欠かせない存在である．環境の観点からはビスマスなどで鉛を代替した圧電材料の開発が進められている[19]．

　最新の情報は，各種学会の講演会のほかに，本学会・超精密位置決め専門委員会などで得られる．

　素子自体のさらなる理解には，分極，圧電定数，圧電方程式，電気機械結合係数…と，キーワードだけでもまだまだあるが，そんなことはいったん横に置いて「はじめての精密工学」なので「とりあえず使ってみよう！」という姿勢が大切ではないだろうか．

参 考 文 献

1) アクチュエータシステム技術企画委員会編：アクチュエータ工学，養賢堂 (2004) 24.
2) 内野研二：強誘電体デバイス，森北出版 (2005) 135.
3) C. V. Newcomb, I. Flinn: Improving The Linearity of Piezoelectric Ceramic Actuators, Electron. Lett., **18** (1982) 442.
4) 古谷克司，宗片睦夫：電流パルスによる圧電アクチュエータの駆動，2005年度精密春季予稿，(2005) 1073.
5) 内野研二：圧電/電歪アクチュエータ　基礎から応用まで，森北出版 (1986) 124.
6) W. P. Mason: Physical Acoustics, Academic Press, **1**, Pt. A (1964) 169.
7) 江　鐘偉，長南征二，山本　崇，布田良明：非線形圧電アクチュエータの線形駆動，日本機械学会論文集（C編），**60**, 580 (1994) 4195.
8) M. Goldfarb, N. Ceranovic: A Lumped Parameter Electromechanical Moldel for Describing the Nonlinear Behavior of Piezoelectric Actuators, Trans. Am. Soc. Mech. Engr., J. Dyn. Syst. Meas. Cont., 119 (1997) 478.
9) P. Ge, M. Jouaneh: Modeling Hysteresis in Piezoceramic Actuators, Prec. Eng., **17**, 3 (1995) 211.
10) 精密工学会・超精密位置決め専門委員会編：超精密位置決めアンケート報告書(2003).
11) 古谷克司，岩附信行：圧電アクチュエータ技術の動向と将来展望，2003年度精密秋季予稿，(2003) 624.
12) W. G. May, Jr.: Piezoelectric Electromechanical Translation Apparatus, US Patent, 3902084 (1975).
13) 樋口俊郎，渡辺正浩，工藤謙一：圧電素子の急速変形を利用した超精密位置決め機構，精密工学会誌，**54**, 11 (1988) 2107.
14) 古谷克司，太田徳幸，太田　勝：アザラシ型3自由度機構の粗動モードにおける位置決め特性，第13回電磁力関連のダイナミクスシンポジウム講演論文集，(2001) 757.
15) 向平和展，小谷涼平，菅原宏治，藤田安彦，奥寺智，小坂光二，加納竹志，岩淵哲也：USMステージを搭載した電子線描画装置の開発と表面微小構造の短時間製造，2001年度精密春季予稿，(2001) 176.
16) 古谷克司，山川耕志郎，毛利尚武：誘導電荷のフィードバックによる圧電素子の変位制御（第2報）―パラレルメカニズム制御への適用―，精密工学会誌，**65**, 10 (1999) 1445.
17) S. Koganezawa, Y. Uematsu, T. Yamada, H. Nakano, J. Inoue, T. Suzuki: Dual-stage actuator system for magnetic disk drives using a share mode piezoelectric microactuator, IEEE Trans. Magn., **37**, 2 (1999) 988.
18) 永田邦裕，木下周一：積層型圧電アクチュエータの寿命に及ぼす湿度の影響，粉体および粉末冶金，**42**, 5 (1995) 623.
19) 楠本慶二：無鉛圧電材料の研究動向と産総研の取組み，超音波Techno，**15**, 2 (2003) 36.

画像処理の基礎

Fundamentals of Image Processing

中央大学 **梅田和昇**

1. は じ め に

　画像処理の歴史はかなり古く，1960年代には研究開発が始まっている．以前の画像処理応用では，特定の目的のための専用機が開発され利用された．現在でも専用機は重要であるが，一方で，デジタルスチルカメラ（いわゆるデジカメ）や携帯電話の爆発的普及，ならびにパーソナルコンピュータ（PC）の高速化により，画像処理が身近にそして安価になり，とても使いやすくなってきている．

　本学会には，画像応用技術専門委員会[1]を中心に，画像処理の最先端を研究・開発対象としている会員もかなりいらっしゃるが，多くの会員は，画像処理は直接の対象ではなく，うまく利用できれば十分という立場だと思う．本稿では，そういう方を対象として，基礎的かつ重要なポイントを紹介することを試みる．

2. ハードウェア・ソフトウェア

　まず，画像処理に必要なハードウェア・ソフトウェアを紹介する．どういう目的でどういう対象に対して画像処理を行うかによって様々であるが，典型的な場合を説明する．処理がオンライン（画像を入力しながら実時間処理）かオフライン（画像入力後に処理）かによって色々違ってくる．

2.1 カメラ

　画像処理を行うためには画像が必要であり，画像を得るためにはカメラが必要である．オンラインの場合，画像取得には，一般にCCDカメラが用いられる．最近では，CMOSカメラも用いられるようになってきた．CCD，CMOSイメージセンサとも，固体撮像素子と呼ばれるもので，フォトダイオードを2次元（スキャナなどに用いられるラインCCDなど1次元のものもある）に配列させたものである．光電効果で発生した電荷を，バケツリレー方式で転送しながら読み出すのがCCD，アドレス指定で読み出すのがCMOSイメージセンサであり，一般に画質の点で前者，それ以外の点で後者が優れている．産業用のCCDカメラにはモノクロのものが多い．カラーCCDカメラには3CCD，1CCDの2種類ある．前者は，3枚のCCDを利用し，各CCDにR（Red），G（Green），B（Blue）の色フィルタを装着することでR, G, Bの画像を取得する．後者は，1枚のCCDの各フォトダイオードにR, G, Bの超小型（数 μm 角）の色フィルタを装着し，1枚のCCDだけでR, G, Bの画像を取得する．R, G, Bの配列にはベイヤー配列と呼ばれるものが良く利用され，全画素の半分がG，1/4ずつがRとBである．各色で全画素数分の画像を得るには補間処理が用いられる．画質は当然3CCDの方が上である．また，1CCDで同じ画素数なら，モノクロの方が画質が良い．なお，そもそも色をR, G, Bの3色の合成で表現するのは，人間の眼の色を感じる細胞（錐体）が3種類だからである．

　これまでは，テレビ信号を出力するアナログインタフェースのカメラが多く用いられてきた．日本やアメリカで用いられているテレビ信号の規格は，NTSC（モノクロはEIA）と呼ばれ，約30 Hzで走査線525本（うち有効なのは480本程度）の画像を出力する．ほかに，ヨーロッパなどではPAL（モノクロはCCIR）やSECAMという規格が用いられており，25 Hzで走査線625本である．これらのテレビ信号では，1枚（フレーム）の画像を得るのに，まず奇数行だけの画像（奇数フィールド），次に偶数行だけの画像（偶数フィールド）を送り，合成する．これをインタレースと呼ぶ．画像が移動物体を含む場合，奇数フィールドと偶数フィールドとでずれが生じてしまうので注意が必要である．これを防ぐため，テレビ信号の規格からはずれるノンインタレースのカメラも市販されている．テレビ信号は，コンポジット信号と呼ばれる輝度情報と色情報とを混合した信号で通常送られる．テレビやゲーム機などの黄色い端子を使うものである．S端子は輝度情報と色情報とを分けたものである．R, G, Bそれぞれを別の端子にしたものもある．この順に画質が良くなる．

　最近では，デジタルインタフェースのカメラが普及してきた．そもそも固体撮像素子を用いていれば空間的に標本化された画像が得られる訳で，アナログインタフェースの場合それをわざわざD/A変換している．D/A変換してさらにA/D変換するより，デジタルのまま直接信号を扱った方が当然画質は良くなる．インタフェースには，CameraLinkと呼ばれる規格，IEEE1394，USB，Ethernetを用いるGigEなどが用いられる．テレビ信号の規格にしばられないので，メガピクセル（100万画素以上）のものを含め，色々な画素数のカメラが市販されている．ただし，画素数が多くなれば，それだけ転送には時間かかる．なお，DVビデオカメラもIEEE1394を用いるが，画像が圧縮されている．

　CCDカメラで得られる画像は，CCDでの計測値そのままではなく補正されていることが多く，特に，計測値をベ

き乗することが一般的である．この時のべき値をガンマ値，この補正をガンマ補正と呼ぶ．これは，TV モニタが持つべき乗の特性（ガンマ値 2.2）を打ち消すための処理で，ガンマ値 0.45 が標準である．産業用 CCD カメラではガンマ値を 1（補正なし）と 0.45 に切り替えられるものがあるが，1 に切り替えて使用すべきである．

オフラインで画像を取得するには，デジカメや，携帯電話のカメラ（これもデジカメであるが）を利用することも可能である．近年のデジカメの急速な発展のおかげで，一般の CCD カメラをはるかに越える画素数の高精細な画像を安価に取得可能である．ただし，デジカメの画像は写真を綺麗に見せるために色々画像処理が加えられているので，注意が必要である．ガンマ値なども画像ごとに異なる．また，良く知られているように，jpeg は不可逆な圧縮がかけられており，画質がかなり劣化している（人の眼にはわかりにくいが）．高性能なデジカメだと，RAW 形式という原則として何も処理されていない（R, G, B 画像の補間すら行われていない）画像が撮像可能であり，これを利用するのが一番良い．

2.2 ハードウェア

最初に述べたように，画像処理専用のハードウェアも未だ健在である．また，それに類する形で，PC の PCI バスにさして用いる画像処理専用ボードもある．しばらく前には，日立製作所の IP-5000 シリーズ（現在の後継機種は IP-7000 シリーズ）がロボティクス分野などで広く使われ，我々もお世話になった．最近では，PC が用いられるケースが増えてきた．画像処理はデータ量が膨大なので処理時間がかかることが 1 つの問題であるが，PC が劇的に速くなったおかげで，専用のハードウェアでなく汎用の PC を用いてもかなりの処理をリアルタイムで実行可能になって来たわけである．なお，画像処理の分野では，テレビ信号の周波数，すなわち NTSC の場合 30 Hz で処理が行われることをリアルタイムと言うことが多い．

画像を PC に取り込むためのハードウェアも考えなければならない．アナログカメラの場合，PCI バスにさして用いる画像入力ボードが比較的安価に市販されている．このボードで A/D 変換を行い，通常 640 × 480 画素，R, G, B 各 8 ビットで計 24 ビットの画像を得る．デジタルの場合，CameraLink なら対応するボードが必要である．IEEE1394 や USB を用いるものなら，PC に標準装備のものを利用可能である．また，デジタルインタフェースのカメラでは 10 ないし 12 ビットの高階調の画像を得られるものもある．

一方，オフラインで画像処理を行う場合のハードウェアは，大抵 PC が用いられる．

2.3 ソフトウェア

専用のハードウェア（ボード含め）を用いる場合は，画像処理を行うためのソフトウェアも付属であることが多い．主要な画像処理がライブラリ化されており，開発しやすい．一方，PC を用いる場合には，いくつか選択肢が考えられる．

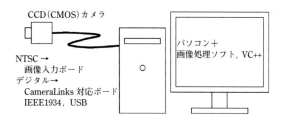

図 1 画像処理システムの標準的な構成

1 つは，市販の画像処理専用ソフトウェアの利用である．ライブラリが充実しているものを選べば，高機能の画像処理をかなり容易に実現可能である．我々はドイツの MVTec という会社が市販している Halcon というソフトを使っている．本ソフトウェアのデモ版は，文献 2) に付属しており，画像処理ソフトウェアでどういうことができるかを知る意味でも試してみて良いと考える．ただし，この書籍は通常の書店では販売されていない．なお，市販のソフトウェアを利用する欠点は，高価なこと，それと多くの処理がブラックボックス化されていることである．

また，我々はこれまで使っていないが（これから使っていく予定），Intel がフリーで公開している OpenCV というソフトウェアライブラリ 3) も良く利用されている．こういうライブラリを用いない場合には，Visual C++ などの汎用の開発環境を用いることになる（OpenCV の利用時も必要である）．この時，C のソースが掲載されている教科書 4) 5) は参考になるだろうし，Web で公開されているソースを見つけることもできる．

図 1 に画像処理システムの標準的なハードウェア・ソフトウェア構成を示す．なお，以上は Windows を前提として書いている．Linux（あるいは Mac）も利用可能であるがここでは触れない．

2.4 画像の取得

順番がやや前後するが，画像の取得方法について簡単に述べておく．

上記のハードウェア・ソフトウェアの組合せにおいて，専用のボードを用いる場合には，一般に SDK（Software Development Kit）やサンプルソフトが提供され，それらを用いることができる．また，カメラに SDK が付属している場合もある．安価な USB カメラなどで SDK が付属していない場合でも，DirectShow（Windows で動画を扱う API）に対応するソフトウェア（Halcon や OpenCV はそうである）を用いれば，画像のオンラインでの取得を容易に行える．そうでない場合には，VC++ で DirectShow を直接扱うプログラミングが必要である．

一方，オフラインで画像をディスクから読込む場合には，画像フォーマットは，BMP 形式が扱いやすい．BMP 形式は，ヘッダ情報と R, G, B のデータで構成されている．jpeg などの一般的なフォーマットの画像も扱うことは可能である．VC++ では CImage クラスを利用することで読込みが可能となる．我々は Silicon Graphics が提供する Image Format Library を利用している．前記の RAW 形式

(a) 元画像

(a) 元画像

（b）肌色領域抽出

（b）肌色領域抽出

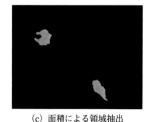
（c）面積による領域抽出

図2　画像中の肌色領域の検出

（c）オープニング　　　　（d）（b）から（c）の差分

図3　モルフォロジー処理による指領域の検出

は，メーカーによってフォーマットが異なり，読み込みに苦労する．

3. 基礎的で重要な画像処理手法

基礎的で重要ないくつかの画像処理手法を紹介する．

3.1　2値化による対象の抽出

画像処理で最も良く使われる処理と言えよう．一般的な意味での2値化とは，適当なしきい値を設定し，画像の輝度値がそれより大きければ1，小さければ0とすることである．しきい値の決め方にも色々手法があるが，適当に定められるならそれでも良い．注意しなければならないのは，一般にカメラレンズには周辺減光という周辺程画像が暗くなる現象が生じ（原理的には，視線方向からの角度の4乗に比例し，コサイン4乗則と言われている），そのため画像の中央部と周辺部とで適切なしきい値が変わってしまう恐れがあることである．あらかじめ一様な明るさのものを観測した時の輝度値の分布から周辺減光の度合いを求めておき，入力された画像の周辺減光を補正した後に2値化を行う，あるいはしきい値を画像の部位によって動的に変化させるなどの手法があり得る．

多少広義に解釈すれば，輝度値がある範囲の場合に1，それ以外を0とすることも2値化であると言えよう．これをR，G，Bそれぞれで行えば，欲しい色の領域のみを選択することもできる．

抽出された1（ないし0）の部分に注目し，領域（連結している画素群）ごとにラベルづけを行う．これをラベリングと呼ぶ．そして，面積（＝領域を構成する画素の数）などの特徴量を用いて領域の中から欲しい領域を抽出する．領域の特徴量には，ほかに周囲長，円形度，外接長方形の幅・高さ（フェレ径とも言う），モーメント，主軸ベクトルなどが用いられる．これらを求めることは手段にも目的にもなりうる．図2に画像中から肌色領域を抽出し，面積が大きな領域2つを手，顔領域として抽出した例を示す．なお，この例では，次節で述べるモルフォロジー処理

を併用している．

3.2　モルフォロジー処理

モルフォロジー（morphology）は形態という意味であるが，画像処理では，領域を膨張させたり収縮させたりすることで，領域の小さな突起や欠けを検出する処理を言う．

膨張：自身を含む近傍画素のいずれかが1であれば1

収縮：自身を含む近傍画素のいずれかが0であれば0

を組合わせる．適当な回数だけ収縮を行った後，同じ回数だけ膨張を行う処理をオープニング，逆をクロージングと言い，それぞれ突起，欠けを除去した画像が得られる．また，元画像からこれらの画像を引くことで，突起や欠けが検出される．これらの処理は欠陥検査などで利用される．なお近傍は，注目画素の上下左右を対象とする場合を4近傍，斜め上・下も含める場合を8近傍と呼ぶ．双方利用されるが，4近傍の方が多用されるように思う．図3に，オープニング処理を利用して指（＝突起）を検出した例を示す．

3.3　エッジ抽出

画像中で輝度値に大きな変化を生じている箇所をエッジと呼ぶ．3.1節で述べた領域（エッジと逆に輝度値があまり変わらない箇所）と同様に重要である．エッジの抽出は，変化を検出する訳であるから，微分値が大きい箇所を求めれば良い．第(i, j)番目の画素の輝度値を$f(i,j)$と表した時，横方向の微分は，差分$f(i+1,j) - f(i,j)$で近似することが出来る．これだと微分位置が半画素ずれるので，注目画素の左右の輝度値を用い，さらに平滑化によるノイズ除去を行うために上下の行をあわせて3行分を用い，$f(i+1,j-1) - f(i-1,j-1) + f(i+1,j) - f(i-1,j) + f(i+1,j+1) - f(i-1,j+1)$で微分を求めることが良く行われる．縦方向も同様である．これをPrewittオペレータと呼び，図4（a）のように表記する．また，中央の行の重みを2倍にした図4（b）に示すフィルタをSobelオペレータと呼ぶ．これら2つが微分処理によく用いられる．なお，微分値のスケールを合わせるにはそれぞれ6，8で割る必要があるが，無視されること

-1	0	1
-1	0	1
-1	0	1

-1	-1	-1
0	0	0
1	1	1

(a) Prewitt オペレータ（左：横方向，右：縦方向）

-1	0	1
-2	0	2
-1	0	1

-1	-2	-1
0	0	0
1	2	1

(b) Sobel オペレータ（左：横方向，右：縦方向）

図4　画像の空間微分に用いられる代表的なオペレータ

が多い．求まった横，縦方向の微分値の絶対値和あるいは2乗和の平方根で微分値の大きさ，arctangent で方向を求めることが出来る．

なお，図4に示すような3×3のオペレータは画像処理ではしばしば用いられる．Photoshop などのソフトウェアがあれば，これらを手軽に試してみることができる．例えば Photoshop Element3.0 なら，フィルタ→その他→カスタムを選べば良い．

これらのオペレータで求められたエッジ画像を2値化し，細線化（線の太さを1にすること）すれば，線画を得ることができる．

3.4　テンプレートマッチング

テンプレート画像と呼ばれる参照画像を用意し，入力画像中からテンプレート画像に最も似ている箇所を探す処理をテンプレートマッチングと呼ぶ．類似度を評価するには，差の絶対値の和（SAD，Sum of Absolute Distance），差の2乗和（SSD，Sum of Squared Distance），相関係数などが用いられる．相関係数を用いるものは，正規化相関と呼ばれ，比較する画像の間で明るさやコントラストの変動があっても影響がないため，安定したマッチングが可能である．値が1に近い程，類似しているという判定となる．図5において，

SAD：　$\displaystyle\sum_{i=1}^{n}\left|x_i - y_i\right|$

SSD：　$\displaystyle\sum_{i=1}^{n}\left(x_i - y_i\right)^2$

正規化相関：　$\dfrac{\sigma_{xy}}{\sigma_x \cdot \sigma_y}$

で与えられる．ただし，σ_x，σ_y は x, y の標準偏差，σ_{xy} は共分散である．

テンプレートマッチングは，欲しい対象を画像中で探すのに利用可能であるし，2台のカメラを用いて三角測量で

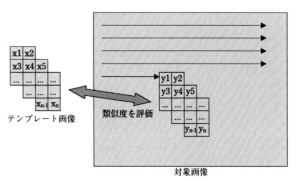

図5　テンプレートマッチング

距離を算出するステレオ計測において左右の画像で対応する箇所を探すのにも用いられる．また，時系列の画像でテンプレートマッチングを行い対象を追跡すること（トラッキングと呼ぶ）もよく行われる．

3.5　画像の差分

2枚の画像の差分を求めることも色々な用途に利用可能である．例えば，同じになるべき画像の差分から欠陥部分を求めることもできる．また，背景画像を登録しておいて入力画像との差分を求めることで（背景差分），侵入者の検出などにも用いることができる．連続する画像間での差分を求めることで（フレーム間差分），移動している箇所の検出も可能である．

4.　お　わ　り　に

以上，駆け足であったが，画像処理に必要なハードウェア・ソフトウェアと基礎的かつ重要な画像処理手法に関して概観した．本稿で画像処理に興味を持たれたら，是非詳しい書籍を当たって頂きたい．数多くの参考書が出版されているが，例えば，基本を押さえている[6]，画像応用技術専門委員会編で応用事例も豊富な[7]，新しい内容も含め読みやすく書かれている[8]，網羅的な[9]あたりがお勧めである．雑誌では，画像ラボ，映像情報インダストリアルの2誌が発行されている．また，ハードウェアやソフトウェアの情報収集には，パシフィコ横浜で6月に開催される画像センシング展，12月に開催される国際画像機器展への参加がお勧めである．

参　考　文　献

1) http://www.tc-iaip.org/
2) HALCON 活用法，リンクス出版事業部，(2004)．購入は http://linx.jp/より．
3) http://www.intel.com/technology/computing/opencv/
4) 井上誠喜他：C言語で学ぶ実践画像処理，オーム社，(1999)．
5) 長谷川純一他：画像処理の基本技法〈技法入門編〉，技術評論社，(1986)．
6) 田村秀行：コンピュータ画像処理，オーム社，(2002)．
7) 精密工学会画像応用技術専門委員会：画像処理応用システム—基礎から応用まで，東京電機大学出版局，(2000)．
8) ディジタル画像処理，CG-ARTS 協会，(2004)．
9) 高木幹雄，下田陽久：新編 画像解析ハンドブック，東京大学出版会，(2004)．

表面張力の物理—MEMS応用デバイスについて—

Physics of surface tension - for MEMS applications- / Makoto SATO

津山工業高等専門学校 **佐藤 誠**

1. 表面張力とは？

雨粒の径が1cmを超えることはない．窓ガラスをつたう水滴は高々数ミリの大きさにすぎない．これはなぜだろう．水滴を丸く形作らせている原因が表面張力[1]であることは良く知られたことであるが，表面張力とは何かと尋ねられると答えに困る．よくある説明は次のようである．水の分子は互いに引き合い水中では等方的につり合っている．一方，水面では上半分の引き合う分子がいないので，水中に引き込む力が勝る．そのため表面張力が発生すると．しかし，これでは水面に沿った方向に力が発生することをにわかには了解しがたい．ここでは表面張力は混ざり合わない物質が接する界面（境界面）に存在する余分なエネルギーということにしよう．新しい界面を作るのに必要な仕事ともいえる．仕事だから力を加えて動かすということだ．その必要な力が表面張力による力である．逆にもし，表面張力が0もしくは負の値だったらどうなるか．接する2つの物質は積極的に混ざり合って系のエネルギーを下げるだろう．つまり界面は存在できない．界面が存在すること自体が余分なエネルギーすなわち表面張力が存在することを意味する．そのため表面張力は界面エネルギーとか表面エネルギーと表現されることもある．水滴の大きさが数ミリを超えないのはそれより大きな寸法では表面張力に比べて慣性力や重力が優勢になり安定に滴形状を維持することが困難になるためだ．

2. 表面張力は1次元力

重力や慣性力はその質量に比例するので長さの次元でいえば3次元で体積力である．静電力は2次元の面積力である．MEMSデバイスにおいて静電力が多用されるのは次元の低い力が小さな寸法で相対的に優位に立つからだ．では，表面張力はどうか．図1のように針金でコの字の枠を作り可動する辺を取付ける．この枠に石鹸膜を張ると可動辺を外に引く力を加えバランスをとらないと膜が縮む．可動辺を石鹸膜が引く力は，表面張力をγ，辺の長さをLとすると，石鹸膜に裏表があるので$2\gamma L$となり，寸法に比例することがわかる．すなわち表面張力に起因する力は1次元力なのである．また，ゴムの膜とは違い，膜の面積が

減少しても引っ張る力は小さくはならない．表面張力と重力が拮抗する寸法が数mmとすると，数十μmの寸法の世界では，表面張力は重力の数桁上の圧倒的に優勢な力になる．蟻は体長の数百倍の高さのテーブルから落ちても無傷だが，一滴の水に引き込まれると致命的なことになるのである．

このような理解から，サブミリの寸法を対象とするMEMSではその研究の初期の段階より表面張力を駆動力として利用することが期待されていた．しかし，表面張力は物質の性質に依存し，電気など制御しやすい何らかの働きかけで変化させるのは困難と思われていた．これは，表面張力が小さな寸法で主に活躍しているため我々が日常接するスケールの現象ではなかなかその制御性や動的な振る舞いに気が付かないことに原因がある．

3. 樟脳（しょうのう）舟と酒のなみだ

表面張力が原因の身近な動的現象として樟脳船と酒の涙を紹介しよう．樟脳舟は船形の小さな紙片の船尾に衣類の虫除け剤である樟脳のかけらをつけたものである（**図2a**）．水面に浮かべるとスーと前進する．船尾の樟脳が水面に広がると後方の表面張力が低下する．その結果，紙片は前進する．酒の涙はアルコール度数の高いお酒を注いだグラスの内壁に見られる現象で，酒がグラスの内壁を這い上がり，そこで滴となって落ちることが繰り返される（**図2b**）．水の表面張力は液体の中でも例外的に高く室温で72 mN/m程度である．アルコール濃度の上昇とともに表面張力は急激に減少する．ちなみにアルコール（エタノール）の表面張力は室温で約20 mN/mである．また，アルコールは水より蒸発しやすいため，グラスの内壁を濡らす酒の膜は上

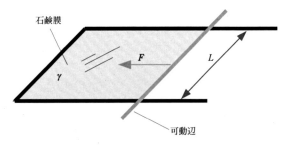

図1 表面張力による力

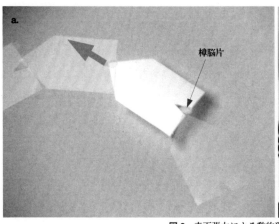
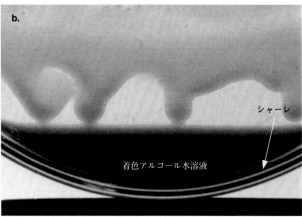

図2 表面張力による動的現象（a. 樟脳舟，b. 酒のなみだ）

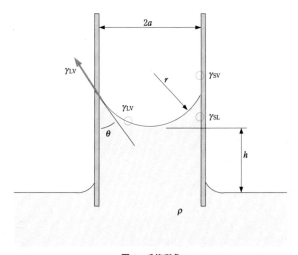

図3 毛管現象

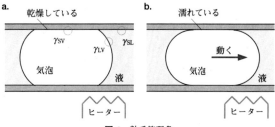

図4 熱毛管現象

方ほどアルコール濃度が低く表面張力が高い状態になる．そのため酒はグラスの内壁を這い上がることになるが，重さが表面張力に拮抗すると滴となって落下することになる．これが酒の涙である．この滴のアルコール濃度は低く，ほとんど水であることが舐めてみるとわかる．

濃度で表面張力が制御でき，表面張力を駆動力として利用できることはこれらの現象からわかった．しかし，濃度で制御するのは実用的とは思えない．もっと制御性の良い手段はないものか．

4. いつもの毛管現象

毛管現象を考えてみよう．内径の小さなガラス管を水面に立てると管内の水柱は外の水面より高くなることは良く知られている．ガラス内壁に対する水の濡れの接触角 θ，水の表面張力 γ_{LV} とすると，水柱の高さ h は，$h = 2\gamma_{LV}\cos\theta/\rho ga$ と表される（図3）．ここで ρ は水の密度，g は重力加速度である．水柱を引き上げる力は表面張力で，水面の周囲は斜めに引かれているから $\gamma_{LV}\cos\theta$ を内周で加算

するというイメージである．しかし，これは毛管現象の誤解である．意外なことに水柱の引き上げには水と空気の界面の表面張力 γ_{LV} は関係ない．ガラスと空気の境界の持つ界面エネルギー γ_{SV} と水とガラスの境界の界面エネルギー γ_{SL} の大小だけで水柱の高さは決まっているのである．すなわち，$h = 2(\gamma_{SV}-\gamma_{SL})/\rho ga$．

話は少し変わるが，半径 r の気泡の内圧は外部に対して $\Delta P = 2\gamma/r$ ほど高い．小さな泡ほど内部の圧力が高いことになる．ストローの両端にシャボン玉を作ると小さな方が縮んで大きなほうが膨らむ．ゴム風船ではそうはならない．一般に界面の2つの主曲率半径を R_1，R_2 とすると，界面を隔てた圧力差 ΔP は，平衡状態でラプラスの式 $\Delta P = \gamma(1/R_1+1/R_2)$ によって表される．接触角は，界面を境にした圧力差にバランスするために界面が湾曲する結果として決まると解釈するのがよい．接触角を基本的な量と捉えると以下に説明する表面張力による駆動現象を正しく理解することが困難になる．

5. 温度差で毛管現象

図4a のように気泡と液体が満たされた管を考えることにする．液体と管壁の境界の界面エネルギー γ_{SL}，気体と管壁の境界の界面エネルギー γ_{SV} の大小関係は，この場合，$\gamma_{SL} < \gamma_{SV}$ とする．この状態では，左右のメニスカス（湾曲した液面）を介した圧力は釣り合い，気泡が動くことはない．何らかの方法で右側のメニスカスの温度を上げたと

147

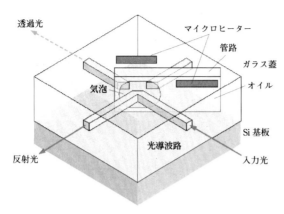

透過光
マイクロヒーター
管路
ガラス蓋
オイル
気泡
Si 基板
反射光
光導波路
入力光

図5 熱毛管光スイッチの構造

する。気液界面の界面エネルギーは温度とともに減少する
のが一般的で、これはエトベシュの法則とよばれる。表面
張力は臨界温度で 0 になるように温度の上昇とともにほぼ
直線的に低下する。臨界温度以上では液体と気体の区別が
つかないことから界面が存在しえない。すなわち、臨界温
度以上では表面張力は 0 なのである。従って、右側の温度
を上げると右のメニスカス部の表面張力は低下することに
なる。これで左右の表面張力のバランスが崩れ、気泡が右
へ移動するかというと、残念ながらそうはならない。接触
角が 0 度になるまではメニスカスの曲率半径が変化するだ
けで気泡位置の変化は起きない。圧力のバランスは保たれ
たままになるからである。毛管現象の吸引力はメニスカス
の表面張力と関係がなく、γ_{SV} と γ_{SL} だけに依存すること
に注意しよう。固液界面、固気界面の界面エネルギーは温
度依存性がほとんどないため、図 4 a のような気泡の状態
では左右で温度差があっても管壁が乾いている間は泡が移
動することはない。

　ところが、図 4 b のように気泡部分の管壁がすべて液体
で濡れている状態すなわち $\gamma_{SL} + \gamma_{LV} < \gamma_{SV}$ の関係が成り
立つとき（液体の管壁に対する接触角が 0 度）は、気泡に
温度勾配を与えると温度の高いほうへ気泡が移動する。加
熱により γ_{LV} が低下するので、より低い界面エネルギーを
持つ温度の高い界面の面積を拡大するように気泡は力を受
け移動する。この現象は、熱で励起された毛管現象という
ことで熱毛管現象と呼ばれる。

　温度により表面張力が変化し、その結果、液体あるいは
気泡が輸送される現象が存在することを説明した。しかし、
温度による制御は放熱が前提となる。アルコールや樟脳が
蒸発するための空間と同じく熱を逃がすための空間が必要
なのである。そのため一般的には制御性が良いとは必ずし
もいえないのであるがミクロなサイズであれば局所的な加
熱と迅速な放熱が比較的容易に実現でき、実用的なデバイ
スへの応用が期待できる。微小な管路に気泡を閉じ込めて

薄膜ヒータで局所的に加熱するという方法をとることによ
り、制御性良く気泡を駆動することができる。次にこれを
利用した光通信用光路切り替えスイッチ[2]を紹介しよう。

6. 熱毛管光スイッチ

　図5は光スイッチの基本素子構造の説明図である。シリ
コン基板の表面にガラスを堆積して光の導波路を埋め込ん
だ平面光波回路（Planar Lightwave Circuits、略して PLC）
をベースにしたものである。導波路の断面サイズはおよそ
10 μm 角、伝わる光信号の広がりもおよそそれに等しい。
導波路の交差部に溝を掘込み微細な管路を形成し、気泡と
液体を密封した構造である。溝の両端には金属薄膜を IC
製作に用いられる微細加工技術フォトリソグラフィで形成
したマイクロヒータを配してある。密封された液体はガラ
スとの濡れの良いシリコーンオイルである。気泡は空気で
ある。シリコーンオイルの表面張力は室温で 25 mN/m で
ある。100 度程度の温度上昇で 2 割程度減少する。シリコ
ーンオイルの屈折率は導波路と同じ値に調整してあるので
オイルが導波路の交差部にあるときは、光信号は交差部を
真っ直ぐ通過する。気泡が交差部にあると、空気とオイル
の境界で全反射をおこして光信号は交差する導波路へ導か
れる。気泡の移動は熱毛管現象で説明したとおりである。
加熱したヒータ側へ気泡が表面張力の温度勾配によって駆
動される。

　気泡は狭い管路に押し込められているので圧力は高くな
っている。管路幅 w、深さ d とするとラプラスの式から気
泡の圧力はオイルの圧力に対して、$\Delta P = 2\gamma(1/w + 1/d)$ ほ
ど高くなる。管路幅 10 μm では、約 0.05 気圧高いことに
なる。そのため気泡の側面は管路壁に沿い、光信号の反射
に充分な面積の平坦部が確保される。また、気泡位置の
固定を確実にする目的で管路の両端を中央よりわずかに幅
広く加工してある。幅の変化はわずかに 0.5 μm であるが、
この毛管現象を利用した固定は強力で、連続的に数百 G
の加速度がかかっても気泡は移動しない。液体を使用する
デバイスなので横向きにしても大丈夫かといった質問をよ
く受けるが、高い G のかかるジェット戦闘機に搭載して
も誤動作することはないはずである。蟻の話を思い出して
いただけると良い。表面張力を利用した MEMS の面白い
ところである。

　図5のスイッチ素子を縦横に並べて PLC を構成すると、
多入力多出力のマトリクススイッチを実現できる。単位素
子は 200 μm 角の面積に収まる大きさなので、16 × 16 の
マトリクススイッチでも、主要部分は数ミリ角に収めるこ
とができ、極めて小型な光スイッチが実現できる。図6は
ヒータの駆動用 FET アレイと制御回路を IC 化して PLC
とハイブリッド構成した 16 × 16 規模マトリクス光スイッ
チである[3]。

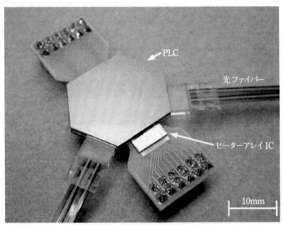

図6 16×16熱毛管光スイッチ

7. 電気でも毛管現象

　温度はヒータに通電することで制御できるが，もっと直接的に電圧や電流で表面張力を制御できないものだろうか．これができるのである．水銀滴を気泡に見立ててガラス管の中に電解液と一緒に詰め，電解液に電流を流すと水銀滴は，負極側へ移動する．駆動に必要な電圧は数V，流れる電流はわずかに μA 程度である．極性を代えると移動する向きも代わる．水銀を金属鏡として光スイッチが作れることは明らかで，実は上記熱毛管光スイッチ開発の前に電気毛管現象を利用した光スイッチを試みたことがある[4]．しかし，水銀の使用が環境上好ましくないとの配慮から開発を断念した．

　水銀滴は電解液に周囲を囲まれており，ガラス壁と水銀滴側面との間にも薄い電解液の膜が存在している．水銀と電解液の界面には電気二重層と呼ばれるキャリアのない空乏層が形成される．これは一種のキャパシタである．電解液に電流を流すと水銀滴表面の管路に沿った方向に電位差が生じる．金属である水銀滴内部は同電位なので，電気二重層にかかる電圧に勾配が生じる．表面張力は界面の持つ単位面積当りの余分なエネルギーである．キャパシタに蓄えられた電気エネルギーも同じく界面の余分なエネルギーである．そのため，界面エネルギーすなわち表面張力に勾配が発生し，ちょうど熱毛管現象と同じように水銀滴が移

動するのである．

　人工的にキャパシタを作れば水銀でなくとも電圧で界面エネルギーを制御できることがわかる．これを利用してディスプレイや焦点距離可変レンズが提案されている[5]．小さな筒にオイルと電解液を詰めておく．壁面は金属に絶縁膜を堆積させた構造で電解液と金属壁の間でキャパシタを構成する．電圧を印加すると電解液と壁との界面エネルギーが減少し，電解液とオイルのメニスカスは電解液側に凸の形状に変形する．バイアス電圧0のときメニスカス形状がオイル側に凸になるよう壁面と液体の濡れ性を調整しておけば，印加する電圧で凹レンズから凸レンズに自在に制御することができる．近い将来，携帯電話のカメラ用ズームレンズに使われるかもしれない．

8. お わ り に

　MEMSに表面張力を利用するメリットは1次元力である表面張力がミクロなサイズでは慣性力や重力など他を圧倒する力になることにある．しかし，液体を使うことや，制御性への制限からこれまでは MEMS 分野でも異端者あつかいされてきた節がある．この解説で紹介したように，表面張力は意外にもさまざまな方法で制御でき，うまく利用すればこれまでにないユニークで有用なデバイスを実現できる可能性がある．また，濃度や温度，電圧や電流による表面張力の制御は研究途上にあり，応用面だけでなく基礎的な部分にもまだ可能性が眠っているように思える．この解説を読んで表面張力に少しでも興味を持っていただけると嬉しい．若い人の挑戦に期待する．

参 考 文 献

1) ドゥジェンヌ，ブロシャール-ヴィアール，ケレ（奥村剛訳）：表面張力の物理，吉岡書店，京都，(2003)
2) M. Makihara, M. Sato, F. Shimokawa and Y. Nishida: Micromechanical optical switches based on thermo-capillarity integrated in waveguide substrate, J. Lightwave Technol., **17**,1 (1999) 14
3) M. Sato, M. Makihara, F. Shimokawa and S. Matsui: Small-footprint thermocapillary optical switch combined with a heater array on a CMOS IC, Technical Digest of OFC'2004, LosAngels, California. USA, (2004) WC5
4) M. Sato: Electrocapillarity Optical Switch, IEICE Trans. Commun., E77-B, 2 (1994) 197
5) R. A. Hayes, and B. J. Feenstra: Video-speed electronic paper based on electrowetting, Nature, 425 (2003) 383

マイクロ流体デバイスによるバイオ分析

Microfluidic Devices for Bio Analyses / Shohei KANEDA and Teruo FUJII

東京大学生産技術研究所　金田祥平，藤井輝夫

1. はじめに

マイクロ流体デバイス（Microfluidic Devices）とは，微細加工技術を用いて基板上に形成した微小な流路（Microchannel）の内部において，様々なバイオ分析や化学反応などを行うデバイスのことを指し，その一連の技術はマイクロフルイディクス（Microfluidics）と呼ばれる．今や，この技術は，無機化学分析から生体分子解析，細胞操作など，多岐にわたる応用が期待され，化学，生物，デバイス技術など多くの技術者の注目を集めることとなった．本稿では，マイクロ流体デバイスおよびマイクロフルイディクスの技術発展の歴史をふまえながら，その技術的な特徴および具体例を紹介する．また，マイクロ流体デバイスの応用展開について概観し，研究の今後の展望について述べる．

2. マイクロ流体デバイス技術の歴史

マイクロ流体デバイス技術は，1980年代に研究が活発化した化学センサや，80年代後半になって盛んに研究が行われるようになったMEMS（MicroElectroMechanical Systems）に端を発したものである．1990年代に入って，これらデバイス技術を基盤とする技術と分析化学あるいは化学合成技術との融合分野として登場したMicroTAS（Micro Total Analysis Systems）もしくはLab-on-a-chip（Laboratory on a chip）あるいはMicroreactorなどの研究分野が認知されるに至り，90年代後半以降，これらの分野に対する，より一般的な呼称としてマイクロフルイディクス（Microfluidics）という言葉が用いられるようになった[1]．

マイクロ流体デバイス技術に関わる最も古い試みは，1975年にスタンフォード大学のグループがシリコンウェハ上にガスクロマトグラフィのシステムを集積化したデバイスを製作したものであることはよく知られており（論文出版は1979年）[2]，また我が国においても東北大学のグループが1986年には化学センサとマイクロポンプを組み合わせた血中ガス分析システムの開発を手がけている（論文出版は1988年）[3]．しかしながら，これら先駆的な仕事が行われた草分けの時代においては，化学反応や分析，さらには流体そのものを微小空間で扱うことの利点や重要性が充分に理解されず，また応用展開も限定的であったため，これらの技術が大きく注目を受けるには，MicroTASという新しい概念の提案を待つことになる[4]．この新概念の提案を受けて，94年からMicroTASに関する国際会議が開催されるようになり，特に米国を中心とした研究投資の高まりも相まって98年頃から急速に参加人数が増え，昨年ボストンにおいて開催されたMicroTAS2005では900名を超える参加があった[5]．ちなみに我が国では，これまでに2002年に奈良において開催されており，本年には東京でこの会議が開催される予定である．

こうした技術発展の流れを，図1に示すように，関連する主要な国際会議が開催され始めた時期と重ねて見てみると，電子デバイスに最も関連が深いセンサ技術に関する国際会議であるTransducersが最も早く開催され始め，MEMSならびにキャピラリ電気泳動に関する国際会議で

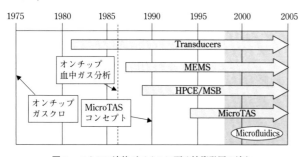

図1 マイクロ流体デバイスに至る技術発展の流れ

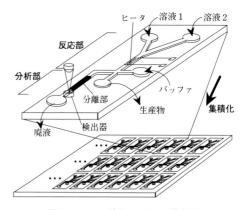

図2 マイクロ流体デバイスの概念図

図3 マイクロ流体デバイスの顕微鏡下での観察

①基板上に溝（流路）を掘るプロセス

②掘った流路をシールするプロセス

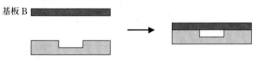

図4 マイクロ流体デバイス（流路構造）の製作プロセス

表1 製作プロセスの代表例

基板A	①溝を掘るプロセス	基板B	②蓋をするプロセス
シリコン	DRIE (Deep Reactive Ion Etching)	ガラス	陽極接合
ガラス	フッ酸によるエッチング	ガラス	溶融接合
樹脂	ホットエンボス	樹脂	熱融着

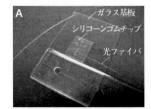 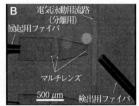

図5 DNA分析用デバイスの構造
(A) デバイスの写真，(B) 検出部分の拡大図

ある HPCE（High Performance Capillary Electrophoresis，近年 MSB: Micro-Scale Bioseparations に改称）に少し遅れて，MicroTAS 国際会議が創設されている．このことは，MicroTAS がデバイス技術的にも，また分析化学的な技術としても，ある程度の成熟した段階で，これら両者の融合分野として登場したことを示しており，ニーズおよびシーズがうまくかみ合ったことによって大きく発展したものと考えることができる．その後，特にバイオ分野においてナノテクノロジーの応用が進んだことにより，マイクロフルイディクスはさらに発展をとげ，最近はデバイス製作技術や表面技術，検出技術などを中心にナノバイオテクノロジーを支える技術的な基盤としても大きく期待されている

3. マイクロ流体デバイスの基本概念と特長

マイクロ流体デバイスは，**図2**に示すように微細加工技術を用いて基板上に形成した微小な流路を主要な構成要素とし，その流路内部において化学分析や細胞操作，生体高分子の解析などを行おうとするものである．典型的な流路寸法は数十 μm から数百 μm の範囲内であり，通常は**図3**のように顕微鏡下に設置して，流路内の観察などを行う．流路の形状にはじまり，流体の導入，駆動方法や，化学処理あるいはコーティングによる流路内壁の特性改変など，考え得るパラメータを色々に工夫するだけでも，多岐にわ

たる操作を考えることができる．微細加工にフォトファブリケーションを採用することによって，同一の形状のデバイスを同時に多数製作することができるだけでなく，流路に加えて，例えば温度制御のためのヒータ/センサ構造や，流路内を流れる分子を検出するための検出器とその光源，さらには流体制御のためのマイクロポンプやバルブなどを集積化することも考えられる．例えば生体高分子の解析操作において微量な溶液操作を行う場合には，ピペットなどを用いたマニュアル操作もしくはロボットによる操作が主流であるが，微小流路を用いる場合には，そうした微量溶液操作も自動的に行うことができる（行なわねばならない）．従って，マイクロ流体デバイス技術を用いれば，きわめて高度な自動分析処理機能を有する小型システムを現実のものとすることが原理的には可能である．

一方で，バイオ分析をマイクロ流体デバイス（微小空間）で行なうことには原理的にどのような利点があるのだろうか．分析装置を小型化することで，直感的にはまず，試料の少量化が想像できる．分析の目的は試料から情報を得ることにあるので，同じ情報を得るなら試料は少ないほうが望ましい．また，化学反応を行なう容器（代表長さ:L）のダウンサイジングによっておこるスケーリング効果には，①混合が分子拡散に依存する，②単位体積（$\propto L^3$）あたりの表面積（$\propto L^2$）の比が大きくなる，などが挙げられる．このうち，①の分子拡散による混合では，混合に要する時間は，拡散距離の二乗に比例するため，流路幅が10分の1になれば，混合時間は 100 分の1で済むことになる．②の効果としては，単位面積あたりの接触面積（比界面積）が大きくなるため，反応や熱交換などの高効率化が期待できる．そのほかにも，慣性力（$\propto L^3$）と比較して粘性力（$\propto L^2$）の影響が大きくなるため，低レイノルズ数の流れとなり，微小流路内では，安定した層流が形成できるなどの効果が考えられる．このように，マイクロ空間特有の物理化学現象を積極的に利用することで，反応や分析処理の高効率化・高速化をはかることが可能である．

デバイスの製作技術については，主として流路構造を形成する上ではバルクの基板を加工するものがほとんどであ

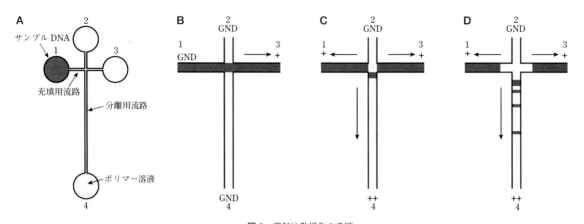

図6 電気泳動操作の手順
(A) サンプル DNA のアプライおよびポリマー溶液の導入，(B) DNA の導入，(C) プラグ形成，(D) 分離

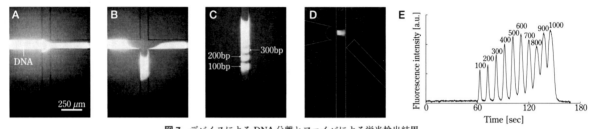

図7 デバイスによる DNA 分離とファイバによる蛍光検出結果
(A) DNA の導入，(B) インジェクションから 3 秒後，(C) 13 秒後，(D) ファイバによる励起，(E) 蛍光検出結果

る．図4に示すように，基本的には，①溝を掘るプロセスと②蓋をするプロセスを用意すれば流路構造を実現することができる．マイクロ流体デバイスで用いられる代表的な材料とその製作方法を表1に示す．このように従来のMEMS分野で用いられる加工法を用いるかぎり，特別に困難な製作技術を要しない場合がほとんどであるが，マイクロ流体デバイス特有の要求として，アスペクト比（流路の高さ/幅）の大きな流路形状が求められる場合がある．これは，図3のように顕微鏡下で観察を行なう場合，流路が深いほど光路長を稼ぐことができ結果的に感度が上がるためである．このようなニーズから，高アスペクト比を得る加工法として DRIE（Deep Reactive Ion Etching）に加え，厚膜レジストを用いる方法が近年注目を集めている[6]．

バイオ分析にマイクロ流体デバイスを用いる場合は，おおむね水溶液，室温，大気圧という条件であるため，構造体の耐薬品性，耐熱性，強度は低いものでもよい．反面，コンタミネーション（汚染）を嫌う要求があるため，デバイスの使用は「使い捨て」が望ましい．このため，フォトファブリケーションを用いた一括転写加工は製造コストを低く抑える上でも有望であると考えられる．

4. マイクロ流体デバイスによる DNA 分析

マイクロ流体デバイスによるバイオ分析の具体例として，筆者らのグループが行なった電気泳動による DNA 分離操作[7]を紹介する．電気泳動はイオン性の物質が存在する溶液中に電圧を印加すると，イオン性物質が自身の持つ電荷と反対の符号を持つ電極へ移動する現象であり，その移動速度はそれぞれの物質の電荷，大きさ，形状によって異なる．この移動速度の違いから試料中の成分を分離でき，成分の種類や存在量を解析できる．DNA の場合は，単位質量あたりの電荷の比が一定であるため，ゲルやポリマー溶液などの網目構造を持つ中で電気泳動を行い，分子ふるい効果を利用して DNA を分子量ごとに分離する．この場合，分子量の大きい DNA ほど網目構造を通過するための抵抗が大きいため，移動速度は小さくなる．

製作したデバイスは，流路形状を加工したシリコーンゴムチップとガラス基板からなる（図5A 参照）．シリコーンゴムチップ上の流路は，厚膜レジストをパターニングした構造を鋳型として，レプリカモールディングによって形成される[6]．シリコーンゴムはフラットな面に対して自発的に接着する性質を持つため，チップをガラス基板に貼り合わせるだけで流路をシールできる．デバイスには電気泳動用の十字型流路（幅 100 μm，高さ 30 μm）と光ファイバ位置決め用構造（幅・高さ 125 μm）が 2 つ形成されており，それぞれ光ファイバが導入されている（図5B 参照）．この光ファイバは，蛍光ラベルされた DNA の検出を行なうことを目的としたもので，LED（発光ダイオード）などの光源からの励起光を電気泳動用の流路内に導くための励起用ファイバと，得られた蛍光を光電子増倍管などの検出器まで導入するための検出用ファイバである．励起用ファ

イバ先端には，励起光の光線密度の増大および，空間分解能向上を目的としたレンズ構造が配してある．

分離操作を行う際には，デバイス上のポート2〜4および十字型流路にポリマー溶液を導入し，ポート1にはサンプルDNAをアプライしておく（図6A）．DNAは負の電荷を持つため図6Bのように各ポートに電圧を印加するとDNAは充填用流路を通過し陽極側に移動する．続いて，電圧を図6Cのように印加すると，流路のクロス部分に存在するプラグ状のサンプルが分離用流路へとインジェクションされ，DNAは分子量ごとに分離される（図6D）．

実際に実験を行なった結果を図7に示す．DNAの充填および，プラグのインジェクション，分離，ファイバによる励起が確認できた（図7A〜D）．また，分離流路下流に配してあるファイバによって蛍光強度をプロットした結果を図7Eに示す．このサンプルでは100から1000塩基対まで100塩基対おきに分子量の異なるフラグメントが含まれるが，合計10本のピークとして確認できた．また，蛍光検出に光ファイバを用いることで，顕微鏡を用いる場合と比較して，検出系の小型化を実現できた．

この種の分離操作を通常のスラブゲル電気泳動装置で行なう場合，数十分程度の時間を要するが，マイクロ流体デバイスを用いる場合，2分半程度で高速に分離を行なうことが可能となる．これは電圧操作によってサンプルプラグを少量化できたことと，デバイスでは電圧印加によって発生したジュール熱を効率よく放出できるため，高電場で分離操作が行えることに起因する．

5. マイクロ流体デバイスの応用展開

MicroTASの概念が認知されはじめた当初は，前章で紹介した電気泳動を用いた化学分析やDNA解析，ひいてはDNAのシーケンス解析などへの応用が主流を占めていたが，近年ではきわめて多岐にわたる応用展開が期待されるようになった．例えば，医療・創薬の分野では，スクリーニングに代表されるように，大量の試料に対してその多様性を解析の対象とする場合が多いので，低コストかつ短時間に解析結果を得ることが求められる．それらの実現には解析の並列処理が求められるが，マイクロ流体デバイスを応用することは有望な手段のひとつとなりうる[8]．

また，マイクロ流体デバイスをコアとして，検出系や試薬供給系なども含めた1つの完結した可搬型システムを実現することで，環境モニタリングあるいは，オンサイト計測などの応用が可能となる．科学分野では，火星探査のための有機分子分析システム[9]や，深海の現場において微生物の遺伝子解析を行うことを目的としたシステム[10]な

どが発表されており，今後ますます実用をにらんだ応用システムの開発が活発化するものと考えられる．

マイクロ流体デバイスの最新のトレンドとしては，細胞や分子に関わる生物学そのもののツールの役割を果たすケースが挙げられる．すなわち，マイクロ流体デバイス技術を用いることによって，従来の方法では不可能であった新しい実験系を構成することが可能となり，それによって新しい生物学上の知見を得ることができる，といった例が見られるようになった．例えば，マイクロ流体デバイス内部に特定の物質に関する濃度勾配を形成し，そこで細胞などを培養することによって，その挙動を観察するといった実験などが報告されている[11]．

6. 今後の展望

本稿では，マイクロ流体デバイスおよびマイクロフルイディクスの歴史，特徴，具体例，および研究の応用展開について紹介した．1990年代後半にマイクロ流体デバイスの研究が注目を集めるようになってから数年がたち，すでに数多くの研究者や企業がこの分野に参入している．3章で述べたようにマイクロ流体デバイスは原理上，分析処理の高速化が可能であるのみならず，デバイスの製作技術においても半導体製作技術にみられる一括転写加工を用いるため，高い生産性が期待できる．また，バイオ分析用途については，高齢化社会の到来に伴う先端的な医療および診断技術へのニーズから，近い将来，巨大なマーケットが想定できることなどを考慮すると，今後ますます技術としての重要性は増すものと考えられる．

参 考 文 献

1) E. Verpoorte, and N.F. de Rooij, Proc. the IEEE, **91**, 6 (2003) 930.
2) S.C. Terry, J.H. Jerman, and J.B. Angell, IEEE Trans. Electron Devices, **26**, 12 (1979) 1880.
3) S. Shoji, M. Esashi, and T. Matsuo, Sensors and Actuators, **14**, 2 (1988) 101.
4) A. Manz, N. Graber, and H.M. Widmer, Sensors and Actuators B, **1** 1-6 (1990) 244.
5) Procs. MicroTAS1994-2005 (1994-2005).
6) T. Fujii, Microelectronic Engineering, 61-62, (2002), 907.
7) K. Ono, S. Kaneda, S. Camou and T. Fujii, Proc. MicroTAS2003, (2003) 1307.
8) T. Thorsen, S.J. Maerkl, S.R. Quake, Science, **298**, 18 (2002) 580.
9) A.M. Skelley, J.R. Scherer, A.D. Aubrey, W.H. Grover, R.H.C. Ivester, P. Ehrenfreund, F.J. Grunthaner, J.L. Bada, and R.A. Mathies, Proc. Natl. Acad. Sci. USA, **102**, 4 (2005) 1041.
10) 福場辰洋，山本貴富喜，長沼毅，藤井輝夫，海の研究，14 (2005) 361.
11) N.L. Jeon, H. Baskaran, S.K. Dertinger, G.M. Whitesides, L. V. de Water and M. Toner, Nature Biotechnology, **20**, 8 (2002) 826.

易しい？ 難しい？ 干渉計測

Easy? or Difficult? The Basics of Interferometry / Jun-ichi KATO

理化学研究所・河田ナノフォトニクス研究室 **加藤 純一**

1. は じ め に

　干渉計測は，古くからある技術だが，光の波長を基準として物体の形状や変位を nm から数十 nm の分解能で測定でき，精密工学に関わる技術者・研究者は何らかの形で干渉計測と接点を持つことも多いだろう．接し方としては，製品の干渉計を測定器として利用する立場から，自ら干渉の原理に基づいた計測器を設計したり，新しい測定原理そのものを研究する立場まで様々だと思う．そこでそれぞれの立場で光学や干渉計測を勉強しよう，ということになるわけだが，光の関わる領域は広範でどこから手をつければ良いのかとまどう場合も多いのではないだろうか？　実際少し大きな書店に行くと，「光」を冠した参考書籍は山のようにある．たいていは光学の基礎から紐解いてそれぞれの主題の話題に入っていくという形をとり，複素振幅や Maxwell 方程式などが出てくるとまず入り口で躓いてしまいそうである．しかし干渉計測を実際に利用するには，実は光学の原理のごく一部が理解出来ていれば十分で，もう少し「泥臭い」事情が問題となることの方が多いのである．こうした点については必ずしも教科書に記述があるとは限らない．本稿では，現代の干渉計測のポイントと，実際の干渉計測における注意点について著者の経験も含めて述べてみたい．

2. 関わる諸物理パラメータと干渉計測

　まずは，干渉計測において我々が実際に観測する量と，それにどのような物理的パラメータが関与しているのかを整理してみる．少々数式も現れるがご辛抱願いたい．干渉じまとは波（ここでは光波を前提とする）の重ね合わせによって生じる時間・空間的な光の強弱のパターンである．重ね合わせだから，当然関与する波は 2 つ以上存在するわけだが，ここでは最も簡単な例を考えよう．図1に示すように 1 つの光源から発した光波が何らかの方法により 2 つに分けられ，それ

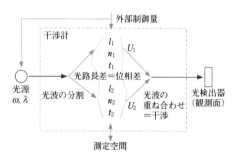

図1 干渉計測に関与する諸物理パラメータ
l；幾何学的長さ，t；時間
ω；周波数，λ；波長，U；振幅

ぞれ別の幾何学的な長さ l_1，l_2，屈折率 n_1，n_2 よりなる異なった光路を通り，$\tau = t_2 - t_1 = (n_2 l_2 - n_1 l_1)/c$（$c$ は光速度）の時間差を持った振幅 $U_1(t+\tau)$ と $U_2(t)$ として再び重ね合わされる．$(U = U_1(t+\tau) + U_2(t))$ このとき，光検出器上 1 点で観測されるのはこの重ね合わせの強度情報 I であり，振幅の共役積を用いて，

$$
\begin{aligned}
I &= <UU^*> \\
&= <U_1(t+\tau)U_1^*(t+\tau)> + <U_2(t)U_2^*(t)> + \\
&\quad <U_1(t+\tau)U_2^*(t)> + <U_1^*(t+\tau)U_2(t)> \\
&= I_1 + I_2 + 2\sqrt{I_1 I_2}\,\mathrm{Re}\{\gamma_{12}(\tau)\} \qquad (1)
\end{aligned}
$$

と表される．ここで最後の項がいわゆる「しま」を形成する部分であり，殆どの場合測定量に関する情報はこの項に含まれている．実際干渉項の実部は，

$$
\begin{aligned}
\mathrm{Re}\{\gamma_{12}(\tau)\} &= |\gamma_{12}(\tau)|\cos[\delta_{12}(\tau) - \omega\tau] \\
&= |\gamma_{12}(\tau)|\cos[\phi_{12}(\tau)] \qquad (2)
\end{aligned}
$$

となる．$0 \leq |\gamma_{12}(\tau)| \leq 1$ は 2 つの光波の干渉のし易さ（可干渉性またはコヒーレンス度と呼ぶ）を示し光源の波長特性などの物理量に関係する．$\delta_{12}(\tau)$ は，2 つの光路の間に存在する光路長差以外の要因で加わる位相差であり通常はオフセットとして無視できる．結局光検出器上の 1 点で得られるこの干渉縞の空間的分布を決定するのは，τ を決める測定空間の屈折率や幾何学的な長さの差に対応する位相差 $\phi_{12}(\tau)$ である．よって，最も理想的な干渉計測では，レーザなどの単色コヒーレント光源を用いることで $|\gamma_{12}(\tau)| = 1$ とし，屈折率は全て同じとし，光波の分割比率 I_1/I_2 も場所などによらず一定とすることで，干渉じまのパターンと位相の分布 ϕ_{12} を完全に対応づけることができる．つまり，観測される干渉じま強度分布における 1 本のしまの生成と物体表面の 1/2 波長（～300 nm）の高さの変化（$l_2 - l_1$）をサブ μm の精度で対応づけ，基準である l_1 に対しての差分として形状の測定が可能となる．逆に形状が決まっている場合には，測定空間における屈折率の差（$n_2 - n_1$）の分布を評価できるわけである．

　一昔前は，上記のような考え方で干渉じまの本数の変化やパターンを観測することで，レンズなどのなめらかな表面であれば必要な精度での測定が行えていた．ところが現代のナノテクノロジーは，nm の測定精度を要求し上記の理想条件が実際には成立していない点が問題となる．また金型など不連続な段差を含む形状の測定に対する要求も高まっている．式（1），（2）を見ると，この干渉じま形成に関与するパラメータとして $I_{1,2}$，γ_{12}，ϕ_{12} があるが，より詳しく見ると $n_{1,2}$，$l_{1,2}$ および ω または波長 λ が存在する．現代の干渉計測では，これらのパラメータを決定すべき未知数または外部制御量として扱い，図1に示したように様々な外部制御量を積極的に変化させて得られる複数の観測量から残る未知数を高精度に決定するという戦略をとっている．次にその数例を示そう．

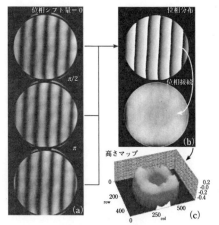

図2 位相シフト法による位相・高さ計測の例. (a) 位相シフト干渉じま, (b) 得られた位相分布とその位相接続結果, (c) 高さマップへの変換結果

2.1 サブフリンジ干渉じま解析～位相シフト法～

レーザを用いた干渉計では $|\gamma_{12}| = 1$ より, 干渉じまは

$$I(x, y) = I_b(x, y) + I_c(x, y) \cos[\phi(x, y)] \quad (3)$$

なる3つの未知数 I_b (バイアス), I_c (コントラスト), および ϕ (位相分布) を決定する問題となる. これを解くには, いずれかの変数に既知の摂動を与え最低3個の干渉じま分布を得て, それらを連立させれば良い. こうした考え方に基づいて干渉じまの位相を1周期に相当する1しま (フリンジ) 以下の精度で求めるサブフリンジ干渉じま解析の代表例が位相シフト法である [1) 2)]. 実例として参照光路長 l_1 をピエゾミラーなどにより波長の1/4つまり位相にして $\pi/2$ ずつ微小変位させ $I(x, y; \frac{m\pi}{2}) = I_b(x, y) + I_c(x, y) \cos(\phi(x, y) + \frac{m\pi}{2})$ $(m = 0, 1, 2)$ を取得し, 下記の演算により

$$\phi(x, y) = \tan^{-1} \frac{[2I(x, y; \frac{\pi}{2}) - (x, y; 0) - I(x, y; \pi)]}{[I(x, y; \pi) - (x, y; 0)]} \quad (4)$$

測定対象の高さ分布に相当する位相分布 $\phi(x, y) = 2\pi[l_2(x, y) - l_1(x, y)]/\lambda$ が他の誤差要因を極力排除した形で求まる. 位相シフト法は, 現代の干渉計におけるしま解析法の標準となっており, 種々の誤差を取り除くために様々なアルゴリズムが考案されている [3)].

図2に実際の干渉計において得られた位相シフト干渉じま, およびそれらから求まった位相分布, 高さ分布の計測結果の例を示す. (4) 式よりわかるように干渉計測で求める位相は $-\pi \leq \phi(x, y) < \pi$ の範囲に「折りたたまれ」た形で算出される(wrapped phase). つまり位相分布には図2 (b) 上に示すような π から $-\pi$ (図ではグレイスケールの白から黒) またはその逆に不連続な位相の飛びが生じる. そのため物体の高さに換算する際には隣接する座標間で $\pm\pi$ を超える不連続な位相飛びがないことを前提として横方向に位相をつなぐ手続きが必要となる. これを「位相接続 (phase unwrapping)」と呼ぶ. 傾斜成分の除去なども行い, 図2 (b) 下写真のような位相分布が最終的に求まり, 高さ分布への変換がなされる (図2 (c)). この位相接続は, 様々な状況に対して安定かつ高速な方法が求められ, 干渉じま解析における興味深い研究テーマの1つでもある [4)].

サブフリンジ干渉法としては前述の位相シフト法の代わりに $l_1(x, y)$ に既知の位相勾配を与え, それにより空間的に周波数変調されたしまパターンを周波数解析することにより位相分布を求める方法もある. フーリエ変換法がその代表例で

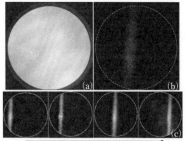

物体を光軸方向に走査

図3 シリコン荒研削面を対象とした広帯域スペクトル干渉縞およびそのコントラスト像の例. (a) 光源としてフェムト秒レーザパルス (80 fs) を用いた際の干渉じま, (b) 位相シフト法の原理により得られたコントラスト画像, (c) 傾けた測定対象を光軸方向に走査した際のコントラスト画像

あり, 位相シフト法と異なりワンショットの干渉じまパターンからサブフリンジの位相が求まる点が特徴であり, 高速な干渉縞解析に適する [5)]. これらの解析手法間の精度などについての優劣比較は参考文献に譲る [6)].

2.2 絶対形状計測～広帯域スペクトル光源の利用～

光源の性質をうまく使って干渉計測に新しい機能を付与できる. 例えば, 高さ計測における欠点である1/2波長を超える不連続段差を持つ対象の測定が可能となる. 最もオーソドックスな方法は, SLD (super luminescent diode) や白色光源を用いる白色光干渉計であろう. これはマイケルソン・モーリーの実験に遡る古い技術であるが, 最近の高精度走査技術と新しいデータサンプリング手法を用いることで現代的な測定ツールとして再認識されつつある. 干渉計において光源の波長分布が広帯域に広がっている場合は, 原理的には式 (2) における $|\eta_{12}(\tau)|$ が τ に応じて変化し, 光路長差がゼロの位置で最大の干渉縞コントラストを与える. そのため, 外部制御量として参照光路の光路長 l_1 を高速に走査し測定空間の各座標において干渉じまコントラスト最大の高さをマッピングすれば, 絶対的な高さの分布を得ることができる. 不連続段差にも対応でき, 当然位相接続処理も不要である. 干渉じまコントラストの最大位置をいかに高速, 高精度に求めるかがキーポイントである [7)]. 位置の決定精度は光源の波長スペクトル幅が広い程高くなる.

図3にシリコン荒研削面を対象としてモードロック fs パルスレーザ (パルス幅80 fs, コヒーレンス長数 μm) を光源としてマイケルソン干渉計で低コヒーレンス干渉じまを生成し, (3) 式のコントラスト項 I_c を位相シフト法のアルゴリズムによって計算した例を示す. 対象が粗面であっても光路長ゼロの領域が切断線として可視化できていることがわかるだろう. また, 光源のパルス幅とスペクトル幅はお互いにフーリエ変換の関係にあり, 超短パルス光を広帯域光源としても使うことができる. この広帯域光源と光路走査技術を併用した干渉計測法は, 近年生体表面組織の断層イメージングにも利用され, 光コヒーレンストモグラフィ (OCT: optical coherence tomography) として医用診断への応用が期待されている [8)].

上述の例とは逆に, 測定対象が光路長差を持って位置が固定している状態で, 単色光源の波長 λ または周波数 ω を外部制御量として変化させることによっても, 絶対的な高さ測定を行うことができる. この場合, 一定の光路長差に対してその中に滞在する光の波長が $\Delta\lambda$ だけ変化するため干渉じまの位相もそれに応じて,

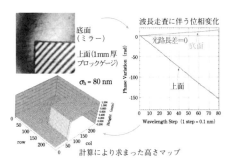

底面
（ミラー）

上面（1mm厚
ブロックゲージ）

$\sigma_h = 80$ nm

計算により求まった高さマップ

波長走査に伴う位相変化

光路長差＝0
底面

上面

図4？ 波長走査干渉法による段差形状の測定例：ゲージブロックおよびミラー底面において得られる位相変化勾配から段差ステップの高さが 80 nm の精度で求まる．波長走査幅 8 nm.

$$\Delta\phi(x,y) \approx \frac{-\pi[l_2(x,y)-l_1(x,y)]\Delta\lambda}{\lambda_0^2} \tag{5}$$

のようにランプ状に変化し，干渉じま強度はその位相変化に応じた周波数で明暗を繰り返すことになる．この位相勾配を直接求めるか，周波数解析を行うことで各座標での絶対高さに関する情報を得ることができる．**図4**は，光源として波長走査可能な半導体レーザを用い（中心波長 775 nm，走査幅 8 nm）各波長ステップで位相シフト法を併用して求めた位相分布から位相勾配を算出し，鏡面にリンギングしたゲージブロックの高さを測定した例である[9]．光学素子の屈折率などに関する情報が予めわかっていればその裏表の形状を測定することもでき，ほかにもいろいろな応用が考えられる[10]．

3. 干渉計測，ここには注意！

前節まで少々肩の凝る話が続いたが，要は理論モデルとしての干渉計測は比較的簡単な数学的取扱いができ，関連する物理パラメータとその干渉じま形成への関わりさえ把握しておけば，測定器として使用するのはさほど難しくはない（はずである）．簡単に2次元表面形状の高精度測定ができ，その上非接触である．ところが，干渉計測を含む光計測は一般現場の測定技術者にまだまだ敬遠されている嫌いがある．どうも光を使った測定が思ったほど理屈通りにいかないと感じられているようだ．そういった状況が生じる理由および注意点について考えてみよう．

3.1 レーザは便利なのだけど… ～光源の問題～

光を使った研究の楽しみの1つは，様々な色のレーザ光源を使って実験をし，干渉じまなど視覚的に訴える現象を直接扱える点にあろう．干渉計測ではこのレーザの長い可干渉距離のおかげで，その適用範囲が一気に広がった．レーザ光は対物レンズによりほぼ理想的な点光源に絞ることもできる．そのため，少々の光路長差があっても干渉計を組み，平行光により容易に干渉じまを生成できる．この恩恵を直接感じるためには，試しに LED などを使って白色干渉計を自分で組立てて見ることをお勧めする．皆さんの手先の器用さと根気が試されることは間違いない．ところで，この便利な高コヒーレンス光が干渉計測を含む光計測において様々なノイズ源となりうることは念頭に置く必要がある．

図5に干渉計測で問題となるコヒーレントノイズの例を挙げた．まず，粗い測定面に対して顕微鏡系などを適用する際に顕著に表れるのがスペックルノイズである．スペックルは波長オーダの表面の凹凸から散乱した光がランダムに干渉す

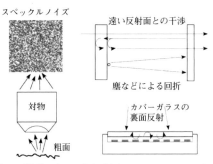

スペックルノイズ

対物

粗面

遠い反射面との干渉

塵などによる回折

カバーガラスの裏面反射

図5 干渉計で生じるさまざまなコヒーレントノイズ

る結果生じるもので，結像系の開口に反比例した平均径を持つ．粗面を対象とした計測では常に問題となり回転磨りガラス板などにより空間的なコヒーレンスを落とすか，広帯域スペクトル光源を用いることである程度抑制できる．次に長い可干渉距離故に問題となるのが，離れた光学素子の表裏面からの反射光による干渉である．素子表面に無反射コートを施したりウェッジ角をつけることで避けることができるが，例えば CCD 素子の保護ガラスと素子面間の干渉が問題となることもあり，保護ガラスを除去したり斜めに傾けた特殊設計を行うなどの対策が必要になる．高い可干渉性は光学素子表面に付着した微小な塵による回折ノイズを強調するし，わずかではあるが常に空間的な高周波数ノイズの源となり，測定精度の限界を決めることが多い．こうした場合にも，積極的に広帯域スペクトル光源を用いた方が良好な結果を得られる場合が多い．

3.2 きちんと結像しているかな？ ～光学系の問題～

ここまでは触れなかったが，画像計測型の干渉計では必ず測定面と観測面の間に結像光学系が組み込まれている．結像関係が崩れて物体面が焦点はずれになると**図6**（a）に示すように参照光との干渉面において物体光線の傾きおよび位置に僅かな違いが生じる．これは生成される干渉じまの位相誤差の原因となる．このため，干渉計測においては結像系の焦点深さの範囲内で結像関係を確認することが肝要である．対象が鏡面の場合これは結構難しく，物体表面に薄いフィルムを載せてそのエッジを目当てにするなどの工夫がいる．

また，干渉計には単なる結像系以外にビームスプリッタにより分離された物体光と参照光の両光路が含まれている．その光学系を光源側から見ると簡単には図6（b）に示すように像面では両光路を通った結果2軸での回転と横方向のシフト（シェア）が加わった2枚の投影面が重なっている形となる．この両者が完全に平行となると，いわゆる Null じまの状態となるわけだが，それ以外の状態では複雑な誤差が加わってくることがある．

図7に著者が体験した1例を示す[11]．ここでは物体に格子像を斜めから投影し，そのゆがみから表面形状を測定する実験を行ったのだが，投影パターンは干渉計を使って作成した．このとき参照鏡を鉛直軸まわりに傾けて細かい縦じまを生成したが，この傾ける方向を逆にしたときに形状の測定結果が異なることに気が付いた．そこで逆符号傾斜で得られたパターンを平面に投影しその位相分布の加算を行ってみた．原理的には逆符号同値の位相の足し算であるからキャンセルするはずである．ところが図7下図に示すように，コマ収差様のパターンを持つ位相誤差が残ることがわかった．これは上述した干渉計の光学系に帰因する誤差の例であり，ビームスプリッタによる波面シェアによる収差が原因であった．こ

156

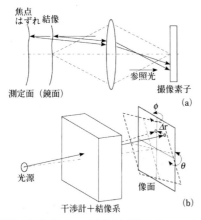

図6 干渉計の光学系において考慮せねばならないファクタ.（a）物体面と撮像面の結像関係，（b）物体・参照光両者を含む干渉計光学系を光源側から見た場合の概念図

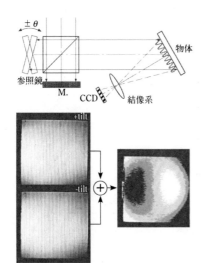

図7 参照面を強く傾けた際に生じる光学系の収差による位相測定結果への影響の例.上図：干渉計により投影しまパターンを作成し物体に投影し撮像する変形格子法光学系,下図：逆符号の参照鏡のティルトを加えた際にその位相分布をキャンセルさせても残る位相誤差の例

のように，干渉計測は感度が高いだけに通常気にしないわずかな光学系の理想状態からのずれが問題となる場合もある.

3.3 測定結果がどうもおかしい

上記以外にも，金属加工表面の微細形状の評価などでは，機械的な触針によるプロファイル測定結果と干渉計測による結果が合わないことが多々ある.この原因の多くは，先に述べたコヒーレントノイズの影響であったり，測定面の微細形状の傾斜によって一部の光がそもそも干渉計に戻らないなど，原理的な違いに依存するものが殆どである.従来測定技術による結果との相関をどうとっていくかは今後の重要な課題であり，特に標準的な測定データの蓄積を続けていく必要がある.

それ以外にも測定対象表面の物質に依存した反射位相のシフトの問題，関連する光学素子の持つ複屈折性の不均一に依存する誤差など，光計測固有の誤差要因があるが多くは式（2）における δ_{12} のように系統誤差として補償可能な場合が多い.しかし，測定結果がどうもおかしいという時は，物理

の基本に立ち戻ってみなければならない.そこが面白くもあり，少々とりつきにくい点と言えるだろう.

3.4 干渉計測の泣き所～参照面～

最後に干渉計測の泣き所について一言.原理からわかるように多くの干渉計測は，ほかの計測法同様比較測定である.つまり，基準となる参照面が必要となる.実は現状の干渉計測では，平面および球面については，λ/30 をはるかに超える形状精度を持つ原器が手に入る.殆どの測定はこれらでまかなえるのであるが，例えばシリンダ形状などの原器は良いものがない.最近の形状創成技術の進歩は急速であり，非球面や自由曲面の鏡面形状の評価法としての干渉計測法の確立は，将来必須になるものと考えられる.そのためにはより自由度の高い形状を持つ基準原器をどのように開発していくかが，今後の干渉計測のブレークスルーとなりそうだ.

4. さ い ご に

干渉計測の基礎というテーマをいただき本稿を書き出したが，あまりに話を易しくすると当たり前過ぎる話になるし，詳細を記述するには紙面に限りがある.という訳で，やや中途半端な内容となった.もしかすると干渉計測は，やっぱり「難しそう」というご意見が増えたりしないか心配である.そういった読者には，この点についてもっと知りたいというご要望などをぜひお送りいただきたい.干渉計測技術や実験的な取扱について筆者が日頃世話になっている教科書・参考書を文献の最後に挙げたので参考にしていただきたい[12].

参 考 文 献

1) J. H. Bruning, D. R. Herriott, J. E. Callagher, D. P. Rosenfeld, A. D.White, and D. J. Brangaccio: Digital Wavefront Measuring Interferometer for Testing Optical Surfaces and Lenses, Appl. Opt. **13**, 11(1974) 2693.
2) K. Creath: Progress in Optics, XXVI, E. Wolf, ed. Elsevier, Amsterdam,(1988) 349.
3) 日比野謙一: 誤差補償干渉縞解析法による精密位相計測技術の研究, 機械技術研究所報告, 第 180 号(1998).
4) C. Ghiglia and M. D. Pritt: Two-Dimensional Phase Unwrapping: Theory, Algorithms, and Software, Wiley-Interscience (1998).
5) M. Takeda, H. Ina and S. Kobayashi: Fourier-Transform Method of Fringe-Pattern Analysis for Computer-Based Topography and Interferometry.J. Opt. Soc. Am., **72**, 1, (1982) 156.
6) 武田光夫: サブフリンジ干渉計測基礎論, 光学, **13**, 1, (1984) 55.
7) 例えば 平林晃, 小川英光, 水谷竜也, 永井健, 北川克一: 帯域通過型標本化定理を用いた白色光干渉による表面凹凸形状の高速測定, 計測自動制御学会論文集, **36**, 1, (2000) 16.
8) 佐藤学, 丹野直弘: オプティカル・コヒーレンス・トモグラフィの最新技術, 精密工学会誌, **67**, 4, (2001) 546.
9) J. Kato and I. Yamaguchi: Phase-Shifting Fringe Analysis for Laser Diode Wavelength-Scanning Interferometer, Opt. Rev., **7**, 2, (2000)158. および, 加藤純一: 位相検出型波長走査干渉法による形状測定, 応用光学, **3**, 5, (2003) 5.
10) 花山良平, 日比野謙一, J. Burke, B. F. Oreb, 割澤伸一, 光石衛:波長走査干渉計による多面干渉計測手法の開発, 精密工学会誌, **71**,5, (2005) 579.
11) 加藤純一, 山口一郎: 逆符号ティルト縞を用いた撮像系の評価,1999 年度精密工学会秋季学術講演会講演論文集, 607.
12) 干渉計測の基礎・応用について, P. Hariharan: Optical Interferometry,Academic Press, Australia (1985). D. Malacala: Optical Shop Testing, Wiley-Interscience, 2nd (1992). 光学の原理について, 鶴田匡夫: 応用光学 I, II, 培風館(1990). 光学素子の取扱いについて, 末田哲夫:光学部品の使い方と留意点, オプトロニクス社. 光について, 鶴田匡夫: 光の鉛筆 1～7, 新技術コミュニケーションズ.

形状デジタルデータの品質とデータ交換の方法

Technical Issues of 3D CAD Data Quality and Data Exchange / Hiroshi YANO

株式会社エリジオン　**矢野裕司**

1. データ交換とデータ品質

近年，3次元 CAD データは企業の設計部門だけでなく金型製作・解析・計測という CAM/CAE/CAT 分野にまで，開発の様々な過程で活用されようとしている．このような製造業の全プロセスを 1 つの CAD ツールで網羅したいという構想は CAD を利用する側と CAD を開発（販売）する側の永遠の夢である．しかし，急速に進む 3D データ活用の範囲拡大と製造業のプロセス革新という現実を前にして単一 CAD システムだけでこれら全ての業務をまかなえるはずはなく，現実では適材適所で様々なシステムが使われることになり，システム間でのデータ交換が必須となっている．しかし，異なるシステム間の 3 次元データ交換には様々な問題が存在することが多く，業務の流れを阻害しているのも事実である．ここでは，3 次元 CAD データ交換と *PDQ（製品データ品質）について最新情報を紹介する．

2. データ交換方法の種類と比較

異なる 3 次元 CAD 間でデータを交換する方法には，以下のようなものがある．

2.1 IGES（Initial Graphics Exchange Specification）の利用

IGES は ANSI（米国規格協会）が定めた CAD データ交換のための中間フォーマットであり，サーフェスデータの受渡しでは最も広く利用されている．ほとんど全ての CAD/CAM システムが IGES をサポートしており，汎用性も優れている．

IGES は 1981 年に ANSI 規格となった後，現在の最新版である Ver.5.3 まで，CAD の発展とともにたびたび拡張が行われてきた．そのため，ソリッド表現を初めとして後付けの仕様が多く，現在でもシステム間で対応要素が大きく異なっている．また，仕様が自然言語で記述されており，ベンダー間でのフォーマットの解釈の違いも多く見受けられる．

以上のような問題から，IGES によるデータ交換の成功率はほかの交換手法に比べて一般的に低く，実務においては，エンドユーザがデータを手直しするコストが非常に大きいことが問題となっている．

2.2 STEP（Standard for the Exchange of Product Model Data）の利用

様々な問題点を持つ IGES に代わるデータ交換方法として近年広く利用され始めているフォーマットが STEP である．1984 年から検討が始まり，1994 年から ISO によって順次規格化された．IGES と比較した場合の特長は以下の通りである．

STEP は，専用の「EXPRESS 言語」で記述されており，曖昧さの排除，整合性の確保が保証されている．扱うデータ範囲は形状のみではなく，NC，材料，部品表など，製品の全ライフサイクルに渡って必要になる全てのデータが対象である．また，単一の規格である IGES とは異なり，自動車や造船といった業界ごとに専用のプロトコルが規定されている．形状に限れば，B-rep ソリッドが当初から正式にサポートされていることが大きな利点である．

しかし，現在，STEP の利用は，当初期待されたほど普及していない．大きな原因は，非常に複雑な規格となってしまったため，各 CAD ベンダーが仕様を理解し実務で使える品質の入出力機能を開発するまでに時間がかかったことであろう．2005 年現在，ようやく各システムの STEP 入出力機能の品質が安定し交換率も向上してきているが，形状データを交換するために必要な CAD 間の仕様の違い，特にデータ精度の違いを扱う仕組みは用意されておらず，交換成功率は各 CAD や交換ツールのソフトウェア品質に大きく依存しているのが現実である．

2.3 カーネル連携

Parasolid や ACIS などソリッドカーネルの提供する外部ファイルフォーマットを利用してデータ交換を行う方法である．カーネルを採用しているシステムでは対象カーネル形式の外部ファイルの入出力機能を標準で装備しているので，同じカーネルを採用している CAD/CAM 同士では，データ交換が割とスムーズに行える．ただし，Parasolid ファイルも ACIS の SAT ファイルも現状ではモデルの最終形状（Brep 表現）に対応しているだけで，フィーチャーベースモデリングや形状以外の属性情報などには対応していない．

カーネル連携は強力な方法に思えるが，お互いに切磋琢磨して技術向上を目指している大手 CAD ベンダーが，車のエンジンにあたる大事なコア技術を他社に頼るようなことはしないため，全ての主要 CAD システムが同一カーネルを採用することは永久にないと思われる．

2.4 ダイレクトトランスレータの利用

対象とする CAD/CAM システムの組合せごとに専用に開発されたデータ交換ソフトウェアを使って CAD データを直接変換する方法である．希望する CAD に対応するトランスレータが存在しないことがある，複数システムに対応するにはコストが高くつくなど，全てを解決できる汎用的方法では

---

* 社団法人 日本自動車工業会,
PDQ（Product Data Quality:モデルデータ品質）に関る活動
http://www.jama.or.jp/cgi-bin/pdq/download_pdq.cgi

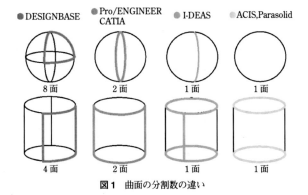

図1 曲面の分割数の違い

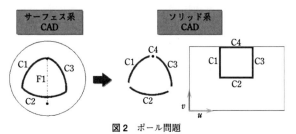

図2 ポール問題

ないが，データを書き出す側と読み込む側の両方のCADの数式表現や仕様の違いに個別対応しているので最も高いデータ交換率が得られる．また，形状以外の属性情報などを渡したい場合にも，ダイレクトトランスレータならきめ細かな対応が可能である．筆者らの本ソフト開発の経験を基に次節よりデータ変換の技術的課題をわかりやすく述べたい．

3. データ交換ソフトは何をしているのか

データ交換における技術的な問題点を理解するために，データ交換ソフトウェアが内部で何をしているかを簡単に紹介する．

3次元CADデータの交換プログラムは，一般に（1）数式表現変換，（2）トポロジー変換，（3）精度補正などを行っている．「私はあなたに会いたい．」という日本語を英語に訳す場合を例にすると，"I you with meet want to." と各単語を訳すのが数式表現変換であり，"I want to meet with you." と単語の関係を調整するのがトポロジー変換，そして "I would like to meet with you." などと丁寧さや時制などを調整するのが精度補正となる．

3.1 数式表現変換

曲線・曲面の表現方法には多くの種類がある．データ交換時には，解析/多項式/Bezier/NURBSなどの表現形式を目的のCADに適した数式表現に変換する必要がある．この処理は一見容易に見えるが，困難な問題が幾つもある．例えばNURBS形式に変換する場合，NURBSには階数や多重度に多種多様な使い方があり，その全てに完全に対応しておくことは容易ではない．また，一般に各CADシステムでは使い方を示すユーザガイドは充実しているが，CADベンダー同士は基本的に競争相手であり，データ交換の際に必要となる内部データの詳細は，外部に開示しないのが一般的である．

3.2 トポロジー（位相）変換

トポロジー変換の際に発生する問題には，シーム問題とポール問題がある．ほかにも，解析曲面のパラメータuvの取り方が逆なためデータが渡らないようなケースもある．

3.2.1 シーム問題

シームとは縫い目のことである．閉じた曲面形状（球，円錐，円柱，回転体など）をCADで作成すると，見た目は同じように見えるが，CADシステムによって内部の曲線と曲面の構成は大きく異なっている（**図1**参照）．例えば球の場合，Pro/ENGINEERとCATIAでは，フェースが自分自身で

閉じてはいけないので，球面は最低2分割しなければならない．このような状態においてフェースを縫い合わせている線のことをシーム線と呼んでいる．I-DEASはフェースが1枚でシーム線も1本．ParasolidとACISでは，球面を全くシーム線のない1枚のフェースで表現することができる．

データ交換では，個々の要素の数式表現を全て正確に変換したとしても，このシーム線のような位相の違いをしっかり補っておかないと変換は成功しない．運良く形状が入った場合でも，曲面のトリムに失敗したり，ソリッドモデルにならない，オフセット演算ができないなど，その先のオペレーションに支障をきたす場合が多い．

3.2.2 ポール問題

ポールとは地球でいう北極と南極のことで，定義曲面の境界が縮退して点となっている部分のことである．フェースの境界曲線がこのポールを通過する場合の考え方はCADシステムにより異なるので，データ交換時に注意が必要である．

球の8分の1のフェースを想定してみよう．サーフェスモデラー系のCADシステム（CATIAなど）では，フェースを定義するのに外周の3本の円弧だけを使用する（**図2**参照）．一方，ソリッドモデリング系のCADシステム（Unigraphicsなど）では，ポールに実長ゼロの曲線を挿入し，曲面上のパラメータ空間には曲線2（**図2**中のC2）と同じ長さの曲線4（**図2**中のC4）を定義し，外周ループが閉じるようにする．IGESを使ってどんなに正確に曲面と3本の円弧を渡しても，ポールの対応を誤ればこの8分の1球形状はデータ交換できない．データ交換時に，複雑な曲面は渡るのに易しそうな円柱や球面が欠落する時は，トポロジー変換に失敗していることが多い．

3.3 精度補正

異なる精度のCADシステム間で，適切な精度補正を行って高い変換率を実現することは，今日の3次元CADデータ交換での最大の課題である．一般に精度問題というと，モデリングの精度が緩いCADから厳しいCADへデータを渡す場合だけが話題になるが，実際にはその逆の場合も面倒な問題を含んでいる．

3.3.1 低精度なシステムから高精度なシステムへ

データ交換の際に最も問題となるのは，位相的には接続しているはずの頂点・エッジ・フェースの間の「隙間」である．通常は位相情報を信じて，接続すべき要素の形状を補正し隙間を潰して正確に接続する．補正方法としては，要素の適切な延長やカット/交差計算のやり直し/許容誤差以上の隙間への新しい要素の追加などがある．ただしソリッドモデルでは，母曲面から浮いた境界曲線を面上に投影して精度向上を図ると，投影した曲線と位相関係を持つほかの曲面に精度誤差を

伝播してしまうため，立体全体を考慮した高度な修正技術が必要である．

3.3.2 高精度なシステムから低精度なシステムへ

要素を接続する際の図形の位置に関する正確さでは，問題は全く発生しない．問題になるのは，低精度システムの点の同一性判定トレランスより微小な要素は存在が許されないということである．1 μm の精度の CAD で作成されたモデルを 10 μm の精度の CAD へ渡す場合，1 μm 以上 10 μm 未満の要素は全て削除しなければならない．まず，微小線要素を削除しその位相関係もメンテナンスする．次に，微小幅のフェースも削除し，そのフェースの両側のフェース同士を位相接続しなければならない．

4. データはどうして渡らないか

データ交換が上手くいかない主な理由は 2 つある．

1 つは，多くの汎用トランスレータでは，マッピング表に従った幾何要素の数式表現の変換はしてくれるが，トポロジーや精度問題について（中間ファイルを作成する側も読込む側も）責任ある対応をしていないことである．データ表現やトレランスなど CAD システム間の「違い」を，誰かが責任を持って補わない限り，数式表現の変換だけではデータは渡らないのである．IGES や STEP はあくまでも中間フォーマットであり，それを使ってどのようにデータ交換するかは各 CAD ベンダーの考えるべき問題である．データ交換率を高めるためには，競争相手のベンダー同士が，お互いに内部情報を開示し協力して開発を進める必要があるが，その実現は政治的に非常に難しいのが現実である．

2 つ目は，CAD モデルの品質が悪いことである．データ交換プログラムも完全な変換を目指して日々研究されているが，実際に交換率 100 ％を達成するためには，最初に CAD モデルを作成する段階で，できるだけ「きれい」に作成することが大事である．最低でも作成した CAD システムで自己検証を行い，ワーニングやエラーがないことを確認しておくべきである．問題は先送りするほど解決するのに膨大な時間と工数が必要となってしまう．

5. PDQ 問題

JAMA，VDA など各国の自動車工業会は，1998 年頃から，データ変換時に不具合が発生するデータのパターンを列挙する形で製品データ品質のガイドラインを作成してきた．これら各国の活動は現在 "SASIG Product Data Quality Guidelines for the Global Automotive Industry" としてまとめられている．

5.1 PDQ 問題の具体例

[1] 微小曲線

各 CAD システムの許容誤差より短い長さの曲線は，受取ることができない．これは精度の高いシステムから精度の緩いシステムへデータ交換する際に多く発生する問題である．また，CAD システムの不具合により，自身の許容誤差より短い曲線が生成されてしまうケースもある．この場合は，データ交換だけでなく，設計した CAD 内の操作でもエラーが発生することが多い．

[2] エッジとベース曲面の離れ

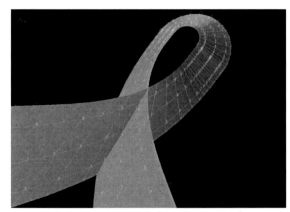

図3　曲面の自己干渉

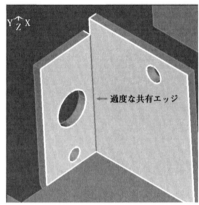

図4　過度な共有エッジ

B-rep のフェースを定義するベース曲面とそれをトリムする曲線の間の距離が許容誤差以上である場合，CAD システムはそのフェースを受け取ることができず，データ交換時に面抜けなどのエラーが発生する．また，Unigraphics，CATIA V5 など，明確な許容誤差の上限を定めず，精度に関係なく B-rep の位相を定義可能にする CAD も増えてきているが，実際には一定以上の大きさの離れが存在すると，断面やオフセットなどの演算が失敗する可能性が高い．

[3] 曲面の自己干渉

製品形状として不正であるだけでなく，CAD 上での様々な演算やデータ交換結果が不安定になる．（図3 参照）

[4] 過度な共有エッジ

1 本のエッジがフェースに使用される回数は，通常のソリッドでは 2 回である．しかし，（図4 参照）のように互いに接する部分のある形状や，解析用のパーティング面などでは，1 本のエッジが 3 回以上フェースに使用されるケースを許容する CAD も存在する．この仕様は CAD によって異なるため，過度な共有エッジを許容する CAD から許容しない CAD へのデータ変換において問題となる．

5.2 PDQ Guideline の運用実態

SASIG PDQ Guideline では，形状に関して上記の 4 項目を含む 64 の品質項目が定められている．そのほかに，レイヤー，モデリング方法など形状以外に関する項目が 63，そして図面に関する項目が 18，CAE 用のメッシュ形状に関する項目

が13定められている.

このように非常に多くの項目が記述されているが, この Guideline の狙いは, これら全ての品質項目の遵守ではなく, データ品質を測るものさしの共通化にある. つまり, 実業務においては, どの品質項目を採用するか, 各項目の閾値をどう設定するかを用途に応じて決めればよいのである.

5.3　PDQ とは?

前節まで, PDQ 問題を, SASIG PDQ Guideline の具体例を中心に説明してきたが, ここでは改めて「PDQ」の定義を考えたい.

例えば, 「精度の良い」データが「良い PDQ」であるとは限らない. "[1]　微小曲線" の例を挙げたように, 精度の高いモデルを精度の緩いシステムに変換する際には, 微小要素に関する様々な問題が発生するからだ. つまり, どのようなデータが「良い PDQ」であるかは, 使用するシステムや用途に依存するため, どの品質項目を満たしていれば良いデータであるとは一概にはいえない. 同じ製品データであっても, 設計部門/解析部門/金型部門/営業部門では「良い PDQ」は異なるのである. 全工程を一気通貫する品質基準の策定は非常に困難であることがお分かりいただけるだろう.

5.4　問題点

PDQ は, 現在, 先進的なユーザでその改善活動が端緒についたばかりであるため, 様々な問題が残っている.

[1] 業界横断的な取組みの必要性

PDQ は, 現在の3次元 CAD データを扱う上では避けて通ることができない本質的な問題である. 現在は自動車業界が他に先駆けてガイドラインを発行しているが, 本来は業界横断的な取組みが望まれる.

[2] 品質項目の定義の明確化

SASIG PDQ Guideline は品質のものさしを共通化する非常に重要な取組みだが, 実運用上は問題点もある. その1つが品質項目の定義の曖昧さである.

例えば, 「曲面の幅」「形状の自己干渉」などの基本的な概念が明確に定義されていない. 現在これらの解釈は PDQ をチェックするツールベンダーに依存しているため, ツール間で品質検査結果が異なる場合がある.

[3] PDQ 品質項目とその検査結果の伝達方法

PDQ 品質項目の使用方法としては, 以下のようなケースが考えられる.

- 取引先との間で品質項目をルールとして定める.
- 定められた品質項目に従って品質検査を実行し, その結果を伝達する.

SASIG PDQ Guideline では Quality Stamp という名称で XML 形式のフォーマットが定められているが, 現在定着していない. そのため, 現在市販されている PDQ ツールの間では, 品質項目とその検査結果に関して, データの互換性がない.

[4] 対象とする品質項目の再検討

現在の PDQ 項目は, 形状に関しても, 形状以外のデータに関しても, 設計データを対象とする項目がほとんどである. 「データの修正, 再入力」という観点では, 例えば生産準備部門では, 抜き勾配の有無やデータと公差の関係(中央値か限界値か)などの情報が欠落しているため, 多大な工数を非効率な作業に費やしているケースがある. 「3次元データの品質に関する取決めとそれに基づく検査」を広い意味でとらえ様々な工程の問題を分析することで, 無駄な工数の削減が可能となるケースは, 現在の挙げられている項目以外にも幅広く存在していると考えられる.

6.　ま と め

3次元 CAD データは, 製品をある数学的なモデルを使って有限桁の精度で表現したものである. そこでは精度を始めとする, 「データ品質」の問題は避けて通れないはずである. しかし, CAD においても, STEP や IGES などの標準フォーマットにおいても, これまで理想的な数学モデルを計算機上で表現することに重きが置かれ, データの精度, 品質の問題が表立って本格的に追求されることはほとんどなかった.

PDQ 問題の解決は3次元データによるシームレスな製品開発実現のために不可欠であり, 業界全体として取組むべき非常に重要な課題であるといえるだろう.

参 考 文 献

小寺敏正: 精密工学会誌, **67**, 3 (2001) 390

精密位置決め制御の基礎

Fundamentals of Precision Positioning Control / Kaiji SATO

東京工業大学　佐藤海二

1. はじめに

　精密位置決め制御系は一般に，フィードバック制御系として構成され，その制御系設計は，駆動装置を含む機構やフィードバックセンサの特性把握，設計目的に適した制御方法の選択，コントローラ設計（構造，パラメータの決定），の手順で行われる．精密位置決め制御の特徴は，滑らかで正確な微動が重視されることにある．そのため良好なセンサ特性，機構特性が求められる．制御系設計において特に機構特性の影響は大きく，その違いにより制御方法の選択や，コントローラ設計の視点が変わることになる．

　本稿では初心者を対象に，精密位置決め制御の基本的な考え方，手順を概説する．精密位置決めには様々な機構が利用され，摩擦特性を持つことが多い．しかし紙面の都合上，ここでは摩擦の有無にかかわらず共通する基本的な特性に議論を絞り，2種類の超精密無摩擦機構を例に，基本かつ代表的なPID制御系設計手順と効果を紹介する．

2. 制御方法は古典が基本

　PID制御に代表される古典制御以降，数多くの制御方法が提案され，精密位置決め制御系への適用・評価が試みられている．後から登場した制御方法は，高機能で，その制御方法に"適した条件"下では高い性能を示す．しかし精密位置決め制御の初心者なら，新しい制御方法ではなく，PID制御のような古典的で簡単な制御方法を採用するのが無難である．新しい制御方法は，その利用に際して，しばしば多くの数学や制御工学の知識を必要とする．また複雑なコントローラ構造を持ち，汎用性，融通性に欠ける傾向にある．加えて"適した条件"が設計者の要求に合致するとは限らない．

　精密位置決め機構は一般に，できるだけ制御するのに良い特性をもつように製作されており，PID制御でもしばしば良好な位置決め性能が得られる．新しい制御方法の適用は，古典制御では不十分であることが分かってからでよい．精密工学会超精密位置決め専門委員会のアンケート調査によれば，最も利用される制御方法は，いまだにPID制御である[1]．第4章では，PID制御を用いた超精密制御系設計例を紹介する．

3. コントローラ設計の前準備

　線形制御理論は，ほとんどの位置決め制御の基礎をなす理論であり，精密位置決め制御を試みる読者は，そのテキストをお持ちであり，目を通されていると思う．線形制御理論では，機構特性，センサ特性，コントローラ特性が伝達関数などで記述・抽象化され，議論される．その抽象化された特性で考えれば，センサ特性，機構特性の不十分さを，コントローラにより自由に補償可能となる．しかし実用上その効果は限定的であり，制御系の高性能化のためには，まず十分な特性をもつセンサを用意し，可能な限り良好な特性をもつ機構を選択すべきである．ここでは，精密位置決め制御系におけるセンサ条件や機構の問題点について述べておく．

3.1 センサ特性の条件

　フィードバックセンサは，制御系の位置決め特性を検証，保証する役割を担っている．そのため，制御系に要求される分解能，応答性などの性能に対し，十分高い性能を持っていなければならない．では"十分高い"とは，要求性能に対しどの程度の性能であろうか？　絶対的な基準はないが，経験的にみて分解能で5倍以上，周波数応答で10倍以上が目安になるだろう．センサが十分な応答性を有していれば，その特性を定数として扱うことができ，コントローラ設計が容易になる．

3.2 機構特性の問題

　次に機構特性について考えてみる．コントローラ設計では，機構特性を基礎に，適切なコントローラを付加して問題点を修正・調整し，制御系の特性向上が図られる．機構特性で厄介なのは，急峻に変化する特性である．時間領域や周波数領域で急峻に変化する特性を含む場合，わずかなモデル誤差や操作量入力のタイミングずれにより，特性が顕著に劣化してしまう．さらに特性が時間の経過や位置の変化に伴って変化してしまうと，コントローラ要素もそれに応じて変化することが必要となり，実装が困難になる．

　急峻かつ安定しない厄介な特性があれば，まず機構的に改善するのが常道である．コントローラによる改善は，その次である．その方が，できた精密位置決め制御系の性能を維持しやすい．

　位置決め性能を劣化させる具体的な機構特性には，(a) 機械要素の摩擦特性，(b) 動力伝達要素のバックラッシ特性，(c) 駆動装置の発生推力・発生トルクや可動範囲の制限によって生じる飽和特性，(d) 低い剛性と振動特性，などがある．精密位置決め制御系を構成する場合，これらのうち可能なものは，まず機構的に取り除く．ただしコストが上昇することや，各特性間にトレードオフの関係があることなどから，完全に取り除くことは難しい．そのため次に，残りの影響を制御により除去・抑制することになる．以降では，基本的に(a)，(b) は機構的に除去されている場合を対象に議論を進めるが，摩擦力は外乱力とみなすことができるので，摩擦力の作用する機構でも，以下の議論は適用可能である．

4. 精密位置決め機構の制御

　本章では可動範囲の異なる2種類の精密位置決め機構を取り上げ，必要とするコントローラ構造やゲイン調整法につい

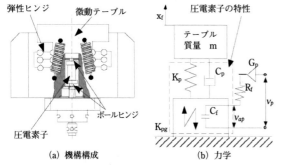

図1 積層型圧電アクチュエータを用いた微動機構[2]

(a) 機構構成　(b) 力学

表1　微動機構のモデルパラメータ

x_f	テーブル変位	m	テーブル質量
K_p	圧電アクチュエータのばね剛性	C_p	圧電アクチュエータのばね剛性
v_{ap}	圧電アクチュエータへの印加電圧	C_f	圧電アクチュエータの電気容量
v_p	印加電圧	K_{pg}	圧電ゲイン
R_f	電気抵抗	G_p	駆動アンプゲイン

て説明する.

4.1 圧電アクチュエータを用いた微動機構の超精密制御 - 必要なコントローラ構造と調整法 -

圧電アクチュエータと弾性ヒンジ案内を用いた機構は, 可動範囲の狭い代表的な精密位置決め機構である. 図1は, 積層型圧電アクチュエータを用いた微動機構の一例である[2][3]. この種の機構では, 摩擦やバックラッシの問題がなく, 基本的に飽和特性も大きな問題にはならない. 剛性は, ボールヒンジ部分で低くなるものの, 図1 (b) の力学モデルように, 1自由度振動系で記述できる. パラメータの意味は表1に示す通りである. 圧電アクチュエータはヒステリシス特性をもち, クリープ現象を示す. これらはオープンループ制御での位置決め性能を大きく左右するが, フルクローズドループ制御では問題とならない. コントローラ設計では, これらの非線形特性は無視し, 静的入出力特性が定数で表される線形系として扱えばよい.

図1 (b) より, 機構特性の伝達関数は, 式 (1) で表される.

$$G_0(s) = \frac{C_p s + K_p}{ms^2 + C_p s + K_p} \cdot \frac{K_{pg}G_p}{R_f C_f s + 1} \qquad (1)$$

R_fは, 急峻な入力電圧により圧電アクチュエータが破損するのを防ぐための電気抵抗で, その抵抗値は小さい. また総じて右辺第1項に対し, 右辺第2項の応答性は高い. よって右辺第2項は定数 $K_{pg}G_p$ として考慮される. その結果, 機構特性は2次系とみなすことになる. 図2に示す制御系で, コントローラ $G_c(s)$ を式 (2) に示す理想的な連続系 PID コントローラとすると, フィードバック制御系の目標値追従性 $G_{clr}(s)$ (目標値に対する変位) は式 (3) となる.

$$G_c(s) = K_\beta + K_\gamma \frac{1}{s} + K_\alpha s \qquad (2)$$

$$G_{clr}(s) = \frac{\begin{aligned}&sK_{pg}G_pC_p(K_\alpha s^2 + K_\beta s + K_\gamma) \\ &+ sK_{pg}G_pK_p(K_\alpha s + K_\beta) + K_{pg}G_pK_pK_\gamma\end{aligned}}{\begin{aligned}&s(ms^2 + C_p s + K_p) \\ &+ sK_{pg}G_pC_p(K_\alpha s^2 + K_\beta s + K_\gamma) \\ &+ sK_{pg}G_pK_p(K_\alpha s + K_\beta) + K_{pg}G_pK_pK_\gamma\end{aligned}} \qquad (3)$$

図2　基本的なフィードバック制御系

目標値 → + / − → PID G_c → 操作量 → 機構特性 G_0 → 変位 (制御量)

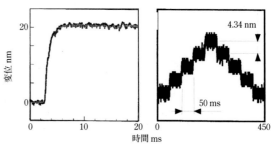

変位 nm / 時間 ms / 4.34 nm / 50 ms

図3　PID 制御系の位置決め結果[3]

式 (3) より, 次のことが分かる.
a) 制御系のバンド幅は, 積分ゲイン K_γ で大きく左右される (分母の s の零次項で調整可能なのは K_γ のみ).
b) 定常偏差を零にするには, 積分要素が必須である ($K_\gamma = 0$ の時, 定常偏差は零にならない).

従って, コントローラ設計では, まず十分なバンド幅を持つように K_γ を大きくし, 次いで K_β, K_α を調整し, 十分な減衰特性を得られるようにする. 微調整はこの繰り返しで行われる. 積分要素は外乱の影響を除くためにも有効で, 対応可能な外乱力に上限はあるものの, 静剛性を無限大にできる. 一方, 特に低剛性な部分がなければ, 微分要素はなくてもよい. コントローラをアナログ回路で実現する場合は, 微分要素の代わりに擬似微分要素を用い, デジタル回路を用いる場合は, 後退差分法などで, 近似的に表現される. どちらの場合でも調整手順は同じである. 図3は, デジタル回路を用いた場合のステップ入力, 階段状入力に対する応答波形の実験結果で, 高速・高精度な位置決めができていることがわかる[3].

4.2 電磁モータを用いた超精密無摩擦機構の制御

4.2.1 モデリングとコントローラ構造の基本形

電磁モータは, 可動範囲の大小にかかわらず広く利用されているアクチュエータである. 精密位置決め機構には, DCモータ, 同期モータ, ボイスコイルモータなど様々なモータが利用されている. その種類によって推力リップル特性などに違いがあるが, 先の3種類のモータは, 同一の力学モデルで表現される. さらに十分な出力能力を持つ電流アンプを使用する (逆起電力の影響を無視できる) 場合, アクチュエータ特性は定数で記述される.

可動範囲が比較的広い超精密位置決め機構には, 電磁モータと静圧案内の組合せがよく用いられる. この場合, 機構特性は線形になり, 可動範囲が狭ければ3.2節の問題特性が生じない. 図4は, ボイスコイルモータと静圧案内を用いた超精密3自由度平面モータである[4][5]. 1自由度について機構の伝達関数を求めると, 式 (4) のようになる.

$$G_0(s) = \frac{K_2}{M_t s^2} \qquad (4)$$

ここで M_t はテーブル質量, K_2 は駆動アンプゲインを含めた

図4 ボイスコイルモータと静圧案内を用いた
超精密3自由度平面モータ

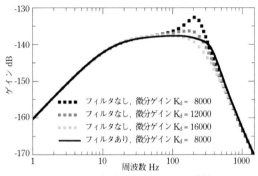

図5 外乱抑制に関するゲイン特性

図5凡例:
フィルタなし, 微分ゲイン $K_d = 8000$
フィルタなし, 微分ゲイン $K_d = 12000$
フィルタなし, 微分ゲイン $K_d = 16000$
フィルタあり, 微分ゲイン $K_d = 8000$

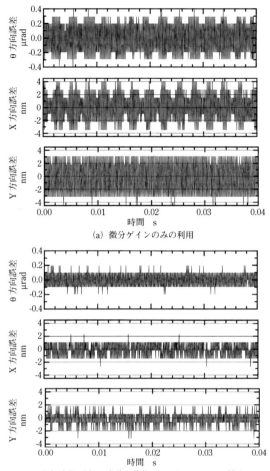

(a) 微分ゲインのみの利用

(b) 上記 (a) の半分の微分ゲインとフィルタの利用

図6 定常状態におけるフィルタと微分ゲインの効果

推力定数である. 式 (4) は運動方程式として最も簡単であ
り, 超精密位置決め制御に適した伝達関数である. この機構
に PD コントローラを適用すると, 理論上定常偏差のない位
置決め制御系が構成できる. しかし実際は, 外乱力などによ
り位置決め誤差が除去できなくなる危険性がある. そのため
精密位置決め制御では, 積分要素あるいは同様の機能を有す
る要素が組込まれる. この機構を用いて連続系 PID フィー
ドバック制御系を構成すると, その目標値追従性 $G_{clr}(s)$, 外
乱抑制特性 $G_{cld}(s)$ (外乱入力に対する変位. ここではテーブ
ルに直接外乱力が加わることを想定) は, 式 (5) となる.

$$G_{clr}(s) = \frac{K_2(K_\alpha s^2 + K_\beta s + K_\gamma)}{M_t s^3 + K_2(K_\alpha s^2 + K_\beta s + K_\gamma)}$$
$$G_{cld}(s) = \frac{s}{M_t s^3 + K_2(K_\alpha s^2 + K_\beta s + K_\gamma)}$$
$$(5)$$

式 (5) より, 外乱力に対する変位は最終的に零となる. 外
乱抑制特性を向上するためには, 基本的にどのゲインも大き
いことが望ましく, 目標値追従性向上にも貢献する.

4.2.2 高精度化—微小振動抑制—

高い位置決め精度を目指す場合, 定常微小振動に着目して
ゲイン調整をする必要がある. PI ゲイン増加は, 比較的低
い周波数領域の外乱抑制特性を向上し, バンド幅向上に有効
である. しかし相対的に減衰特性が低下するので, 微分ゲイ
ンも増加させたい.

しかし近年多用されるデジタルコントローラを用いた場
合, 微分ゲインを大きくしていくと, 微小振動が増加してし
まうことがある. その問題を回避するために, フィルタを用
いて操作量の高周波成分を減少させる方法がある. 図5は,
図4の機構にデジタル PID 制御を適用したときの周波数領
域における理論的な外乱抑制特性であり, 水平方向変位の結

果を示している [5]. 図6は定常微動振動の実験結果である [5].
ここでは, PID コントローラの後に, (1＋バンドパスフィ
ルタ) を直列に接続している. このようにフィルタを利用す
ることにより, 共振点でのゲインが同程度に抑制 (図5) され,
かつ定常振動がさらに小さくなる (図6) ことがわかる.

4.2.3 目標値追従性の向上

図2の制御系では基本的に, コントローラゲインを増加さ
せれば目標値追従性を向上できる. しかし振動特性, 安定性
から限界がある. そこで, さらに高い目標値追従性が必要な
場合は, 図7のように目標値と機構特性の間にコントローラ
要素 (フィードフォワード要素) を付加して, 目標値追従性
のみを変更・向上させる. 図7中の C_2 を機構特性の逆数と
すれば, 目標値追従性は1となり, 変位は目標値に一致する
ことになる. 実際にはモデル誤差などによって1にはならな
いが, C_2 を適切に設定・調整することにより, 共振ピーク
を抑制し, 目標値追従性を向上することができる. 図8は,
周波数領域での目標値追従性のゲイン特性で, その効果を数
値解析により求めた結果である [5]. 調整したフィードフォワー
ド要素を用いることで, 大きな改善効果があることが分か
る.

4.2.4 入力信号の修正による応答特性改善

4.2.3 項では, 目標値追従性向上のためのフィードフォワー

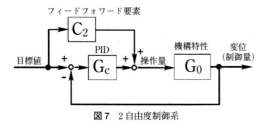

図7 2自由度制御系

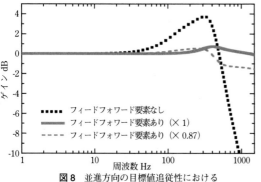

図8 並進方向の目標値追従性における
フィードフォワード要素の効果

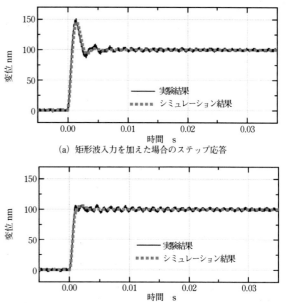

（a）矩形波入力を加えた場合のステップ応答

（b）500Hz 正弦波成分で作成した入力を加えた場合のステップ応答

図9 X方向 100 nm ステップ応答波形

ド要素設計について説明した．しかし一般に完璧な目標値追従性は得られず，ゲインが1となる帯域は限定される．図8で調整・決定した制御系も，ピークゲイン抑制は完全ではなく，300 Hz 近傍にゲインが1以上になる部分が存在する．さらにデジタル制御系のフィードフォワード要素の効果は，ステップ応答に対してはあまり期待できない．この結果，ステップ応答ではオーバシュートが生じてしまう．

　この様な場合，目標値入力を修正し，その入力成分の周波数を目標値追従性のゲインが1となる周波数以下に限定すれば，オーバシュートを抑制し，高速・高精度な位置決めを実現できる．**図9**は 100 nm ステップ応答波形で，目標値成分の周波数を制限した場合の効果を調べるために行った[5]．図9（a）は基本となる矩形波入力に対する応答波形である．図9（b）は，（a）での矩形波入力と同じ高さになるまでの過渡応答部分を，500 Hz の正弦波成分により作成・修正した入力に対する応答波形である．図9から明らかなように，この方法で，オーバシュートを抑制し，高速性・位置決め精度に関し遜色ない結果が得られている．上記とは手法が異なるが，目標軌跡の速度や加速度を制限する方法は，よく用いられている[6]．

5. おわりに

　本稿は，「はじめての精密工学」において最初に制御を取り上げる記事であり，精密位置決め制御初心者を対象としている．そこで，精密位置決め機構として代表的であり，かつ最も基本的な特性をもつ無摩擦機構を2種類取り上げ，そのための制御系設計と得られる効果を紹介した．精密位置決め機構は，制御しやすい特性を持つように製作されるため，しばしば簡単な制御方法が有効に機能し，PID 制御でも超精密位置決め制御は可能である．本項の考え方，設計手順は摩擦の作用する機構にも適用可能であるが，摩擦の作用する機構

の精密位置決め制御では，特有の工夫もある．紙面の都合上今回は省略したが，興味のある方は文献[7] ~ [10] などを参照願いたい．

参 考 文 献

1) 大岩孝彰, 勝木雅英: 超精密位置決め専門委員会　超精密位置決めにおけるアンケート調査, 精密工学会誌, **69**, 8, (2003) 1077.
2) 佐藤海二: 精密位置決め制御技術, 機講習 No.00-32, (2000) 1.
3) 下河辺明, 佐藤海二: 変位センサと超精密位置決め, 精密工学会誌, **61**, 12 (1995) 1661.
4) 佐藤海二, ギレルメ・ジョルジ・マエダ, 橋詰等, 進士忠彦: 超精密 XY 位置決めテーブルシステムの制御性能向上, 2005 年度精密工学会春季大会学術講演会講演論文集, (2005) 1127.
5) Guilherme Jorge MAEDA, Kaiji SATO, Hitoshi HASHIZUME and Tadahiko SHINSHI: Control of an XY Nano-Positioning Table for a Compact Nano-Machine Tool, JSME International Journal Series C, **49**, 1, (2006) 21.
6) 精密工学会　超精密位置決め専門委員会監修: 次世代精密位置決め技術, フジテクノシステム (2000).
7) 佐藤海二: 電磁モータを用いた機構の制御動向と精密位置決め, 機械設計, **50**, 8 (2006) 24.
8) Kaiji SATO: Trend of Precision Positioning Technology, Proc. of the COBEM2005, (2005) CD-ROM:COBEM2005-0542.pdf.
9) 佐藤海二, 古屋学, 進士忠彦, 太刀川博之, ザイナル アビディン, 下河辺明: 各種制御法を用いた送りねじ位置決め系の性能評価（第1報）－基本性能とクーロン摩擦力変動の影響－, 精密工学会誌, **63**, 11 (1997) 1614.
9) 佐藤海二, 塚原真一郎, 下河辺明: インテリジェント制御法を用いた送りねじ位置決め系の制御性能, 精密工学会誌, **64**, 11, (1998) 1627.
10) 佐藤海二, Wahyudi, 下河辺明: PTP 位置決めのための実用的な制御系の設計と制御特性, 日本機械学会論文集（C編）, **67**, 664, (2001) 3898.

はじめての精密工学

ラピッドプロトタイピング

Rapid Prototyping / Takeo NAKAGAWA

ファインテック(株) 中川威雄

1. 試作品づくり迅速化の背景

"Rapid Prototyping"とは，試作づくり（Prototyping）を迅速（Rapid）に行なうことをいいます．最近の製造業は生産のグローバル化が進むと共に，企業間の競争は一層厳しくなり，それに応じて新製品開発競争も激化してきました．この新製品競争では，開発期間の短縮が至上命令となっています．製品企画から発売までの期間が長いと，賞味期限が切れた新製品となる危険があるのです．迅速に開発された新製品も，ライバル会社の製品に見劣りすれば売行きに影響を与えますし，発売後に欠陥が見つかったのでは，リコールなど大変なことになります．そのため，開発の短期化にもかかわらず，試作品をつくって十分なチェックをして，製品を熟成することが必要なのです．

大量生産に使われる多くの機械部品は，金属材料は鋳造やプレス加工，樹脂材料では射出成形といった方法で製造されますが，これらの方法ではいずれも型を使っています．製品の設計が終わって製造を始める時，いちばん時間と費用がかかるのがこの型づくりなのです．試作品づくりにまでわざわざ型をつくっていたのでは，時間も金もかかり迅速な新製品開発というわけにはいきません．その間に設計変更されることも多いので，量産にはまた新たな型を準備しなければなりません．そのため試作品づくりには簡易な型を使った成形や，切削加工や接着・溶接を組合わせて手づくりで行なうなど，時間と費用を節約する色々な工夫がなされています．そうした中で今から20年程前にRapid Prototypingという新しい試作品づくりの手法が出現しました．

2. 型を使わない新しい生産手法

機械部品を製造するには，材料の塊りを切削加工のように切取って除去するか，材料を型に沿わせて変形させ造形するのがこれまでの主な手段でした．新しく登場した手法は，材料を付着させて造形する付加加工と呼ばれる方法です．基本的な原理は，立体形状の機械部品を薄い層状物を積み重ねたものとみなし，何らかの手法で異なる形状の薄層をつくり，一層ずつ重ねて積み上げていく"積層造形"とよばれる手法です．立体地図をつくるのに，等高線に沿って切取った厚紙を重ねていく方法がありますが，それと同じ方法と見なすことができます．

このような立体造形法はこれまで手作業でした．しかしこれが完全に自動的に行われ，機械部品の生産技術として確立された点が新しいのです．それには機械部品の設計がCAD化されたことが大きな影響を与えました．つまりこの造形法では立体形状が3次元CADを使って表現され，そこから薄くスライスしたデータがつくられることを前提としています．造形装置はそのデータを使用して自動的に薄層を作り，さらに積層していく機能を備えています．

このスライスデータから薄層を作る工程は，プリンタ技術の応用に近いものです．そのためこの造形装置には近年大いに発展したコピー機やFAXの印刷用のプリンタ技術が随所に活用されています．これらのことから積層造形は，3次元CADの普及とともに発展したIT化時代の新しい機械部品の製造法といえるのです．

3. 各種の積層造形法

積層造形法には図1のように数多くの手法が開発されています．その手法の差はどのような材料の薄層をどのように製

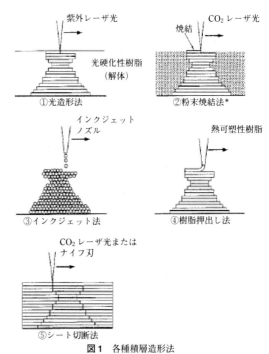

図1　各種積層造形法

＊レーザ光加熱の代わりにインクジェットノズルより接着剤を滴下して粉末を固める方法もある

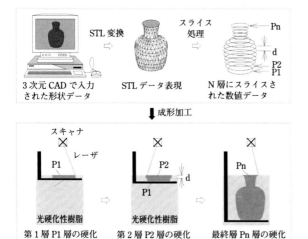

図2 光硬化性樹脂を用いた積層造形（光造形）

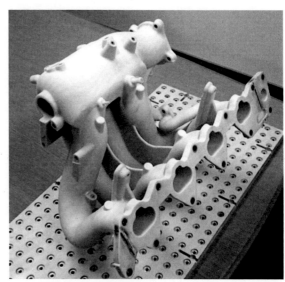

図3 積層造形サンプル（自動車エンジン用インテークマニホールド）
提供：アスペクト

作し，どのように付着させ積層させていくかです．以下にその主なものを紹介しましょう．

3.1 光硬化樹脂法

高分子材料の中には，通常は液体ですが紫外光を照射すると硬化し固体となる光硬化性樹脂があります．**図2**に示すようにこの液体の薄い層をつくり，その液面に紫外光のビームを照射し，このビームをスライスデータに沿って走査することにより，所要形状の薄層を固化させることができます．その後固体化した薄層部分を液中に沈めて固化部分の上に前回と同様な液層を構成し，再度ビームを照射して次の層形状を固めます．これを繰返すことにより，スライスデータを積重ねた階段状の立体形状を造形することができます．オーバハング部をそのままでは造形できませんので，下からの支え部分をあらかじめ設計し同時に造形しておくことが必要です．

この方法は積層造形法の中で，最初に開発された方法で微細な形状から大物部品まで比較的精度の高い造形ができることもあり広く活用されています．光ビームの照射によってのモノづくりということで特に光造形法とも呼ばれます．

3.2 粉末焼結法

液状樹脂の代わりに微細な粉末材料を使う方法もあります．粉末は液体と同じように流動するので，まず薄い圧粉層をロールを押し付けてつくるのですが，その後の粉末を互いに接着する方法がこの造形法の鍵となります．接着するにはレーザ光を加熱ビームとして照射し，粉末の粒を溶融させるか粒子間を接着または焼結して固体層とする方法が取られます．このとき加熱時には下の層との接合も同時に行います．最後は圧粉体の中から造形品を取出すのですが，オーバハング部があっても特別なサポートを造形する必要がないことも利点の1つです．

また，この粉末接合方法では色々な粉末材料が使用できるのも利点とされ，量産時と同質の樹脂粉末を使えば，高強度な試作品も造形できます．また耐熱性のある鋳物砂を樹脂コーティングしておき，コーティング剤を介して砂粒を焼き固め

れば，金属鋳造用の鋳型としても利用できます．さらに原料に金属粉末を使うこともできますが，今のところ多孔質の金属造形品となり，強度を増すため空孔を穴埋めする必要があります．

3.3 インクジェット滴下法

粉末を固める手法として，インクジェットノズルより印刷インクの代わりに接着剤の粒を滴下させても粉末同士を接合できます．通常印刷用プリンタで使われる多数並べたノズルを流用すると，比較的安価な装置で高速度に造形できる利点があります．

インクジェットノズルから接着剤ではなく，後で固まる液状の樹脂を滴下しても造形できます．例えば光硬化性樹脂を落とし，紫外光を照射して固めることはできます．また加熱溶融した低融点のワックスや樹脂を滴下して造形品を得ることができます．このうちワックス造形品はロストワックス鋳造品のモデルとして使い，金属部品に転換できます．

3.4 樹脂押出し法

細いノズル穴から溶融樹脂を押出し，この押出し線材を走査して平らな薄層を創生し，それを積層し造形することも可能です．この場合もオーバハング部にはサポートの造形を必要とします．この方法の利点は，最も多い造形対象部品がある熱可塑性樹脂と全く同じ材質の樹脂が使用できる点にあります．試作となると強度や手触りの感触といったものを評価するので，同一材質の利点は大きいのです．そのためもあって各種積層造形法の中では，販売台数からみると最も普及している方式とみられています．

3.5 切断シート積層法

薄いシート材料をレーザや刃物で切断し，それを自動積層接着すれば同じように立体造形が可能です．実際には積層した後で切断する方式がとられます．この場合シート材として

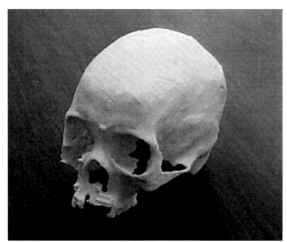

図4 CTデータからの積層造形　　提供：アスペクト

は紙や樹脂シートが使用されます．この方法で中空の形状の造形をする場合には，分割した状態で造形し中味を取出す必要があります．

4.　積層造形品の用途

　冒頭にも述べましたが，積層造形法は**図3**のような試作品づくりの方法として生れた新しい加工法です．さらに3D CADデータの形状確認用の実体モデルづくりにも普通に用いられるようになりました．そのため積層造形は3次元プリンタとも呼ばれています．これらの3次元プリンタとしての用途には比較的安価な造形装置が用いられています．

　2次元画面の中でいくらCADデータに影をつけたり回転させて見ることができても，実体化されたモデルを眺めたり，手で触れることには及ばないところがあります．このモデルを活用することによって，機械部品の設計や，金型設計，CAMデータづくりといった作業が，より容易にかつ確実にできることも多いのです．このように積層造形は単に試作品を迅速に製作するだけでなく，生産システムがCADを中心とするIT化が進む中で，リバースエンジニアリングやコンカレントエンジニアリングには欠かせないものとなっており，Rapid Manufacturingの重要な役割を占めています．

　さらに，積層造形モデルは営業用などのプレゼンテーション資料や教育用資料作成にも力を発揮することがわかっています．また，医療用に患部などのCTやMRIの立体スライスデータより，**図4**のような人体の複雑な立体形状情報を得て，必要部分を造形することも行われています．この造形品は外科手術のシミュレーションやインプラント製作に活用されています．

5.　積層造形の技術的課題

　積層造形法も良いことばかりではありません．積層造形では薄層を積重ねるため表面に段差残るので，高い形状精度を得るためにできるだけ薄い層を使う努力がなされています．

しかしどんなに薄くしてもこの段差は生ずるので，後の仕上げ工程において手みがきで平滑化しなければならず，またサポートの除去などある程度の手作業は残り，完全に自動化とはいきません．それでも従来の切削法による試作品づくりに比べれば，大幅な簡略化が可能となりました．

　この方法はCADで設計できるものはどんな形状でも，時には実際に加工不可能な形状まで造形できる利点があります．一番の問題はそれぞれの手法ごとに使用可能材料に制約があることで，形状確認用には問題はなくても，試作品として強度試験に使用できないことも多いのです．

6.　金属直接造形と型への応用が今後の課題

　機械部品には鋳造，鍛造，プレス品など金属製部品が非常に多く使われています．しかし既存の積層造形法では，まだ完全にち密な金属造形品を直接製造することができないことが課題となっています．金属造形は金属粉末から造形する方法が採られます．一番の技術的な困難さは，金属粉末をレーザ光などで高温溶融するのですが，表層の溶融層が冷却するとき大きな内部応力を発生させ，造形品を変形させてしまうのです．この解決策として高温槽内で造形したり，切削で歪分を削取りながら造形する方法などが考案されていますが，まだ広く使われる技術までには育っていません．

　金属積層造形の用途で，今後最も大きく期待されている用途は，Rapid Toolingといわれる金型製作への応用です．そのために金属材料の積層造形技術に大きな期待がかかっており，世界中で多くの研究者がその開発に取組んでいます．金属積層造形が完成すれば，世の中の製造技術に大きく貢献すると思われます．

7.　特許騒動とベンチャー起業

　積層造形法は最近登場した新しい技術ですので，ベンチャーの起業も相次ぎ，また多くの特許係争も生じました．今後の参考のためここで起こったことを振り返ってみたいと思います．

1. 最初に誕生した光造形法は名古屋市工業研究所の小玉秀男氏の個人発明なのですが，本人は不幸にも実用開発が進んでいることに気づかず，申請特許の審査請求を怠り無効となりました．また少し遅れて日米の研究者2人の特許も出されていました．

2. 光造形法はその後，別の米国人のC.W.Hull氏からも世界中に特許申請され，実際に装置メーカとして実用化をやり遂げたのですが，特許申請内容は広範囲にわたり，ライバルメーカは特許料の支払いや業務の停止に追い込まれることとなりました．

3. その他の各種の積層造形法の発明は，主に米国で短期間の内に競うようになされ，総じてわが国は基本特許の取得で敗退しました．そのためもあって装置メーカとして米国企業の活躍が目立っています．

4. 粉末焼結法も米国でいち早く特許申請が出されたのですが，外国出願をしなかったため米国以外は自由に使用できる状態となりました．類似のことは最初の特許を含め，日本の研究者の発明にも多く見られます．

5. 大学や研究機関から幾つかの新造形法や実用技術が生れ，それを基に主に米国で大学発ベンチャーが誕生しました．

6. 日本での公的研究機関での職務発明や特許申請の制度が整備されていない時期であったため，実際の実用化となると所有権の帰属など微妙な問題も含んでいました．

7. そろそろ20年が経過し最初の頃の基本特許は切れつつあります．しかし周辺特許などで固められており，当分は新たな参入はできない状況が続いています．

8. 各種の造形法はその特徴を生かした形で活用されていますが，相互の競争の中で栄枯盛衰が見られ，衰退し消えつつあるものもでています．

9. 造形装置メーカや造形事業にはベンチャー企業が多く，厳しい競争の中で合併やM&Aが繰返され，今も大変なグローバルな開発競争の中にあります．

10. 日本では主に光造形法に多数メーカの参入が見られ，小さなパイを分け合って競争が厳しく，その分装置の質は向上しているものの経営的には苦しい状況が続いています．

これらを通じて米国の特許戦略の強さと巧妙さ，ベンチャー企業の波乱に富んだ発展と，係わり合った人材の流動が見られました．その中に明らかな日米の企業経営のやり方と技術熟成の差が見えてくるのは興味深いものでした．

8. おわりに

長い歴史を持つモノつくり技術には，積層造形のようなまさに画期的ともいえる技術は滅多に生れてはこないものです．この技術が初めて登場して20年，装置はすでに世界中で約2万台が使われています．新製品開発が重要な先進工業国では不可欠なモノづくり手段としての確たる地位を占めるに至っています．同時に日本の得意とする熟練技能者の匠の技の価値も一部減ずることになっています．モノづくり技術は横着な顧客に都合の良いように発展するのですが，同時にその技術を開発するものにとっては決して楽を与えてはくれない宿命を持っていることを痛感します．

参 考 文 献

1) 中川威雄・丸谷洋二編：積層造形システム，工業調査会（1996）
2) 中川威雄：金型がわかる本，日本実業出版（2006）
3) Terry Wohler： Wohler's Report 2006

初出一覧

No.	表題	年	月号	著者名	分野
1	光による形状計測	2003	9	野村　俊	計測
2	切削四話	2003	10	帯川利之	加工/除去加工
3	小型化生産システム	2003	12	芦田　極	加工/工作機械
4	知能化機械要素	2004	2	久曽神煌	機械要素, 制御
5	無機系新素材（セラミックス）と精密工学分野での適用	2004	3	植木正憲	材料, 機械要素, 加工
6	幾何計測と不確かさ・事例としての座標計測	2004	4	阿部　誠	計測・データサイエンス
7	ガラスレンズの製造技術	2004	5	瀧野日出雄	加工/成形加工, 除去加工
8	ELID研削加工技術	2004	6	大森　整	加工/除去加工
9	XMLとは	2004	7	大谷成子/小島俊雄	IT技術
10	静電力のメカトロニクスへの応用 ― 力の強い静電モータ ―	2004	8	樋口俊郎	制御・ロボット
11	新しい精密工学用材料としてのバルク金属ガラス	2004	9	井上明久	材料, 加工
12	メートルの話	2004	10	石川　純	計測
13	曲線曲面の入門	2004	11	東　正毅	設計・解析
14	放電加工の基礎と将来展望 ― I　基礎 ―	2005	1	国枝正典	加工/除去加工
15	放電加工の基礎と将来展望 ― II　将来展望 ―	2005	2	国枝正典	加工/除去加工
16	もう一度復習したい寸法公差・はめあい	2005	3	中村太郎	設計・計測
17	もう一度復習したい幾何公差	2005	4	中村太郎	設計・計測
18	特異な量"角度"とその標準	2005	5	益田　正	計測
19	ハイテク技術を支える研磨加工	2005	6	河西敏雄	加工/除去加工
20	半導体デバイスプロセスにおけるCMP	2005	7	木下正治	加工/除去加工
21	幾何処理としてのCAM	2005	8	乾　正知	設計, 加工
22	分析について	2005	9	熊谷正夫	計測, 解析, 材料
23	3次元スキャニングデータからのメッシュ生成法	2005	10	鈴木宏正	計測, 設計
24	パラレルメカニズム	2005	11	武田行生	機構・メカニズム

No.	表題	年	月号	著者名	分野
25	パラレルメカニズムの3次元座標測定機への応用	2005	12	大岩孝彰	機構・メカニズム・計測
26	真空技術のカンどころ	2006	2	鈴木泰之	製造・ものづくり
27	精度設計とバリテクノロジー	2006	3	高沢孝哉	設計, 加工
28	圧電アクチュエータ ― 精密位置決めへの応用 ―	2006	4	古谷克司	制御・ロボット
29	画像処理の基礎	2006	5	梅田和昇	画像処理
30	表面張力の物理 ― MEMS応用デバイスについて ―	2006	7	佐藤 誠	機構・メカニズム
31	マイクロ流体デバイスによるバイオ分析	2006	8	金田祥平/藤井輝夫	計測
32	易しい? 難しい? 干渉計測	2006	9	加藤純一	計測, 画像処理
33	形状デジタルデータの品質とデータ交換の方法	2006	10	矢野裕司	設計, IT技術
34	精密位置決め制御の基礎	2006	11	佐藤海二	制御・ロボット
35	ラピッドプロトタイピング	2006	12	中川威雄	加工/付加加工

◎本書スタッフ
編集長：石井 沙知
編集：石井 沙知・赤木 恭平
組版協力：菊池 周二
表紙デザイン：tplot.inc 中沢 岳志
技術開発・システム支援：インプレス NextPublishing

●本書の内容についてのお問い合わせ先
近代科学社Digital　メール窓口
kdd-info@kindaikagaku.co.jp
件名に「『本書名』問い合わせ係」と明記してお送りください。
電話やFAX、郵便でのご質問にはお答えできません。返信までには、しばらくお時間をい
ただく場合があります。なお、本書の範囲を超えるご質問にはお答えしかねますので、あ
らかじめご了承ください。

はじめての精密工学 第3巻

2023年10月10日　初版発行Ver.1.0

著　者	公益社団法人 精密工学会
発行人	大塚 浩昭
発　行	近代科学社Digital
販　売	株式会社 近代科学社
	〒101-0051
	東京都千代田区神田神保町1丁目105番地
	https://www.kindaikagaku.co.jp

印刷・製本　京葉流通倉庫株式会社
Printed in Japan

ISBN978-4-7649-6067-1

近代科学社 Digital は、株式会社近代科学社が推進する21世紀型の理工系出版レーベルです。デジタルパワーを積極活用することで、オンデマンド型のスピーディでサステナブルな出版モデルを提案します。

近代科学社 Digital は株式会社インプレス R&D が開発したデジタルファースト出版プラットフォーム "NextPublishing" との協業で実現しています。